21世纪高等学校计算机类课程创新规划教材 · 微课版

PHP+MySQL 网站开发与实践教程

◎ 卜耀华 石玉芳 编著

清華大學出版社
北京

内容简介

本书从网站开发技术与数据库技术的实际应用出发，以任务驱动、案例教学的方式，介绍了 PHP 及相关技术，具有概念清晰、系统全面、实用性强、易于学习和教学资源丰富等特点。

本书主要内容包括 PHP 概述、PHP 开发环境、PHP 基本语法、流程控制、PHP 函数与文件系统、PHP 数组与字符串、PHP 面向对象编程、MySQL 数据库技术基础、PHP 访问与操作 MySQL 数据库、项目开发实战。全书包含 23 个课堂实践，供读者课后训练，巩固所学知识。

本书可作为高等学校计算机专业及各类培训机构的网站开发技术、数据库技术基础等课程的教材，也可作为 PHP 应用程序开发人员的参考书。

图书在版编目(CIP)数据

PHP＋MySQL 网站开发与实践教程/卜耀华，石玉芳编著. —北京：清华大学出版社，2019(2024.1重印)
(21 世纪高等学校计算机类课程创新规划教材·微课版)
ISBN 978-7-302-53335-1

Ⅰ. ①P… Ⅱ. ①卜… ②石… Ⅲ. ①PHP 语言—程序设计—高等学校—教材 ②SQL 语言—程序设计—高等学校—教材 Ⅳ. ①TP312.8 ②TP311.132.3

中国版本图书馆 CIP 数据核字(2019)第 161021 号

责任编辑：付弘宇
封面设计：刘　键
责任校对：胡伟民
责任印制：宋　林

出版发行：清华大学出版社
网　　址：https://www.tup.com.cn, https://www.wqxuetang.com
地　　址：北京清华大学学研大厦 A 座　　**邮　　编**：100084
社 总 机：010-83470000　　**邮　　购**：010-62786544
投稿与读者服务：010-62776969，c-service@tup. tsinghua. edu. cn
质量反馈：010-62772015，zhiliang@tup. tsinghua. edu. cn
课件下载：https://www.tup.com.cn，010-83470236
印 装 者：三河市君旺印务有限公司
经　　销：全国新华书店
开　　本：185mm×260mm　　**印　　张**：16.75　　**字　　数**：422 千字
版　　次：2019 年 9 月第 1 版　　**印　　次**：2024 年 1 月第 4 次印刷
印　　数：4501~5000
定　　价：49.80 元

产品编号：080289-01

前　言

本书从网站开发技术与数据库技术的实际应用出发，以任务驱动、案例教学的方式展开内容介绍，旨在突出高等职业教育特点、注重培养学生适应信息化社会要求的开发能力与数据处理能力。本书以提高应用能力为目的，以实际应用案例为主线，具有实例引导、项目驱动的特点，在分析实例的基础上，展开具体实现的过程。通过体现项目驱动的教材内容，使学生切实感受到现实工作的实际需求，充分激发学生的学习主动性，使学生熟练掌握网站开发与数据库应用的基本知识和技术，提高分析问题、解决问题的能力，提高学生的自主学习能力和获取计算机新知识、新技术的能力。

本书凝聚了编者多年从事教学工作与应用程序开发的实践经验，根据高等职业教育"必须、够用"的原则和读者的认知能力，按照人的认知过程编排内容，由浅入深，详略得当；概念、方法、步骤都用实例说明，很容易理解；循序渐进地引导读者学习和掌握相关知识点。

本书系统、全面地介绍了 PHP 及相关技术。主要内容包括 PHP 概述、PHP 开发环境、PHP 基本语法、流程控制、PHP 函数与文件系统、PHP 数组与字符串、PHP 面向对象编程、MySQL 数据库技术基础、PHP 访问与操作 MySQL 数据库、项目开发实战。全书围绕应用开发实例展开，以理论联系实际的方式，从具体问题分析开始，在解决问题的过程中讲解知识、介绍操作技能。

本书具有以下特点。

(1) 概念清晰，系统全面。本书紧密围绕 PHP 程序设计语言展开讲解，具有很强的逻辑性和系统性。

(2) 案例驱动，代码学习。每章都配有与该章知识相关的示例程序和课堂实践，强调动手实践，用代码来驱动学习，便于读者逐步掌握 PHP 程序设计语言。

(3) 实例丰富，实用性强。书中每个实例都经过精心设计和挑选，都是根据编者在实际应用开发中的经验总结而来的，较全面地反映了在实际开发中所遇到的各种实际问题。

(4) 零基础，易入门。本书面向没有 PHP 程序设计语言基础的读者，全书将 PHP 程序设计语言分成小的技术点，使读者能轻松阅读理解，有助于读者尽快掌握这门语言。

(5) 配备素材，方便学习。本书提供了所有案例的源文件，以便读者参考学习；全书共包含 23 个课堂实践，每章都附有思考与实践题，可以帮助巩固基础知识；还配备了电子课件等丰富的教学资源。

总之，书中大量的学习内容来自实际开发案例，使读者更容易掌握 PHP 程序设计的开发技能，真正做到学以致用。

本书可作为高等学校计算机专业及各类培训机构的网站开发技术、数据库技术基础等课程的教材，也可作为 PHP 应用程序开发人员的参考书。

本书由卜耀华、石玉芳编著。在编写过程中，许多老师提出了宝贵的意见，对本书编写给予了支持，编者对他们表示衷心的感谢！

在编写过程中，编者力求精益求精，但难免存在疏漏和不足之处，敬请广大读者批评指正。

本书配套的课件、源码等资源可以从清华大学出版社网站 www.tup.com.cn 或官方微信公众号“书圈”（二维码见封底）下载。读者先刮开本书封底“文泉云盘防盗码”的涂层，扫描下方的二维码绑定微信，之后即可扫描书中的二维码随时观看视频。其他相关问题请联系本书责任编辑 404905510@qq.com。

编　者

2019 年 6 月

目　录

第1章 PHP概述

学习要点：本章主要介绍PHP入门的基础知识。通过本章的学习，读者可以了解PHP的基本概念，理解PHP的优势与特性，熟悉PHP的应用领域，掌握PHP的常用开发工具知识，包括PHP代码开发工具、网页设计工具和文本编辑工具；对PHP有一个初步认识，为进一步学习PHP开发奠定基础。

1.1 什么是PHP

PHP(Hypertext Preprocessor)是一种通用开源脚本语言。PHP语法吸收了C语言、Java语言和Perl语言的特点，易于学习，使用广泛，主要适用于Web开发领域。它可以比CGI(通用网关接口)或者Perl更快速地执行动态网页。与其他编程语言相比，用PHP开发的动态页面是将程序嵌入到HTML(超级文本标记语言)文档中去执行，执行效率比完全生成HTML标记的CGI要高许多；PHP还可以执行编译后代码，实现加密和优化代码运行，使代码运行速度更快。对于初学者而言，PHP的优势是可以快速入门。

在1994年，Rasmus Lerdorf首次设计出了PHP程序设计语言。1995年6月，Rasmus Lerdorf在Usenet新闻组comp. infosystems. www. authoring. cgi上发布了PHP 1.0声明。在这个早期版本中，提供了访客留言本、访客计数器等简单的功能。1995年，第二版的PHP问市，定名为PHP/FI(Form Interpreter)。在1998年6月，发布了PHP 3.0声明。在这一版本中，PHP可以跟Apache服务器紧密地结合；经过不断地更新加入了新的功能；它几乎支持所有主流与非主流数据库；拥有非常高的执行效率。在2000年5月，推出了划时代的版本PHP 4，使用了“编译—执行”模式，核心引擎更加优越，提供了更高的性能，而且还包含了其他一些关键功能。2004年7月发布了PHP 5，使用了第二代Zend Engine，包含了强化的面向对象功能，引入PDO，并有许多效能上的增强。在2014年和2015年期间，开发了一个新的主要PHP版本，编号为PHP 7。

PHP目前的最新版本是PHP 7，在PHP 5基础上做了进一步的改进，功能更强大，执行效率更高。本书将基于PHP 7版本讲解PHP的实用技能。

1.2 PHP的优势与特性

PHP能够迅速发展并得到广大使用者喜爱的主要原因是，PHP不仅有一般脚本所具有的功能，它还有自身的优势与特性。

1.2.1 PHP的优势

PHP的优势如下。

(1) 源代码完全开放。所有的PHP源代码事实上都可以得到。可以通过Internet获得需要的源代码，快速修改、利用。

(2) 完全免费。和其他技术相比，PHP本身是免费的。使用PHP进行Web开发无须支付任何费用。

(3) 语法结构简单。PHP结合了C语言和Perl语言的特点，编写简单，方便易懂，可以被嵌入于HTML语言，它相对于其他语言，编辑简单，实用性强，更适合初学者。

(4) 跨平台性强。PHP是运行在服务器端的脚本，可以运行在UNIX、Linux、Windows、Mac OS、Android等操作系统下。

(5) 效率高。PHP消耗相当少的系统资源，并且程序开发快、运行快。

(6) 强大的数据库支持。PHP支持目前所有的主流和非主流数据库，如Informix、MySQL、Microsoft SQL Server、Sybase、Oracle、PostgreSQL等，使PHP的应用非常广泛。

(7) 面向对象。在PHP 7中，面向对象方面有了很大的改进，现在PHP完全可以用来开发大型商业程序。

1.2.2 PHP的特性

与早期的PHP版本相比，PHP 7有以下新的特性。

1. 标量类型声明

标量类型声明有两种模式：强制(默认)模式和严格模式。PHP 7中的函数的形参类型声明可以是标量类型。在PHP 5中只能是类名、接口、数组或者回调类型(PHP 5.4，即可以是函数，包括匿名函数)，现在也可以使用字符串、整数、浮点数和布尔值了。

2. 返回值类型声明

PHP 7增加了对返回类型声明的支持。类似于参数类型声明，返回类型声明指明了函数返回值的类型。可用的类型与参数声明中可用的类型相同。

3. NULL合并运算符

由于日常使用中存在大量同时使用三元表达式和isset()的情况，NULL合并运算符使得当变量存在且值不为NULL时，它就会返回自身的值，否则返回它的第二个操作数。

4. 组合比较符

组合比较符<=>用于比较两个表达式。例如，$a <=> $b，表示当$a小于、等于、大于$b时，分别返回-1、0、1。

5. 通过define()定义常量数组

数组类型的常量现在可以通过define()来定义。在PHP 5.6中仅能通过const定义。

6. 匿名类

现在支持通过new class来实例化一个匿名类，可以用来替代一些“用后即焚”的完整类定义。

7. 支持Unicode字符格式

PHP 7支持任何有效的codepoint编码，输出为UTF-8编码格式的字符串。

8. 更多的 Error 变为可捕获的 Exception

PHP 7 实现了一个全局的 throwable 接口，原来的 Exception 和部分 Error 都实现了这个接口，以接口的方式定义了异常的继承结构。于是，PHP 7 中更多的 Error 变为可捕获的 Exception 返回给开发者，如果不进行捕获则为 Error，如果捕获就变为一个可在程序内处理的 Exception。这些可被捕获的 Error 通常都是不会对程序造成致命伤害的 Error，例如函数不存在。PHP 7 进一步方便了开发者处理，让开发者对程序的掌控能力更强。因为在默认情况下，Error 会直接导致程序中断，而 PHP 7 则提供捕获并且处理的能力，让程序继续执行下去，为程序员提供更灵活的选择。

例如，执行一个我们不确定是否存在的函数，PHP 5 兼容的做法是在函数被调用之前追加判断 function_exist，而 PHP 7 则支持捕获 Exception 的处理方式。

9. 新增加的函数

PHP 7 新增加了一些函数，如用来进行整数的除法运算的 intdiv()函数、用来产生高安全级别的随机字符串和随机整数的跨平台函数 random_bytes()函数和 random_int()函数。

10. 性能大幅度地提升

PHP 7 比 PHP 5.6 性能提升了两倍。PHP 7 支持 64 位架构机器，运算更快。另外，PHP 7 降低内存消耗，优化后 PHP 7 使用较少的资源，比 PHP 5.6 降低了 50%的内存消耗。它可以服务于更多的并发用户，无需任何额外的硬件。

1.3 PHP 的应用领域

PHP 主要用于以下三个应用领域。

1. 服务器端脚本程序

PHP 最主要的应用领域是服务器端脚本程序。服务器端脚本程序运行需要具备 3 项配置：PHP 解析器、Web 浏览器和 Web 服务器。在 Web 服务器运行时，安装并配置 PHP，然后用 Web 浏览器访问 PHP 程序输出。在学习的过程中，要在本机上配置 Web 服务器，即可浏览制作的 PHP 页面。

2. 命令行脚本程序

命令行脚本程序和服务器端脚本程序不同，编写的命令行脚本程序并不需要任何服务器或浏览器运行，在命令行脚本程序模式下，只需要 PHP 解析器执行即可。这些脚本被用在 Windows 和 Linux 操作系统下作为日常运行脚本程序，也可以用来处理简单的文本。

3. 桌面应用程序

PHP 在桌面应用程序的开发中并不常用，但是如果用户希望在客户端应用程序中使用 PHP 编写图形界面应用程序，可以通过 PHP-GTK 来编写这些程序。PHP-GTK 是 PHP 的扩展，并不包含在标准的开发包中，开发用户需要单独编译它。

使用 PHP 编写服务器端脚本程序是 PHP 最常用的应用领域，这也是本书着重阐述的内容。

1.4 PHP 常用开发工具

1.4 节

PHP 常用开发工具包括 PHP 代码开发工具、网页设计工具和文本编辑工具。常见工具有 Sublime Text、PHPEdit、Zend Studio、Notepad++、Dreamweaver 和 FrontPage 等。

1.4.1 PHP 代码开发工具

1. Sublime Text

Sublime Text 是一款流行的代码编辑器。Sublime Text 具有美观的用户界面和强大的功能，例如代码缩略图、Python 插件、代码段等。还可自定义键绑定、菜单和工具栏。Sublime Text 的主要功能包括：拼写检查、书签、完整的 Python API、Goto 功能、即时项目切换、多选择、多窗口等。Sublime Text 是一个跨平台的编辑器，同时支持 Windows、Linux、Mac OS X 等操作系统。Sublime Text 3 编辑窗口如图 1.1 所示。

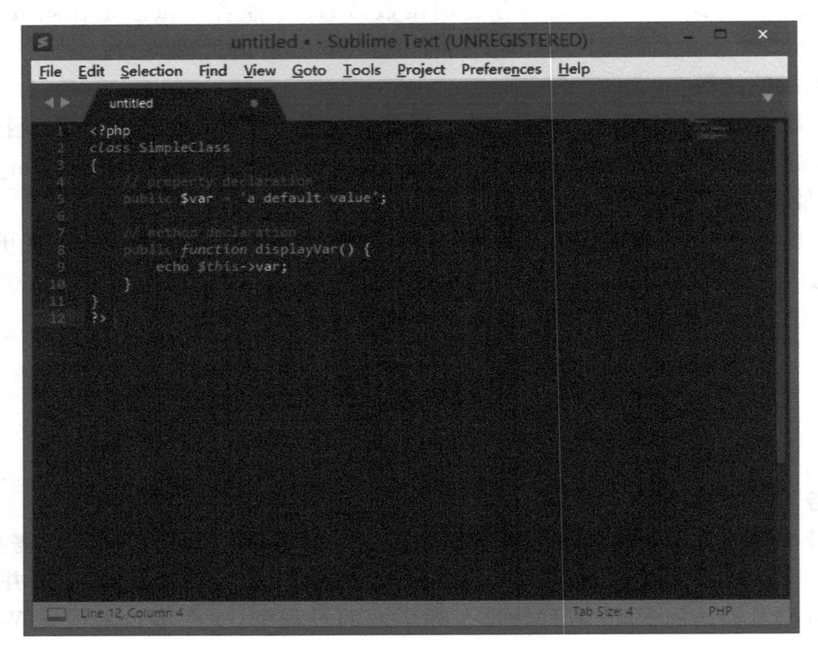

图 1.1　Sublime Text 3 编辑窗口

2. PHPEdit

PHPEdit 是 Windows 操作系统环境下一款优秀的 PHP 脚本编辑器(集成开发环境)。该软件为快速、便捷地开发 PHP 脚本提供了多种工具，包括语法关键词加亮显示、代码提示和浏览、集成 PHP 调试工具、帮助生成器、自定义快捷方式、150 多个脚本命令、键盘模板、报告生成器、快速标记和插件等。PHPEdit 5.0 主界面窗口如图 1.2 所示。

3. Zend Studio

Zend Studio 是一款多次荣获大奖的专业 PHP 集成开发环境，具有功能强大的专业编辑工具和调试工具，支持 PHP 语法加亮显示，支持语法自动填充功能，支持书签功能，支持语法自动缩排和代码复制功能，内置一个强大的 PHP 代码调试工具，支持本地和远程两种调试模式，支持多种高级调试功能。Zend Studio 13.5.1 主界面窗口如图 1.3 所示。

4. phpDesigner

phpDesigner 不仅适用于 PHP 开发，也支持其他编程语言，如 HTML、XHTML、XML、CSS 和 JavaScript、VBScript、Java、C#、Perl 和 Python 等。phpDesigner 是主要针对

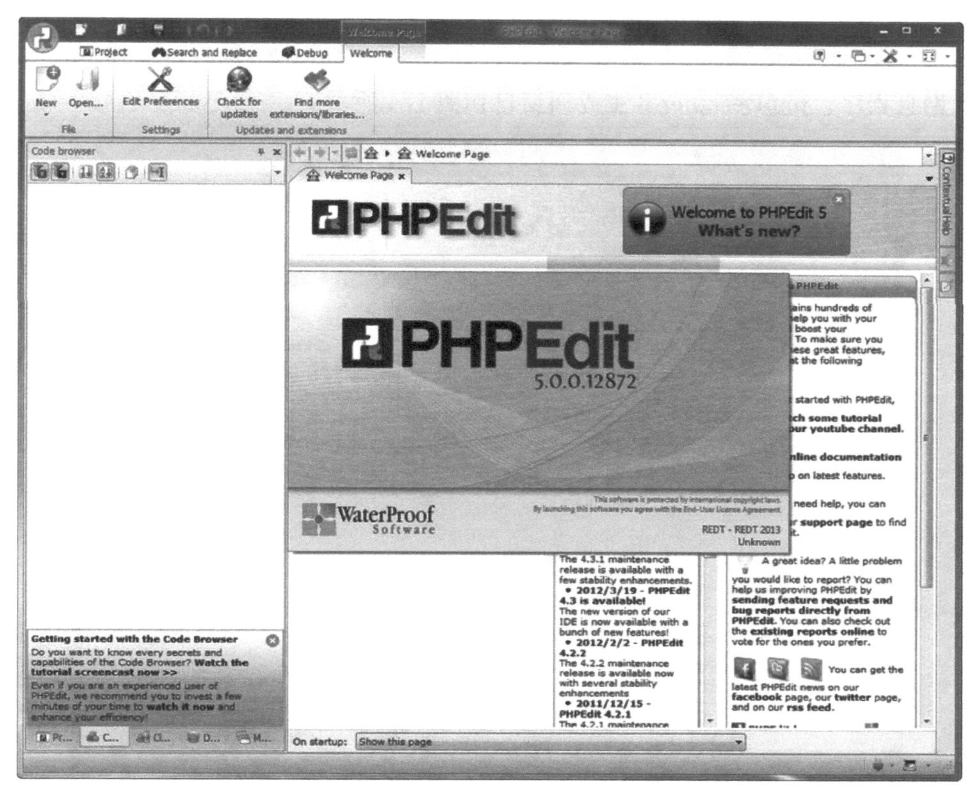

图 1.2　PHPEdit 5.0 主界面窗口

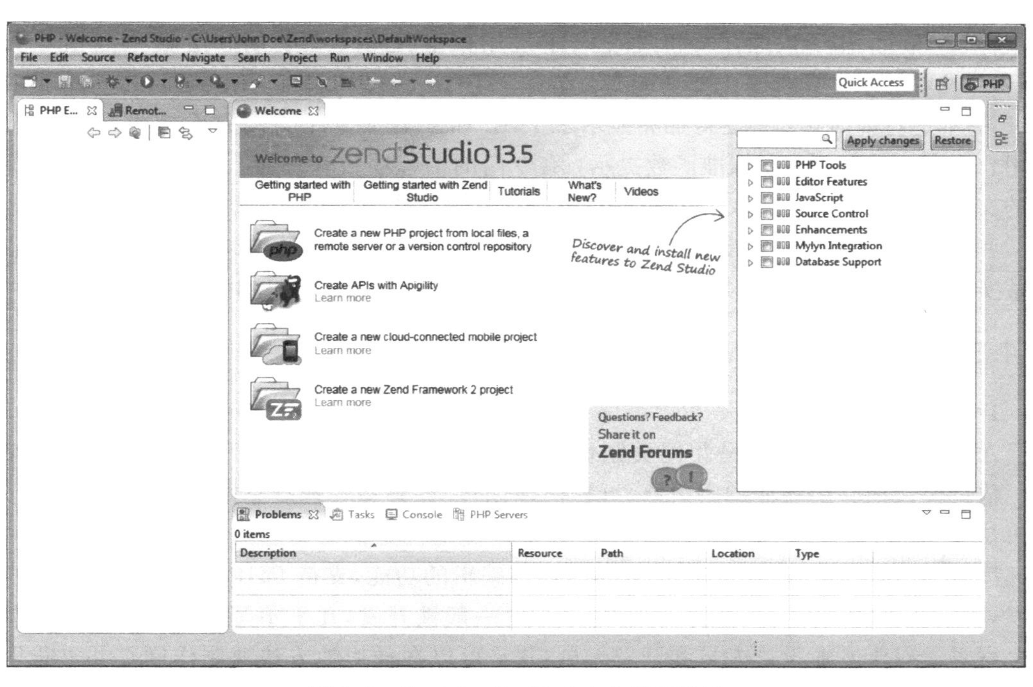

图 1.3　Zend Studio 13.5.1 主界面窗口

PHP 网页的编写而设计的程序，在它内部建立一系列的指令码、PHP 4 原始码数据库、语法加亮显示功能、FTP 客户端等。无论是专业设计者，还是初学者，都可以使用 phpDesigner 来设计网页程序。phpDesigner 8 主界面窗口如图 1.4 所示。

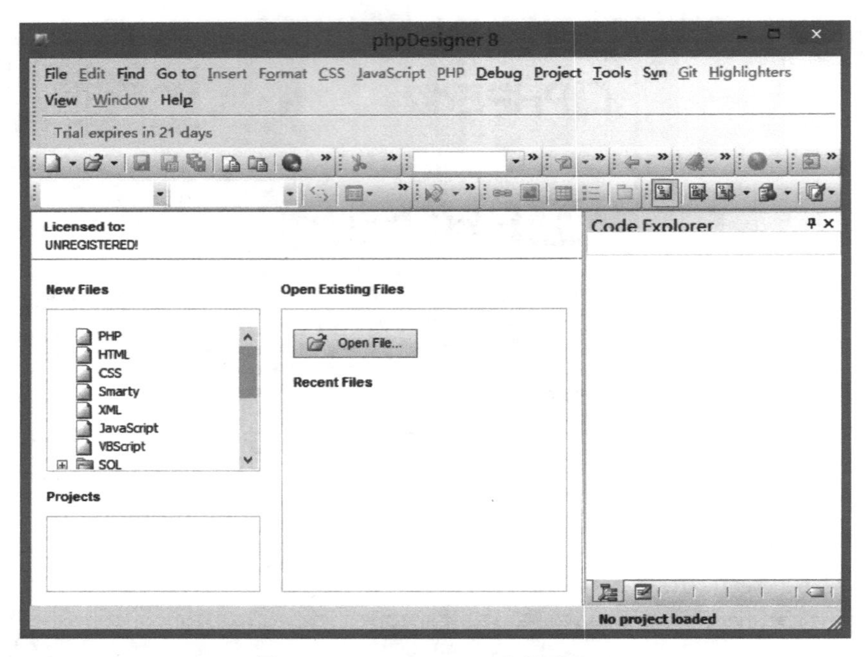

图 1.4　phpDesigner 8 主界面窗口

5. PHP Coder

PHP Coder 用于快速开发和调试 PHP 应用程序，它很容易扩展和定制，能够完全符合 PHP 开发者的个性要求。主要功能有：结合了 PHP 编译器和参考文档，可以对编辑中的 PHP 脚本进行即时预览；支持加亮显示 HTML 和 PHP 代码；自动完成功能，可以自动完成用户自定义代码片段；标准函数提示；有专门的工程项目管理器；对象浏览器搜寻编辑中的文件的包含信息，自定义函数，并以树形显示；支持查找对称的语句标记符；支持高级搜索和替换；自带 FTP 功能；支持运行和断点调试。总之，PHP Coder 是一个功能强大、非常实用的编程软件，而且是免费的。PHP Coder Pro 主界面窗口如图 1.5 所示。

1.4.2　网页设计工具

1. Dreamweaver

Adobe Dreamweaver 是集网页制作和管理网站于一体的所见即所得的网页代码编辑器。借助经过简化的智能编码引擎，可轻松地创建、编码和管理动态网站。访问代码提示，即可快速了解 HTML、CSS 和其他 Web 标准。使用视觉辅助功能减少错误并提高网站开发速度。支持 HTML、CSS、JavaScript 等内容编辑的功能，支持 PHP 与 MySQL 的可视化开发，对于初学者确实是比较好的选择，如果是一般性开发，几乎不写一行代码就可以制作一个网页。对于专业设计人员和开发人员，几乎可以在任何地方快速制作网页并进行网站建设。Dreamweaver CC 2015 主界面窗口如图 1.6 所示。

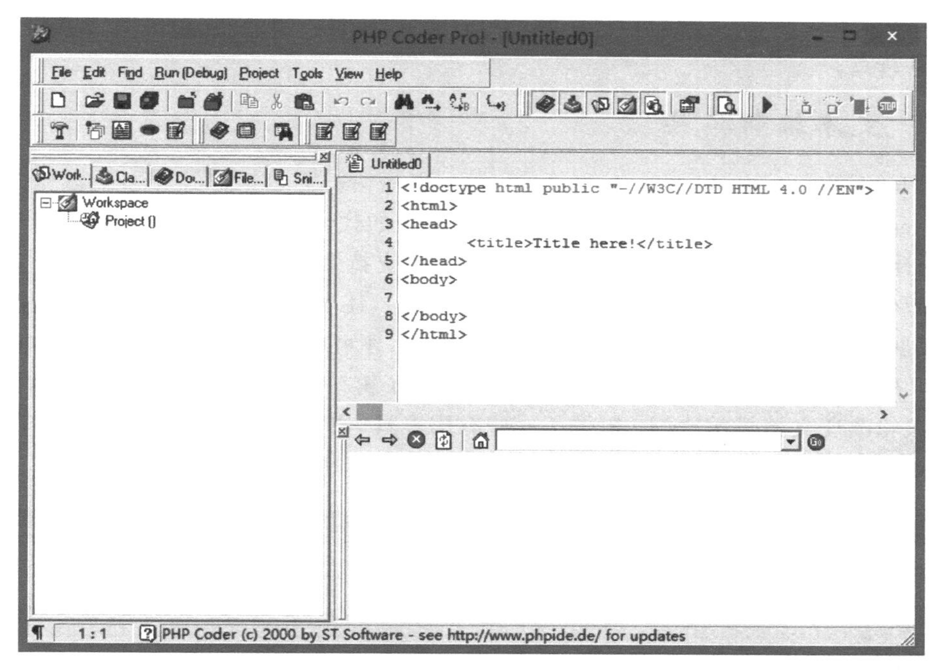

图 1.5　PHP Coder Pro 主界面窗口

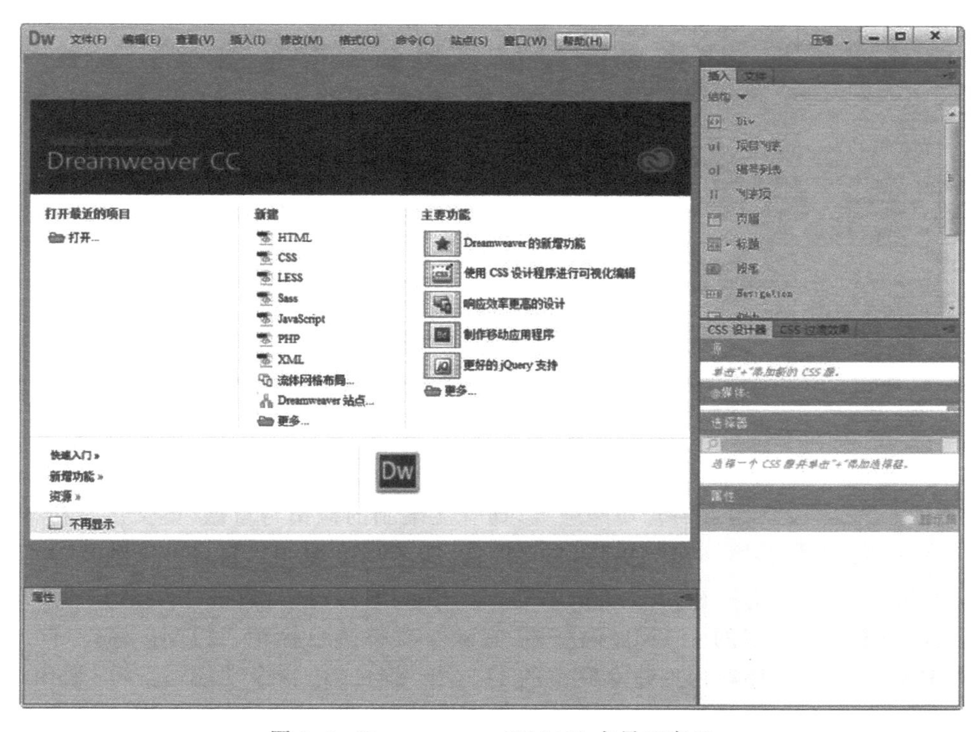

图 1.6　Dreamweaver CC 2015 主界面窗口

2. FrontPage

FrontPage 是微软公司出品的一款网页制作入门级软件。FrontPage 使用方便简单，会用 Word 就能用 FrontPage 做网页，该软件结合了设计、拆分、代码和预览四种模式，所见即所得是其特点。

1.4.3 文本编辑工具

1. Notepad++

Notepad++是在 Windows 环境之下的一款免费的代码编辑器。它有较低的 CPU 使用率，降低计算机系统资源消耗，轻巧且执行效率高。支持多达 27 种语法加亮显示(包括各种常见的源代码、脚本，能够很好地支持.nfo 文件查看)，还支持自定义语言；可自动检测文件类型，根据关键字显示节点，节点可自由折叠或打开，还可显示缩进引导线，使代码显示有层次感；可打开两个窗口，在每个窗口中可打开多个子窗口，允许快捷切换全屏显示模式，支持鼠标滚轮改变文档显示比例；提供了一些有用工具，如邻行互换位置、宏功能等；可显示选中文本的字节数。Notepad++7.3.3 编辑窗口如图 1.7 所示。

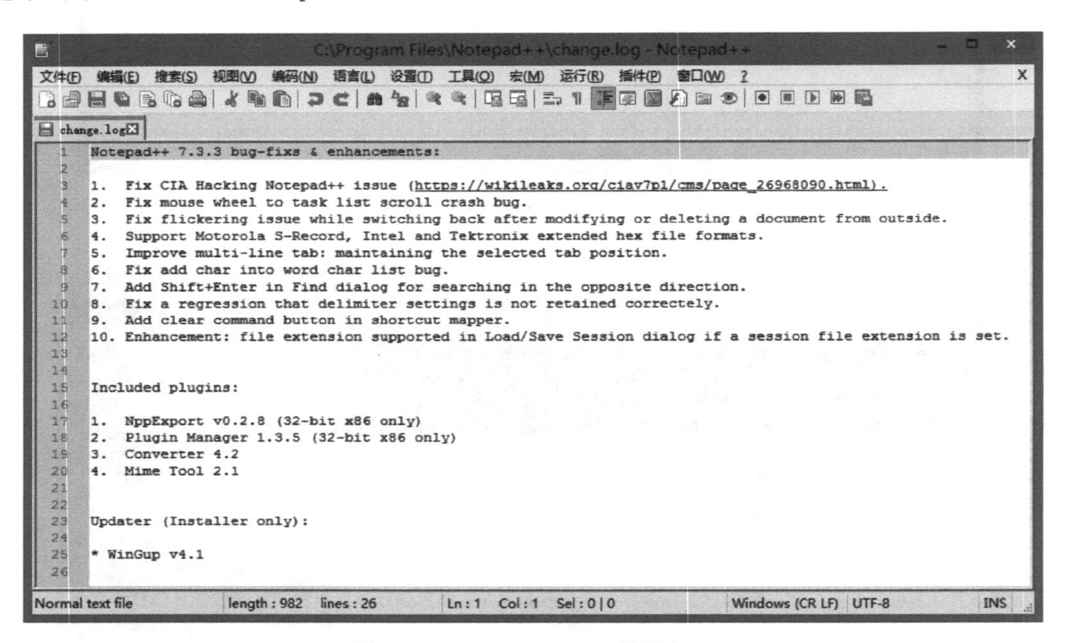

图 1.7 Notepad++7.3.3 编辑窗口

2. EditPlus

EditPlus 文字编辑器是一套功能强大，拥有无限制的撤销与重做、英文拼写检查、自动换行、列数标记、查找替换、同时编辑多个文件、全屏幕浏览功能。它有一个独特的功能，就是监视剪贴板，同步于剪贴板可自动粘贴到 EditPlus 的窗口中，省去手动粘贴的步骤。另外，它也是一个非常好用的 HTML 编辑器，它除了支持颜色标记、HTML 标记，同时支持 C、C++、Perl、Java。它还在内部建立完整的 HTML & CSS1 指令功能，对于习惯用记事本编辑网页的使用者，它可节省一半以上的网页制作时间，若已安装 IE 3.0 以上版本，它还会将 IE 浏览器结合到 EditPlus 窗口中，可以直接预览编辑的网页(若没安装 IE，也可指定浏览器路径)。EditPlus 4.3 编辑窗口如图 1.8 所示。

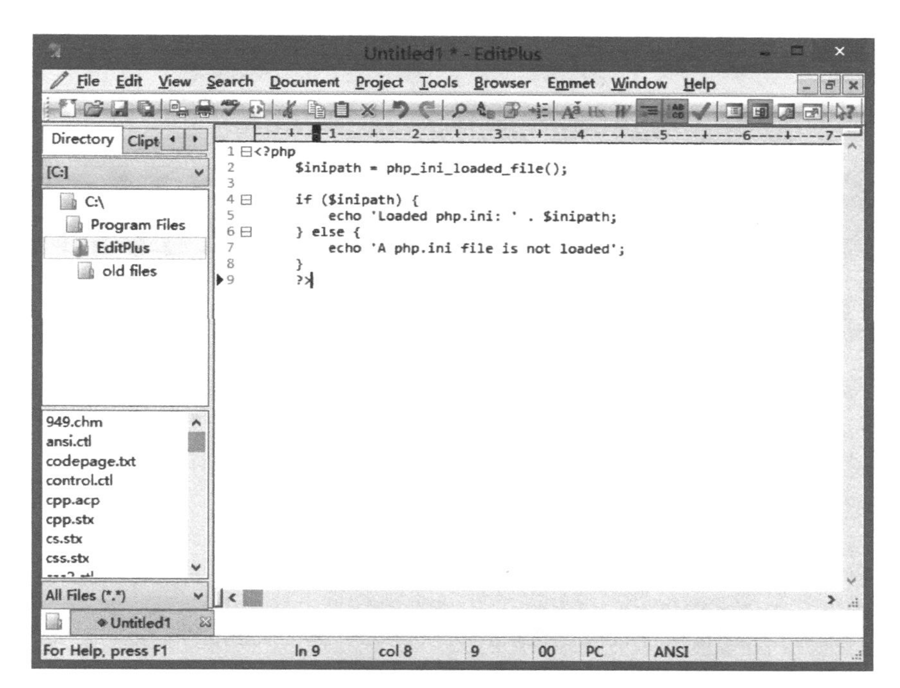

图 1.8　EditPlus 4.3 编辑窗口

3. 记事本

记事本是 Windows 系统自带的文本编辑工具，具有最基本的文本编辑功能，体积小巧，启动速度快，占用内存少，易于操作使用。

课堂实践 1-1：PHP 代码开发工具的使用

课堂实践 1-1

(1) 下载并安装 Sublime Text 3 代码编辑软件，在编辑器中输入 PHP 代码，并设置字体及其大小。

操作步骤如下：

① 在 IE 浏览器的地址栏中输入“http://www.sublimetext.com/3”，打开官方网站下载链接，下载 Sublime Text 3 Build 3143。单击其中的 Windows 链接，下载的是 Sublime Text Build 3143 Setup.exe 安装程序；单击同一行中的 portable version 链接，下载的是 Sublime Text Build 3143.zip 编辑器的压缩包，解压后不需要安装就能运行，如图 1.9 所示。

② 双击已下载的 Sublime Text Build 3143 Setup.exe 安装程序，选中 Add to explorer context menu 复选框，把它加入右键快捷菜单，其他以默认设置安装，如图 1.10 所示。

③ 安装完成后，双击桌面的 Sublime Text 3 图标，打开程序，进入 Sublime Text 3 编辑窗口，如图 1.11 所示。

④ 录入 PHP 代码，如图 1.1 所示。

⑤ 单击菜单栏 Preferences 中的 Settings 项，打开 Preferences.sublime-settings 窗口。如图 1.12 所示，添加所需代码，根据需要设置。设置字体用“"font_face"："字体名称"”，设置字体大小用“"font_size"："字体大小"”。

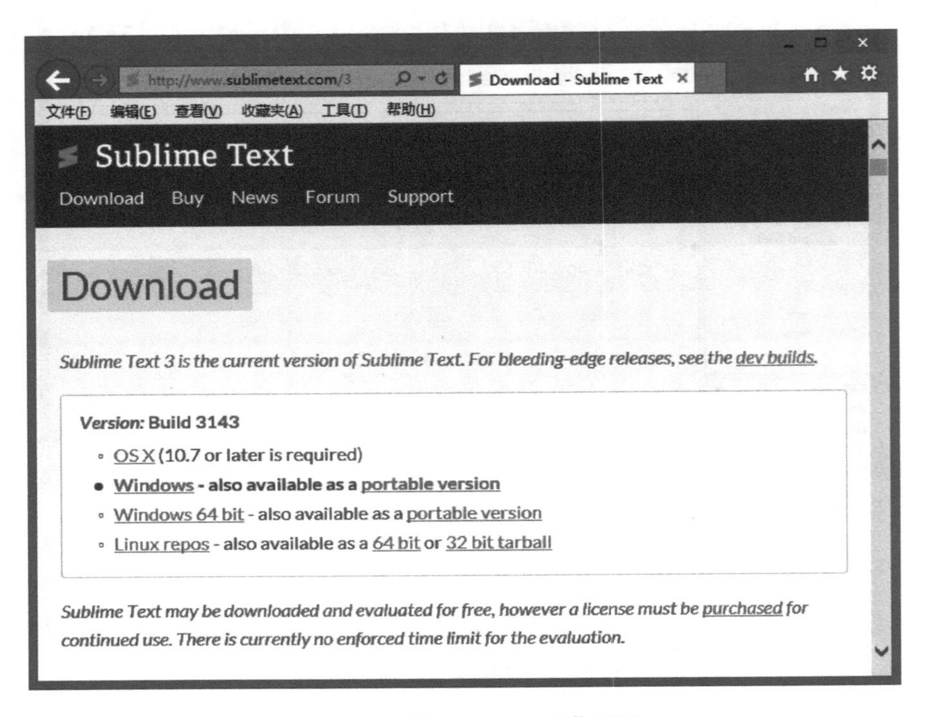

图 1.9 Sublime Text 3 下载页面

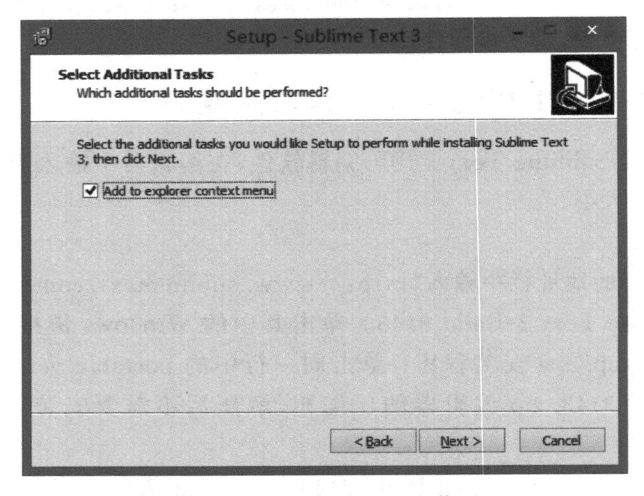

图 1.10 Sublime Text 3 安装页面

(2) 安装、浏览或移除 Sublime Text 中的插件。

操作步骤如下：

① 在 IE 浏览器的地址栏中输入“https://packagecontrol.io/”，单击页面中的 Install Now 按钮，如图 1.13 所示。

② 单击 SUBLIME TEXT 3 选项卡，复制里面的代码，如图 1.14 所示。

③ 在打开的 Sublime Text 3 编辑窗口中，使用快捷键 Ctrl+`，将之前复制的代码粘贴

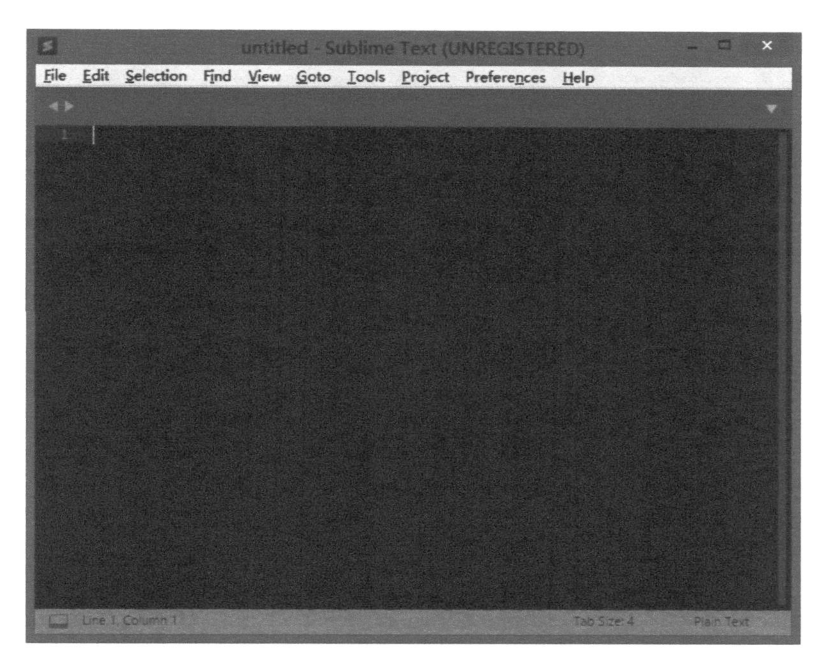

图 1.11　Sublime Text 3 编辑界面

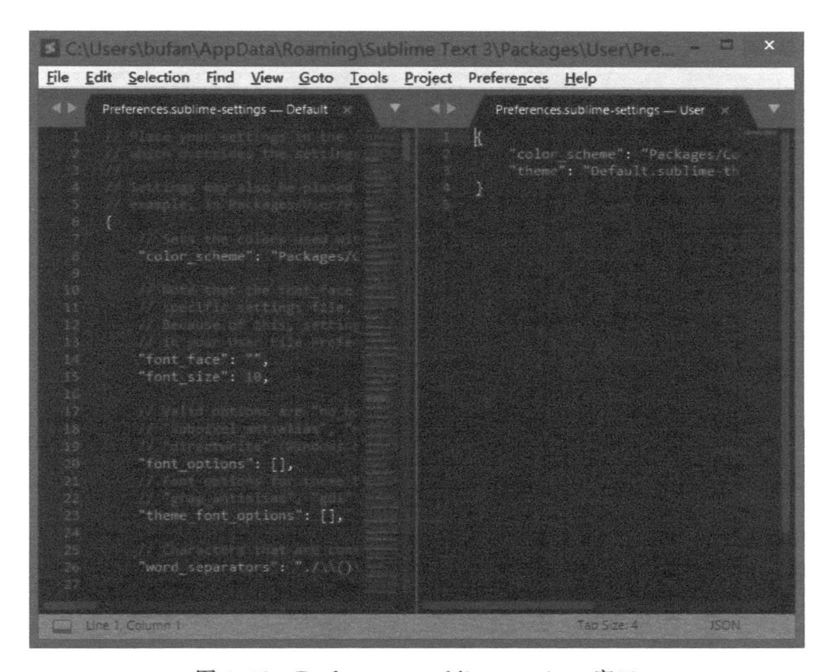

图 1.12　Preferences. sublime-settings 窗口

到打开的 Sublime Text 控制台里，按回车键。等待其安装完成后关闭程序，重新启动 Sublime Text 3。

④ 在 Preferences 子菜单中，可以看到 Package Control 菜单项，说明插件管理包已安装成功，如图 1.15 所示。

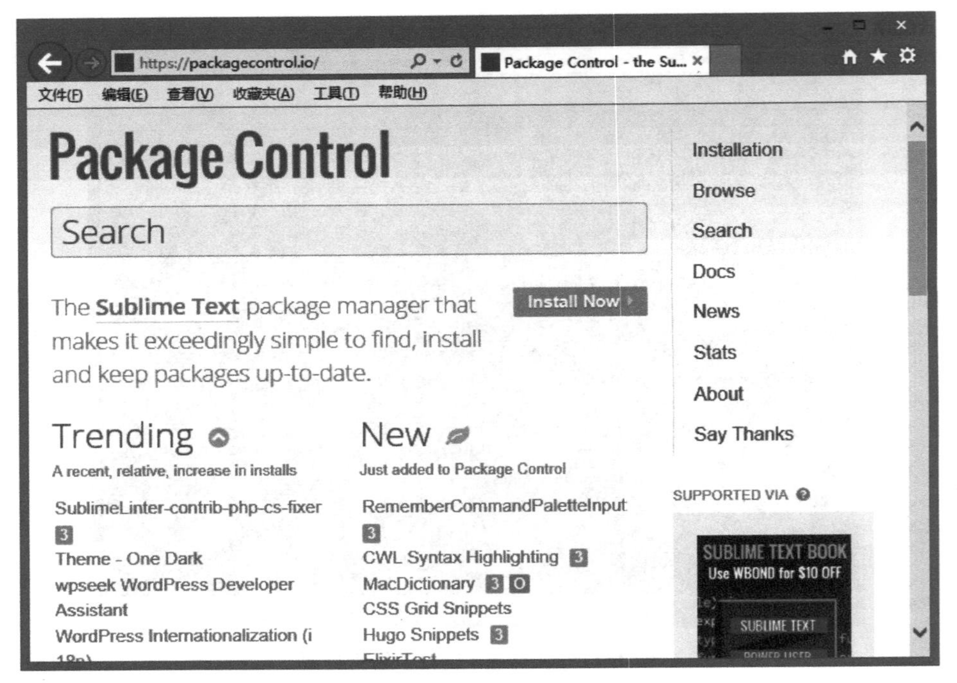

图 1.13　插件管理包页面

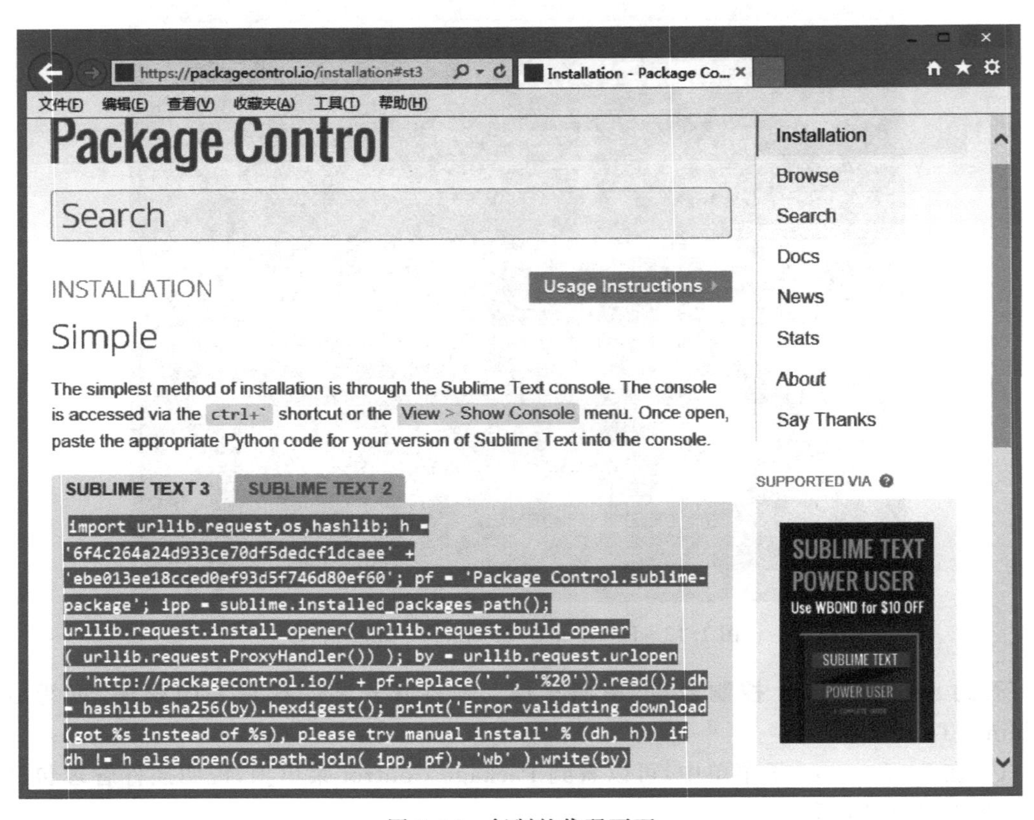

图 1.14　复制的代码页面

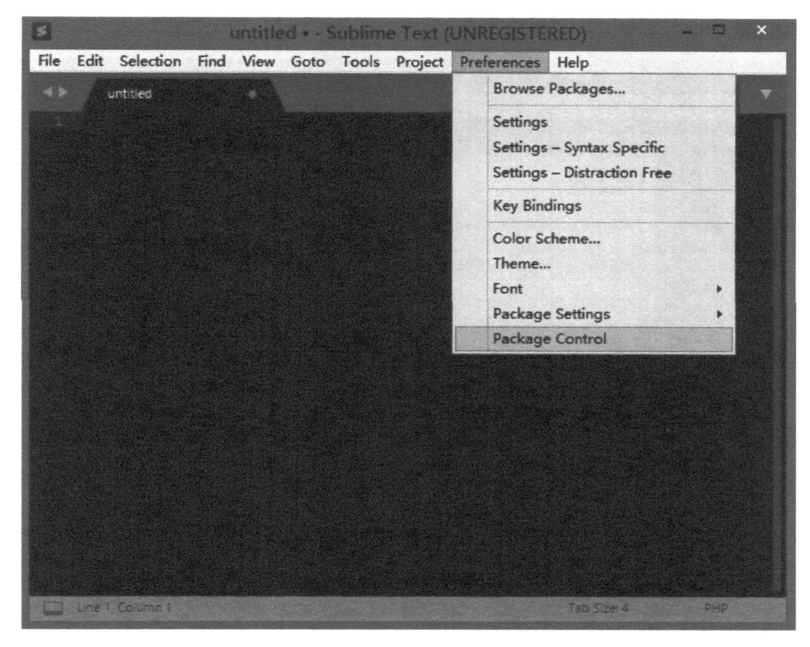

图 1.15 Preferences 子菜单中的 Package Control 项

⑤ 如果要浏览已经安装的插件，使用快捷键 Ctrl＋Shift＋P，在弹出的文本框中输入"list"，单击 Package Control：List Packages 项，如图 1.16 所示，会列出所有已安装的插件。

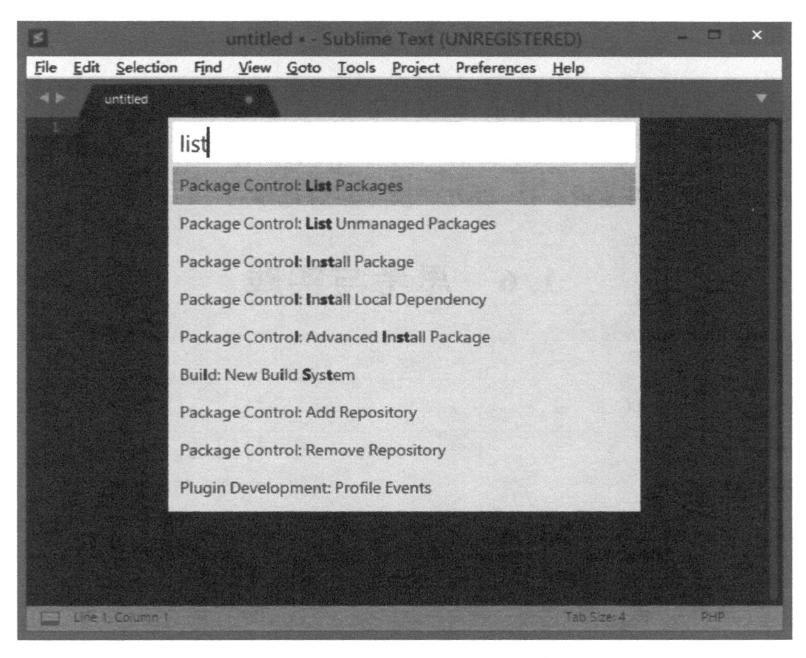

图 1.16 浏览已经安装的插件

⑥ 如果要移除不想要的插件，使用快捷键 Ctrl＋Shift＋P，在弹出的文本框中输入"remove"，单击 Package Control：Remove Package 项，如图 1.17 所示。在显示的插件列表

中选择要移除的插件即可。

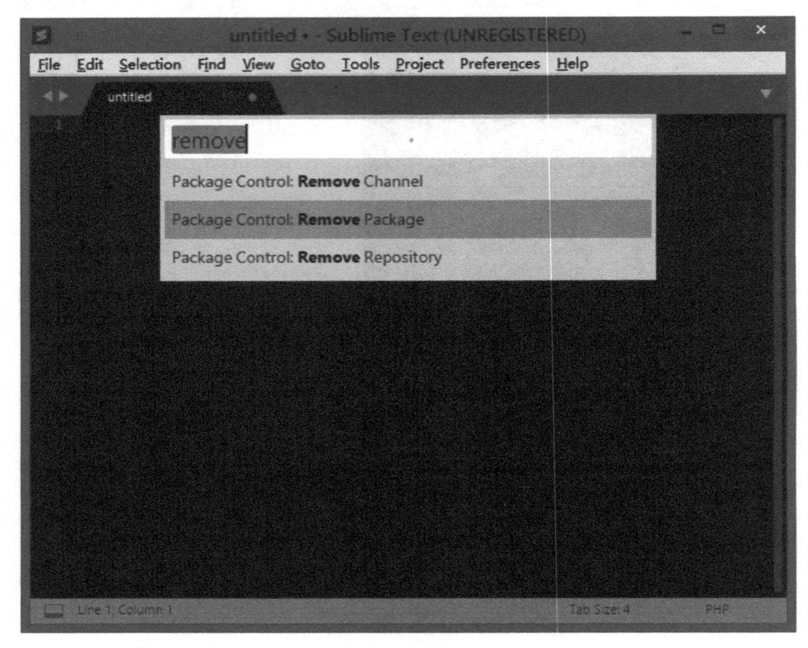

图 1.17　移除插件

1.5　本章小结

本章主要介绍了 PHP 的基础知识，包括什么是 PHP、PHP 的语言优势以及应用领域，详细介绍了 PHP 7 的新特性，通过学习这些内容对 PHP 有一个全面的认识。还介绍了常用开发工具，包括常用代码编辑工具，以方便读者更好地学习 PHP。

1.6　思考与实践

1. 选择题

(1) PHP 的源代码是(　　)。

A. 开放的　　B. 封闭的

C. 需购买的　　D. 完全不可见的

(2) PHP 支持目前(　　)数据库。

A. 主流　　B. 非主流

C. 主流和部分非主流　　D. 所有的主流和非主流

(3) 有组合比较符“$a<=>$b”，当$a大于$b时，返回(　　)。

A. −1　　B. 0　　C. 1　　D. 以上不正确

(4) PHP 7 性能大幅度地提升，支持(　　)位架构机器，运算速度更快。

A. 32　　B. 64　　C. 128　　D. 256

(5) PHP 目前的最新版本是(　　)。

A. PHP 4　　B. PHP 5　　C. PHP 7　　D. PHP 8

2. 填空题

(1) PHP 主要用于(　　)、(　　)和(　　)3 个应用领域。

(2) PHP 常用开发工具包括(　　)工具、(　　)工具和(　　)工具。

(3) Notepad++是在(　　)环境之下的一款(　　)费的(　　)。

3. 综合题

(1) 简述 PHP 的概念和 PHP 语言的优势与特性。

(2) PHP 常用的开发工具有哪些?

(3) 简述 Zend Studio 专业开发工具的优缺点。

第2章 PHP开发环境

学习要点：通过本章学习，读者可以理解PHP脚本程序工作流程，了解PHP预处理器、Web服务器、Web浏览器和数据库服务器的概念；了解安装PHP前的准备工作；理解IIS服务器的安装配置方法；理解Apache服务器的环境搭建方法；重点掌握Windows下WampServer集成软件的安装。

2.1 PHP脚本程序工作流程

运行PHP脚本程序，必须借助PHP预处理器、Web服务器和Web浏览器，必要时还需要借助数据库服务器。其中Web服务器的功能是处理HTTP请求，PHP预处理器的功能是解释PHP代码，Web浏览器的功能是显示PHP程序的执行结果，数据库服务器的功能是存储执行结果。

1. Web浏览器

Web浏览器也叫网页浏览器，简称浏览器。浏览器是用户最为常用的客户端程序，主要功能是显示HTML网页内容，并让用户与这些网页内容产生互动。常见的浏览器有微软公司的Internet Explorer浏览器、谷歌公司的Chrome浏览器和Mozilla公司的Firefox浏览器等。

2. HTML代码

HTML是Hypertext Markup Language(超文本标记语言)的缩写，HTML代码是网页的静态内容，这些静态内容由HTML标记产生，Web浏览器识别这些HTML标记并解释执行。例如Web浏览器识别HTML标记“< br/>”，将其解析为一个换行。在PHP程序开发过程中，HTML代码主要负责页面的互动、布局和美观。

3. PHP预处理器

PHP预处理器的功能是将PHP程序代码解释为文本信息，这些文本信息中可以包含HTML代码。

4. Web服务器

Web服务器也称为WWW(World Wide Web)服务器，简单地说，安装有Web服务器软件的计算机称为Web服务器。

常用的Web服务器软件有微软公司的Internet Information Server(IIS)服务器软件、IBM公司的WebSphere服务器软件以及开源的Apache服务器软件等。其中Apache具有免费、速度快且性能稳定等特点，它已成为目前最流行的Web服务器软件，本书将使用Apache服务器部署PHP程序。

无论哪一种 Web 服务器，它们主要提供两个功能。

(1) 存储大量的网络资源以供浏览器用户访问。典型的网络资源包括静态页面、动态页面以及各种多媒体网络资源(如图片、音频、视频、Flash 等资源)。

注意：*Web 服务器上的静态页面通常以.html 或者.htm 为文件扩展名；动态页面通常以.php 为文件扩展名。*

(2) 处理 HTTP 请求。

5. HTTP 协议

HTTP 是 HyperText Transfer Protocol(超文本传输协议)的缩写，HTTP 定义了 Web 浏览器与 Web 服务器通过网络进行无状态通信的一套规则。

简单地说，无状态是指当一个 Web 浏览器向某个 Web 服务器的页面发送请求(Request)后，Web 服务器收到该请求并进行处理，然后将处理结果作为响应(Response)返回给 Web 浏览器，Web 浏览器与 Web 服务器都不保留当前 HTTP 通信的相关信息。也就是说，Web 浏览器打开 Web 服务器上的一个网页，与之前打开这个服务器上的另一个网页之间没有任何联系。

HTTP 遵循请求(Request)或响应(Response)模型，所有 HTTP 通信连接都被构造成一对 HTTP 请求和 HTTP 响应。HTTP 请求类型多种多样，可以进行如下分类。

(1) 按照请求方法的不同，可将 HTTP 请求分为 GET 请求、POST 请求、HEAD 请求、OPTIONS 请求、PUT 请求、DELETE 请求和 TARCE 请求，其中最常用的请求方法是 GET 请求和 POST 请求。

(2) 按照请求的资源类型不同，可将 HTTP 请求分为 HTTP 动态请求以及 HTTP 静态请求。当 Web 浏览器访问 Web 服务器上的静态页面时，此时的 HTTP 请求为静态请求；同理，当 Web 浏览器访问 Web 服务器上的动态页面时，此时的 HTTP 请求为动态请求。

6. 数据库服务器

数据库是存储、管理数据的容器。数据库容器通常包含诸多数据库对象，如表、视图、索引、函数、存储过程、触发器等，这些数据库对象最终都是以文件的形式存储在外存(如硬盘)上。通过数据库管理系统，用户可以轻松地实现数据库容器中各数据对象的访问与维护工作。

安装有数据库管理系统软件的计算机称为数据库服务器。目前常用的数据库管理系统软件有甲骨文公司的 Oracle 和 MySQL，微软公司的 Visual FoxPro、Access 和 SQL Server，IBM 公司的 DB2 和 Informix 以及 SAP 公司的 Sybase。

2.2 PHP 环境搭建

2.2 节

在安装 PHP 之前，需要了解安装所需要的软硬件环境和获取软件安装资源包的途径。

2.2.1 软硬件环境

大部分软件在安装的过程中都需要软硬件环境的支持，当然 PHP 也不例外。在硬件方面，如果只是为了学习上的需求，只需要一台普通的计算机即可。在软件方面，需要根据实际工作的需求选择不同的 Web 服务器软件。

PHP 具有跨平台特性,所以 PHP 开发无论用什么样的系统,开发出来的程序都能够很轻松地移植到其他操作系统中。另外,PHP 开发平台支持目前主流的操作系统,包括 Windows、Linux、UNIX 和 Mac OS X 等。本书以 Windows 操作系统为例进行讲解。

另外,用户还需要安装 Web 服务器软件。目前,PHP 支持大多数 Web 服务器软件,常见的有 IIS、Apache 和 WebSphere 等。比较流行的 Web 服务器软件是 IIS 和 Apache,下面将介绍这两种 Web 服务器的安装配置。

2.2.2 IIS 服务器的安装配置

IIS 具有功能强大、操作简单和使用方便等优点,是目前较为流行的 Web 服务器之一。另外,IIS 只能运行在 Windows 操作系统上。针对不同的 Windows 版本,IIS 也有与之对应的不同版本。下面以 Windows 8 为例进行讲解,默认情况下此操作系统没有安装 IIS。

1. IIS 的安装

操作步骤如下:

(1) 打开“控制面板”窗口,双击“程序”图标,如图 2.1 所示。

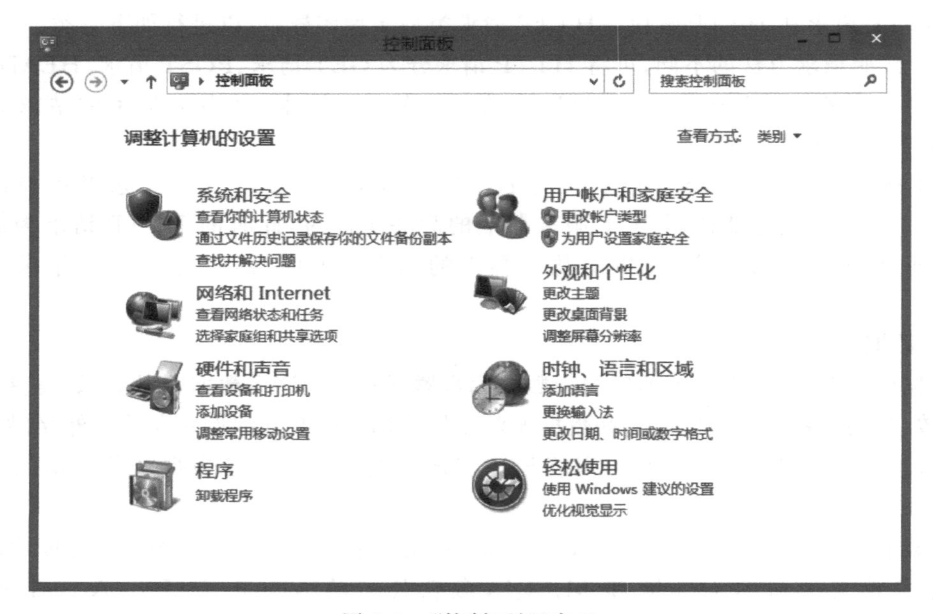

图 2.1 “控制面板”窗口

(2) 在打开的“程序”窗口中,单击“启用或关闭 Windows 功能”链接,如图 2.2 所示。

(3) 在打开的“Windows 功能”对话框中,选中 Internet Information Services 复选框,单击“确定”按钮,如图 2.3 所示。

(4) 安装完成后,即可测试是否成功。在 IE 浏览器的地址栏中输入“http://localhost/”,打开 IIS 的欢迎页面,如图 2.4 所示。

2. PHP 的安装

操作步骤如下:

(1) 打开 IE 浏览器,在地址栏中输入下载地址“http://windows.php.net/download”,

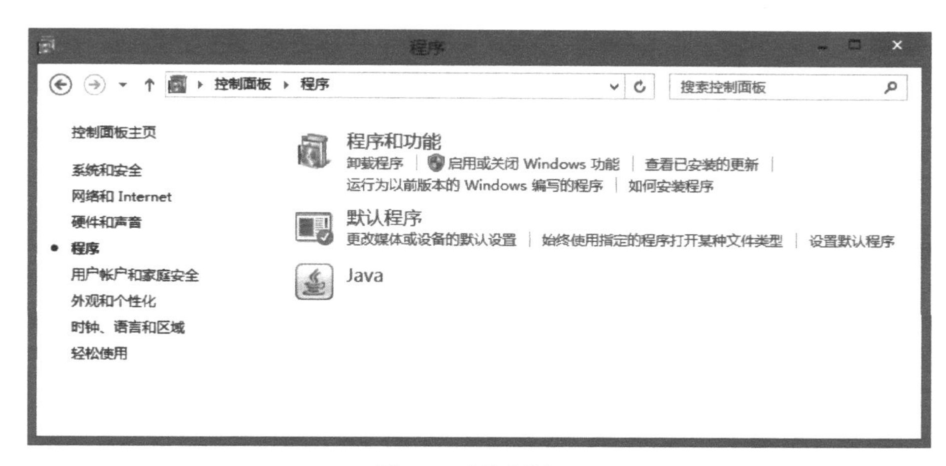

图 2.2 “程序”窗口

图 2.3 “Windows 功能”对话框

按回车键确认，登录到 PHP 下载网站，如图 2.5 所示。

(2) 进入下载页面，在 Binaries and sources Releases 下拉列表框中选择合适的版本，这里选择 PHP 7.2 版本，如图 2.6 所示。

注意：图 2.6 中，下拉列表中 VC14 代表的是 Visual Studio 2015 编译器，通常用于 PHP+IIS 服务器下。VC14 的构建需要安装 Visual Studio 2015 x86 或 x64 的 Visual C++ Redistributable。

(3) 显示所选版本号中 PHP 安装包的各种格式。这里选择 Zip 压缩格式，单击 Zip 链接，然后保存文件即可，如图 2.7 所示。

(4) 将文件解压缩，解压缩后得到的文件夹中存放着 PHP 所需要的文件。将文件夹复制到 PHP 的安装目录中。PHP 的安装路径可以根据需要进行设置，如设置为“D:\PHP7\”。

(5) 在安装目录中，找到 php.ini-development 文件，此文件是 PHP 7.0 的配置文件。将这个文件的扩展名.ini-development 修改为.ini，然后用记事本打开。

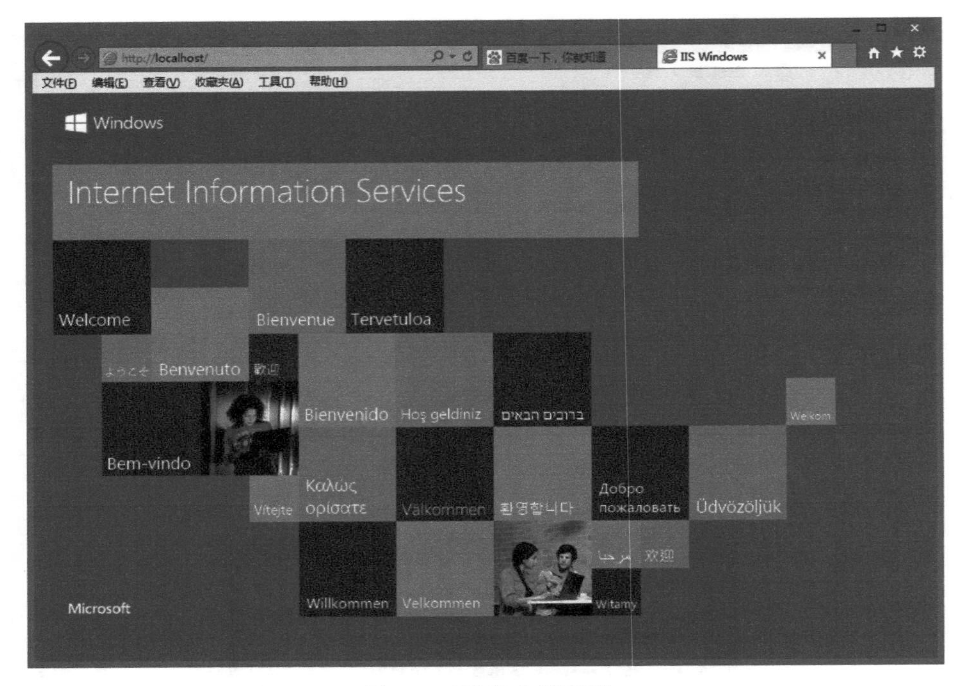

图 2.4　IIS 的欢迎页面

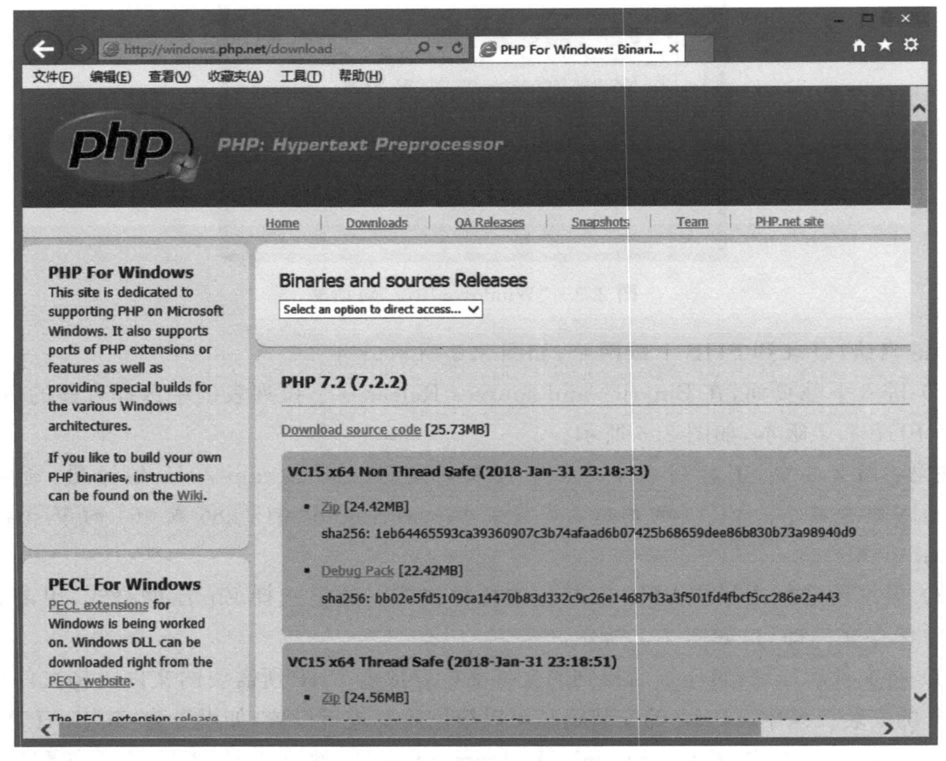

图 2.5　PHP 下载页面

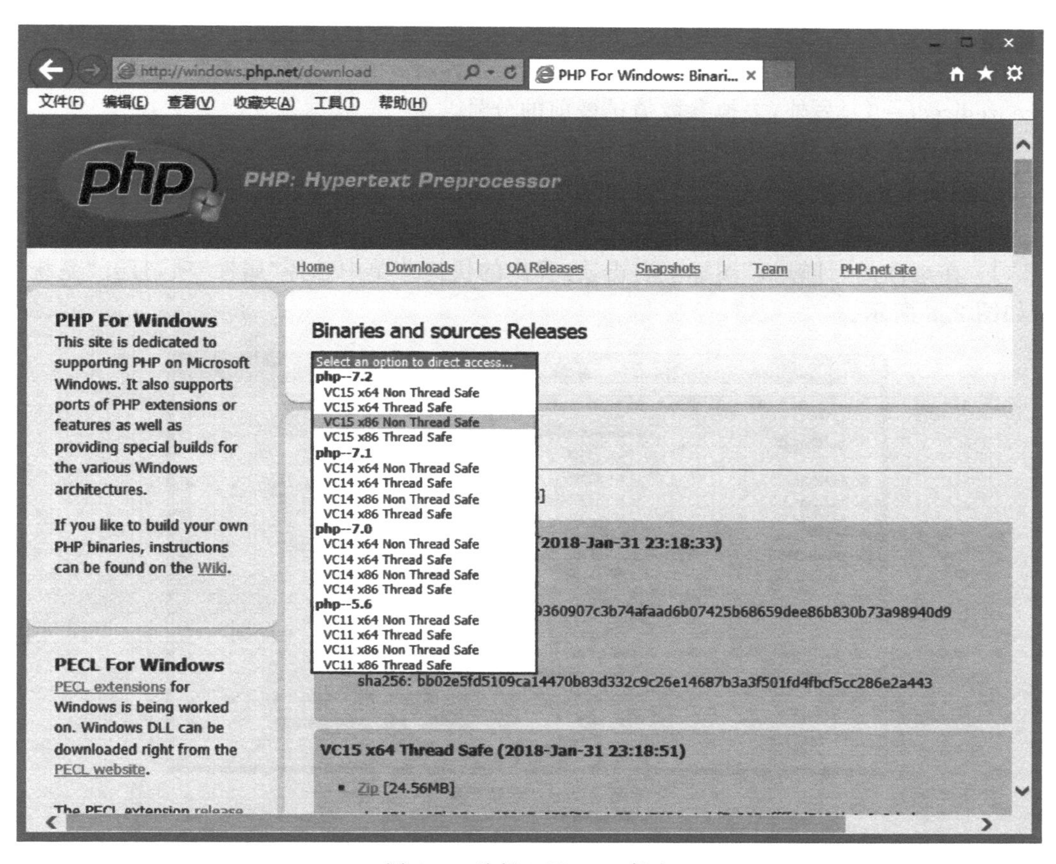

图 2.6　选择 PHP 7.2 版本

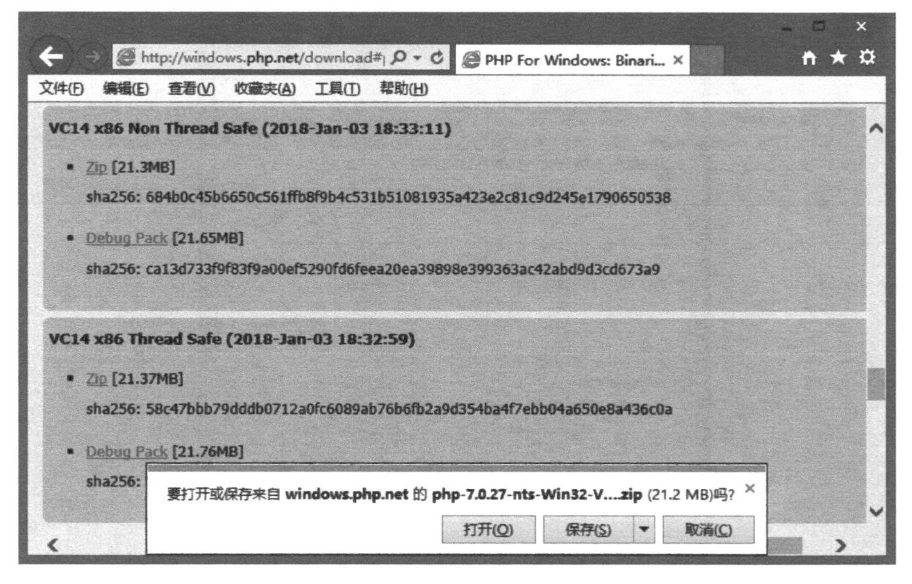

图 2.7　选择 Zip 压缩格式

(6) 查找并修改相应的参数值：extension_dir="D:\PHP7\ext"，此参数为 PHP 扩展函数的查找路径，其中"D:\PHP7\"为 PHP 的安装路径。采用同样的方法，修改参数：cgi.force_redirect=0。另外，去掉参数值扩展前的分号。

注意：配置文件中参数很多，使用记事本的查找功能，可以快速查找到需要的参数。

3. 添加系统变量

将 PHP 的安装目录添加到系统变量中，操作步骤如下：

(1) 在桌面的"计算机"图标上右击，在弹出的快捷菜单中选择"属性"项，打开"系统"窗口，如图 2.8 所示。

图 2.8 "系统"窗口

(2) 单击左侧的"高级系统设置"项，在打开的"系统属性"对话框中，单击"高级"选项卡中的"环境变量"按钮，如图 2.9 所示。

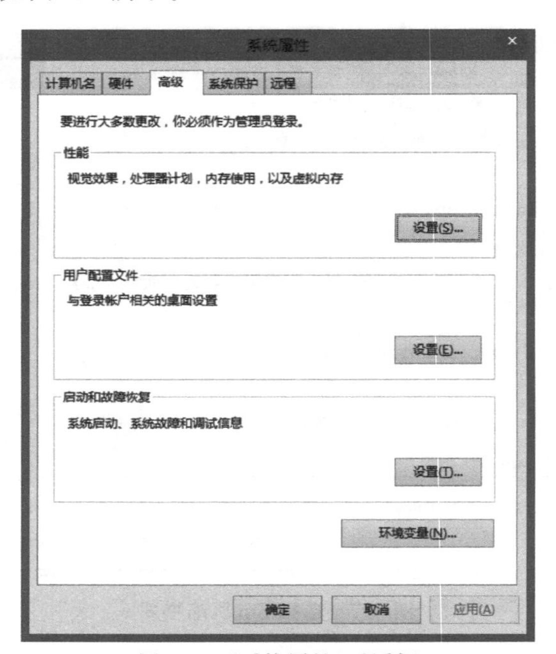

图 2.9 "系统属性"对话框

(3) 在打开的“环境变量”对话框中，在“系统变量”列表框中选择变量 Path，然后单击“编辑”按钮，如图 2.10 所示。

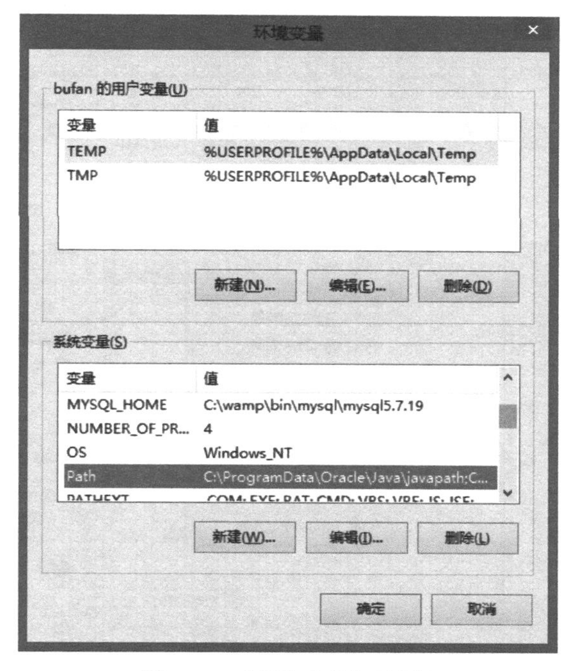

图 2.10 “环境变量”对话框

(4) 在“编辑系统变量”对话框中，在“变量值”文本框的末尾输入“;d:\PHP7”，如图 2.11 所示。

图 2.11 “编辑系统变量”对话框

(5) 依次单击“确定”按钮，即可关闭对话框。重新启动计算机，设置的环境变量即可生效。

4. 设置虚拟目录

操作步骤如下：

(1) 在桌面的“计算机”图标上右击，在弹出的快捷菜单中选择“管理”项，打开“计算机管理”窗口，在窗口左侧，展开“服务和应用程序”项，选择“Internet Information Services (IIS)管理器”项，在右侧的 Default Web Site 项上右击，在弹出的快捷菜单中选择“添加虚拟目录”项，如图 2.12 所示。

(2) 在打开的“添加虚拟目录”对话框中，在“别名”文本框中输入虚拟网站的名称，如输入

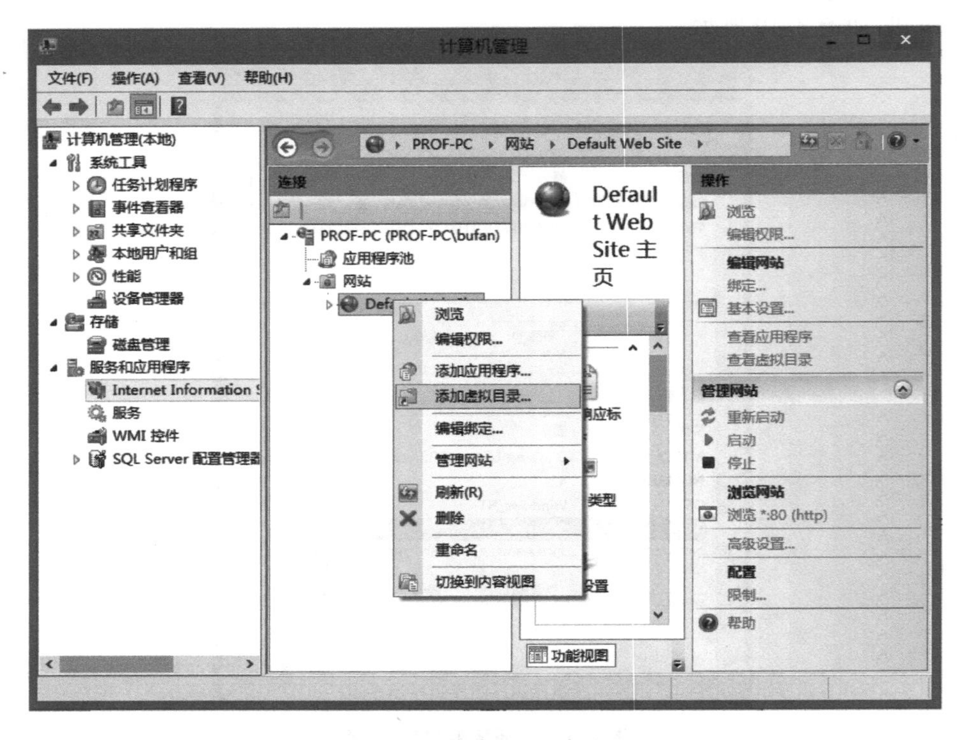

图 2.12 “计算机管理”窗口

“php7.0”，设置物理路径为“D:\php”(该文件夹必须已存在)，单击“确定”按钮，如图 2.13 所示。

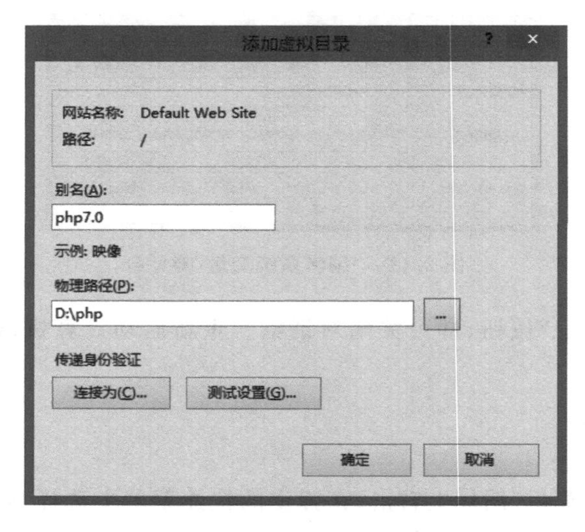

图 2.13 “添加虚拟目录”对话框

至此，已完成 IIS 网站服务器设置的更改，IIS 网站服务器的网站虚拟目录已经更改为 D:\php。

2.2.3 Apache 服务器的安装配置

Apache 是免费软件，可以从官方网站（https://httpd.apache.org/download.cgi）直接下载。

在安装 Apache 网站服务器之前，首先必须停止网站服务器（如 IIS 网站服务器等）的服务，才能正确安装 Apache 网站服务器。具体操作步骤为：

在桌面的“计算机”图标上右击，在弹出的快捷菜单中选择“管理”项，打开“计算机管理”窗口，在窗口左侧，展开“服务和应用程序”项，选择“Internet Information Services(IIS)管理器”项，在右侧的“操作”窗格中，单击“停止”项，即可停止 IIS 服务器的服务，如图 2.14 所示。

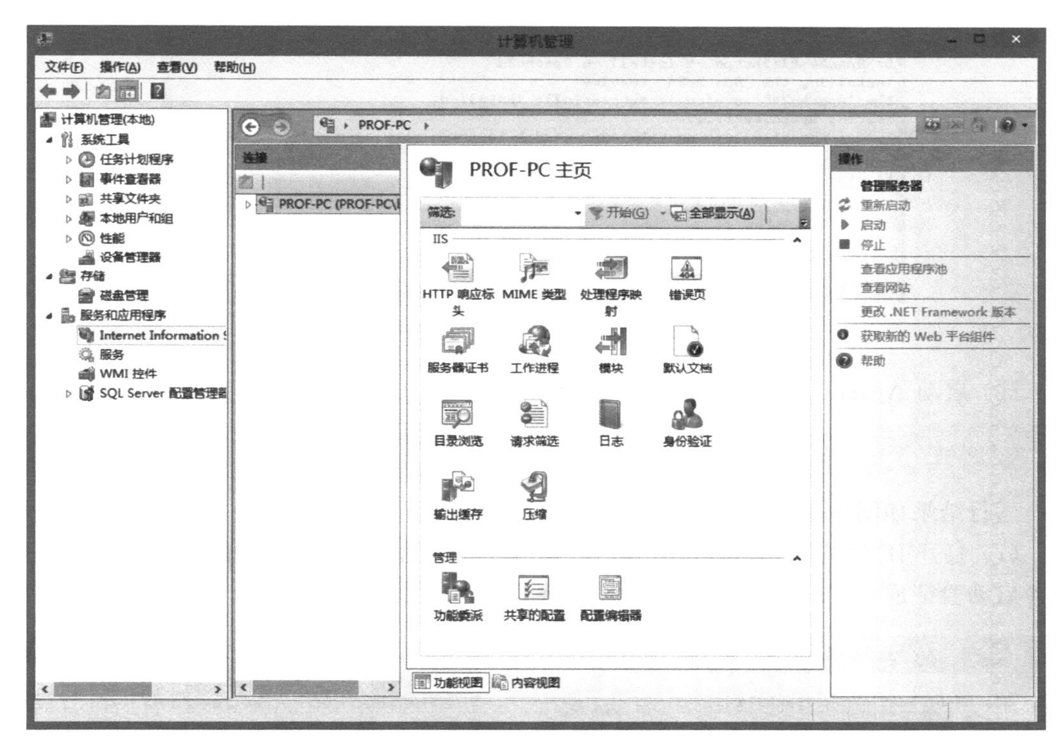

图 2.14 停止 IIS 服务器的服务

关于 Apache 服务器的安装与配置，具体操作步骤如下：

(1) 将下载的文件解压缩，将解压后的文件放置在指定的目录下，本例中设置为“D:\Apache\”。

(2) 打开 Apache 的配置文件，该文件存放在 Apache\conf\目录下，文件名称为 httpd.conf。

(3) 由于默认的安装目录是 C:\Apache24，把 httpd.conf 文件中的所有“c:\Apache24”替换为本例中的安装目录“d:\Apache”。

(4) 去掉文件中“#ServerName www.example.com:80”前面的#，并将所有的工作端口 80 均改为 8088。

(5) 以管理员身份运行 cmd 程序，进入 httpd.exe 文件所在的 Apache\bin 目录，安装 Apache 服务(Apache24 为安装服务名称)。输入如下内容：

```
d:
cd apache\bin
httpd -k install -n Apache24
```

运行结果如图 2.15 所示。

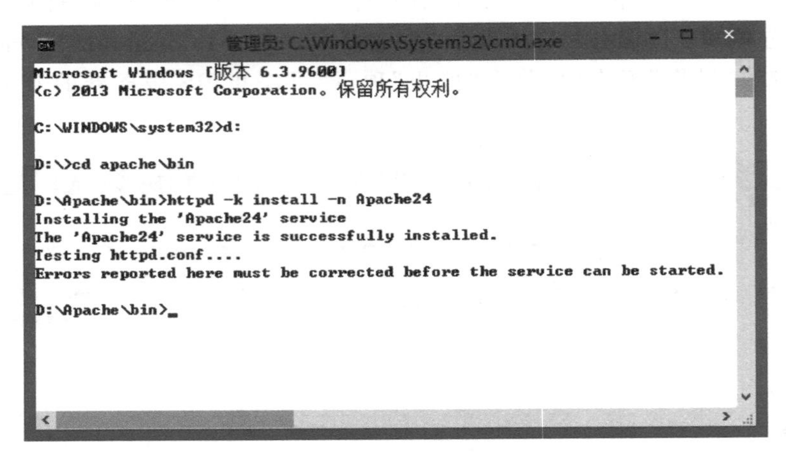

图 2.15 Apache 服务器安装完成

(6) 启动 Apache 服务。输入如下命令：

```
net start Apache24
```

运行结果如图 2.16 所示。

(7) 打开 IE 浏览器，在地址栏中输入"http://localhost:8088"，按回车键确认，Apache 服务启动验证成功，如图 2.17 所示。

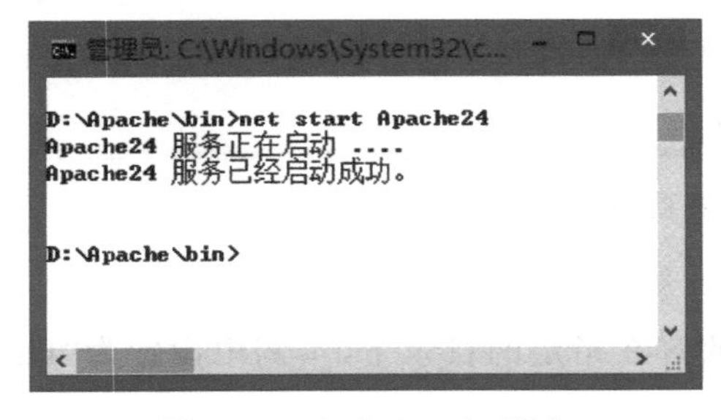

图 2.16 启动 Apache 服务

图 2.17 Apache 服务启动成功

2.3 节

2.3 PHP 集成软件

对于 PHP 的初学者来说，烦琐的软件安装、复杂的环境配置常常使他们无从下手、不知所措。而 PHP 集成软件安装简便，省时省力，运行稳定，支持中文语言，非专业人士都可以轻松搭建，免去了烦琐的环境配置过程。为此本节讲述WampServer整合包的使用方法。

2.3.1 PHP集成软件简介

1. phpStudy

phpStudy程序包集成最新的Apache、Nginx、LightTPD、PHP、MySQL、phpMyAdmin、Zend Optimizer和Zend Loader，一次性安装，无须配置即可使用，是非常方便、好用的PHP调试环境。该程序包不仅包括PHP调试环境，还包括开发工具、开发手册等。

2. WampServer

Wamp就是Windows、Apache、MySQL和PHP集成安装环境，即WampServer是一个基于Windows操作系统的Web开发平台，用于Apache服务器、PHP脚本语言和MySQL数据库的动态Web应用程序。该程序包还有phpMyAdmin，便于管理员更容易地管理数据库。

3. XAMPP

XAMPP(Apache、MySQL、PHP、PERL)是一个功能强大的建站集成软件包。它可以在Windows、Linux、Solaris、Mac OS X等多种操作系统下安装使用，支持多语言，包括英文、简体中文、繁体中文、韩文、俄文、日文等。XAMPP非常容易安装和使用，只须下载、解压缩、启动即可。

4. UPUPW

UPUPW PHP环境集成包是目前Windows平台下最具特色的Web服务器PHP套件，包括Apache版、Ngix版和Kangle版：Apache/Nginx、PHP、MySQL、phpMyAdmin、Xdebug、Memcached、eAccelerator、ZendGuardLoader/Optimizer+。UPUPW PHP套件省去了搭建Web服务器和PHP环境的复杂程序，下载、解压到装有任何Windows操作系统的非中文目录即可运行。

5. MAMP PRO

MAMP PRO是专业级版本的经典本地服务器环境的Mac OS X软件。MAMP这几个首字母代表Mac OS X操作系统上的Macintosh、Apache、MySQL和PHP。MAMP内含Apache服务器、PHP安装套件以及MySQL安装套件。与Windows下的XAMPP和WAMP、Linux下的LAMP一样，都是Apache、MySQL和PHP的集成环境。只需轻松选择就能安装架设网站服务器、讨论区或论坛等必备的元件，通过Web界面的设定，就可以架设自己专属的网站。

2.3.2 WampServer安装

从WampServer官方网站http://www.wampserver.com/上下载WampServer的安装包WampServer3.1.0_x86.exe文件。安装步骤如下：

(1) 双击安装包文件，选择安装语言。这里选择英语作为安装语言，单击OK按钮，如图2.18

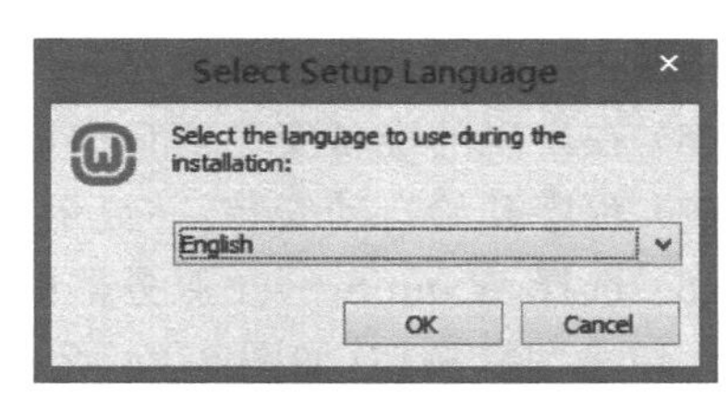

图2.18 选择安装语言对话框

所示。

(2) 在出现的许可协议窗口中，选中 I accept the agreement 单选按钮，接受许可协议，单击 Next 按钮，如图 2.19 所示。

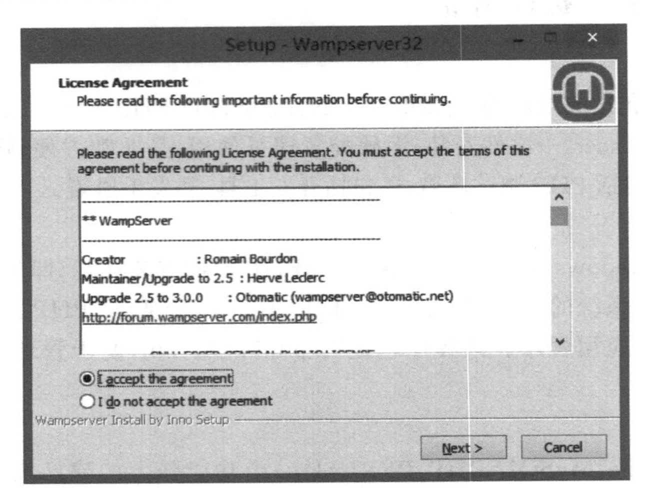

图 2.19　许可协议窗口

(3) 在出现的信息窗口中，阅读完成后，单击 Next 按钮。

(4) 在出现的选择安装路径窗口中，单击 Browse 按钮，可以设置安装路径，这里采用路径"d:\wamp"，然后单击 Next 按钮，如图 2.20 所示。

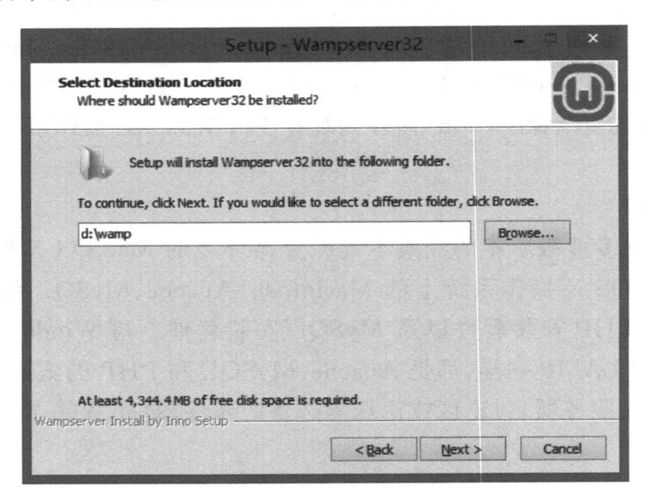

图 2.20　选择安装路径窗口

(5) 在出现的选择开始菜单文件夹窗口中，单击 Next 按钮，如图 2.21 所示。

(6) 在出现的准备安装窗口中，单击 Install 按钮，开始安装，如图 2.22 所示。

(7) 程序开始自动安装，并显示安装进度，如图 2.23 所示。

(8) 选择 WampServer 服务器的默认浏览器，这里默认浏览器是 Internet Explorer 浏览器。单击"是"按钮，如图 2.24 所示。

(9) 在打开的对话框中，单击"打开"按钮即可，如图 2.25 所示。

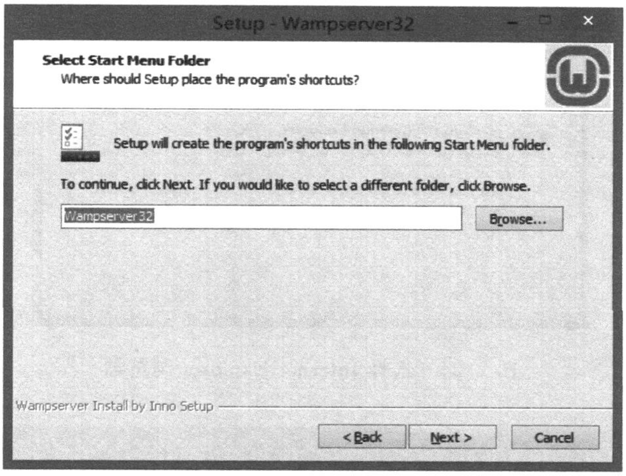

Setup - Wampserver32

Select Start Menu Folder

Where should Setup place the program's shortcuts?

Setup will create the program's shortcuts in the following Start Menu folder.

To continue, click Next. If you would like to select a different folder, click Browse.

Wampserver32　　Browse...

Wampserver Install by Inno Setup

< Back　Next >　Cancel

图 2.21　选择开始菜单文件夹窗口

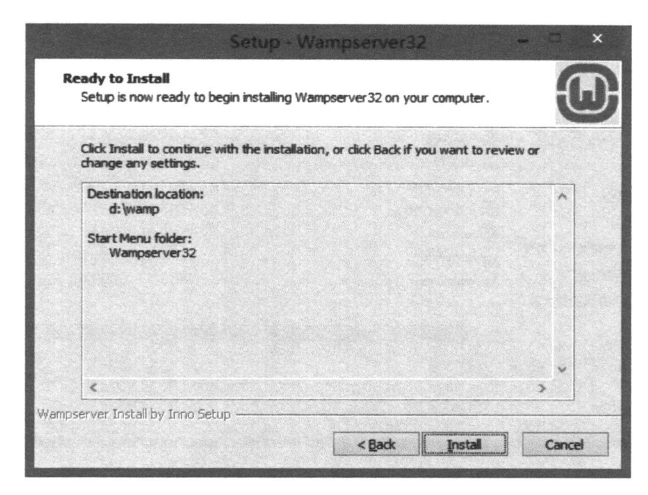

图 2.22　准备安装窗口

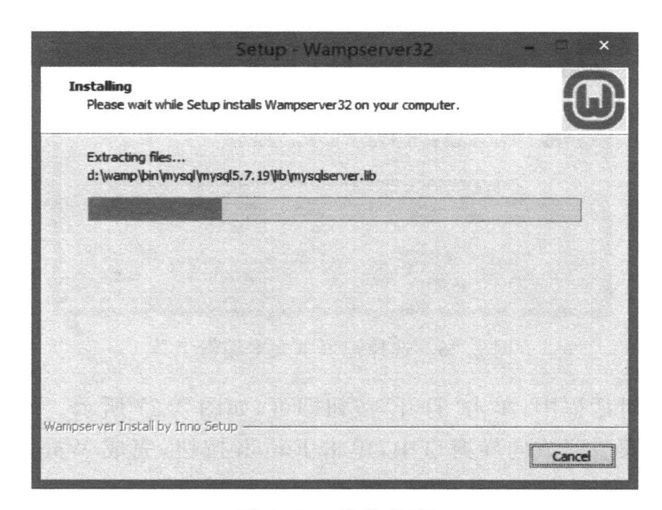

图 2.23　安装进度

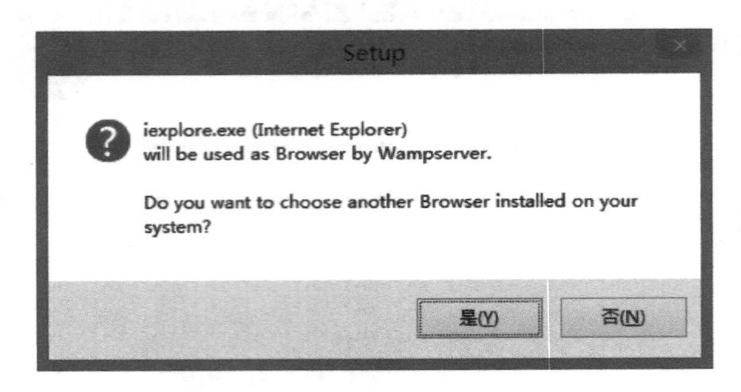

图 2.24 选择 Internet Explorer 浏览器

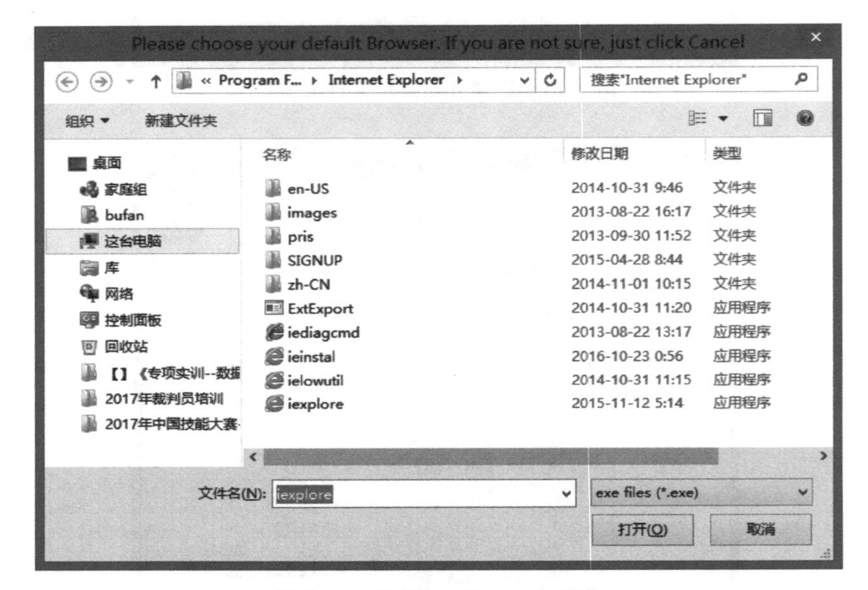

图 2.25 选择 iexplore.exe 文件

(10) 选择记事本作为默认的文本编辑工具,单击"是"按钮,如图 2.26 所示。

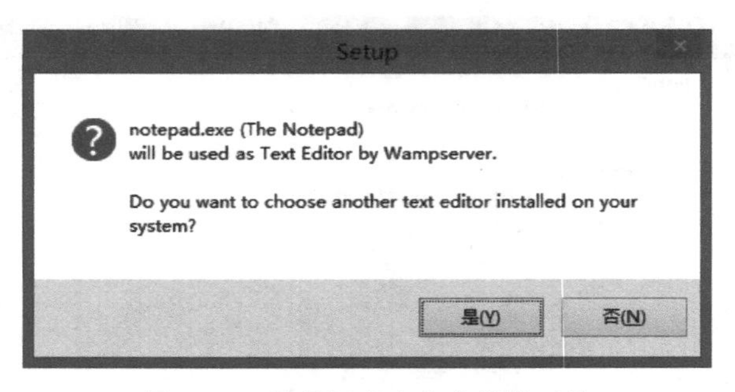

图 2.26 选择记事本文本编辑工具

(11) 在打开的对话框中,单击"打开"按钮即可,如图 2.27 所示。

(12) 在出现的安装完成向导窗口中,单击 Finish 按钮,完成 WampServer 服务器的安装操作,如图 2.28 所示。

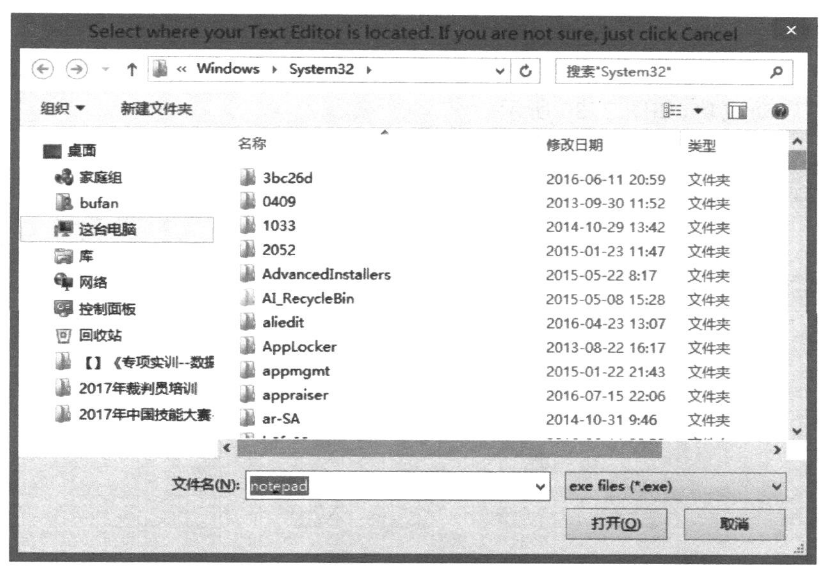

图 2.27　选择 notepad. exe 文件

(13) 安装完成后，启动 WampServer 服务器，在任务栏右下角的绿色图标 上右击，在弹出的快捷菜单中选择 Language 子菜单中的 chinese，设置为简体中文，如图 2.29 所示。

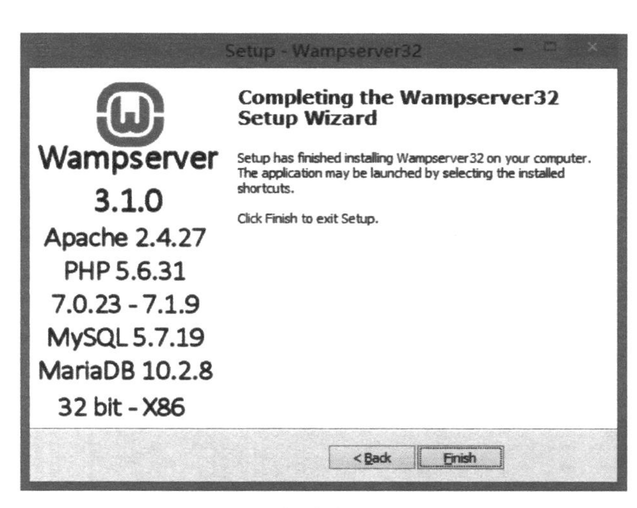

图 2.28　安装完成向导窗口

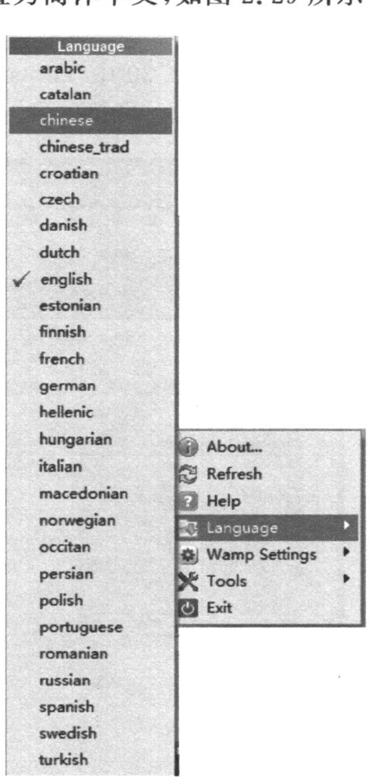

图 2.29　设置简体中文

(14) 单击任务栏右下角的绿色图标，选择 Apache 中的 httpd. conf，打开 httpd. conf 配置文件。搜索被占用的 80 端口，把文件中的三处 80 改为自己想要的端口号，这里设置为 8080。

(15) 打开 IE 浏览器，在地址栏中输入“http://localhost:8080”，按回车键确认，说明 Apache 服务启动成功，如图 2.30 所示。

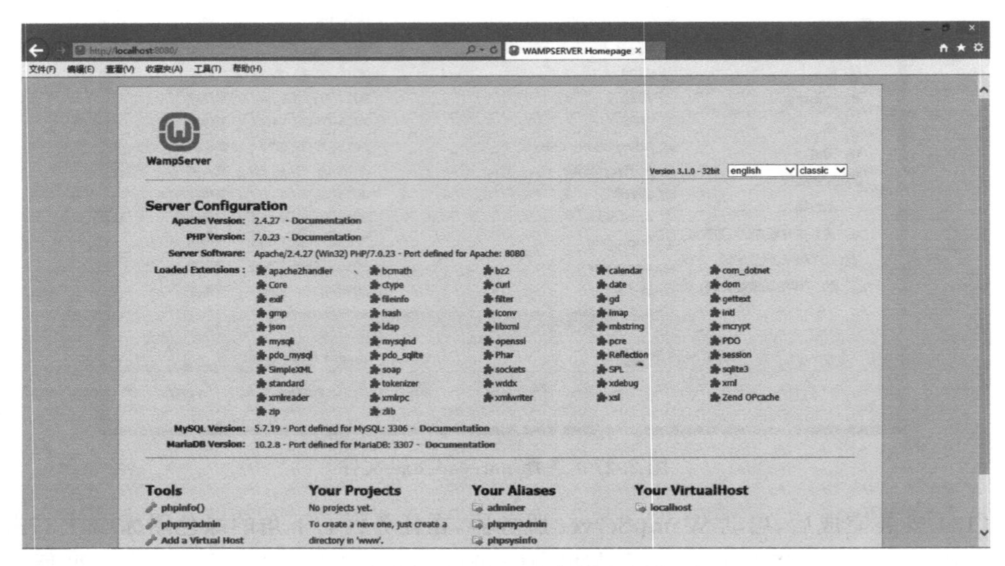

图 2.30 Apache 服务启动成功

(16) 单击图 2.30 中 Tools 下的 phpinfo()，查看 PHP 的详细配置信息，如图 2.31 所示；单击 Tools 下的 phpmyadmin，进入数据库管理界面，如图 2.32 所示。

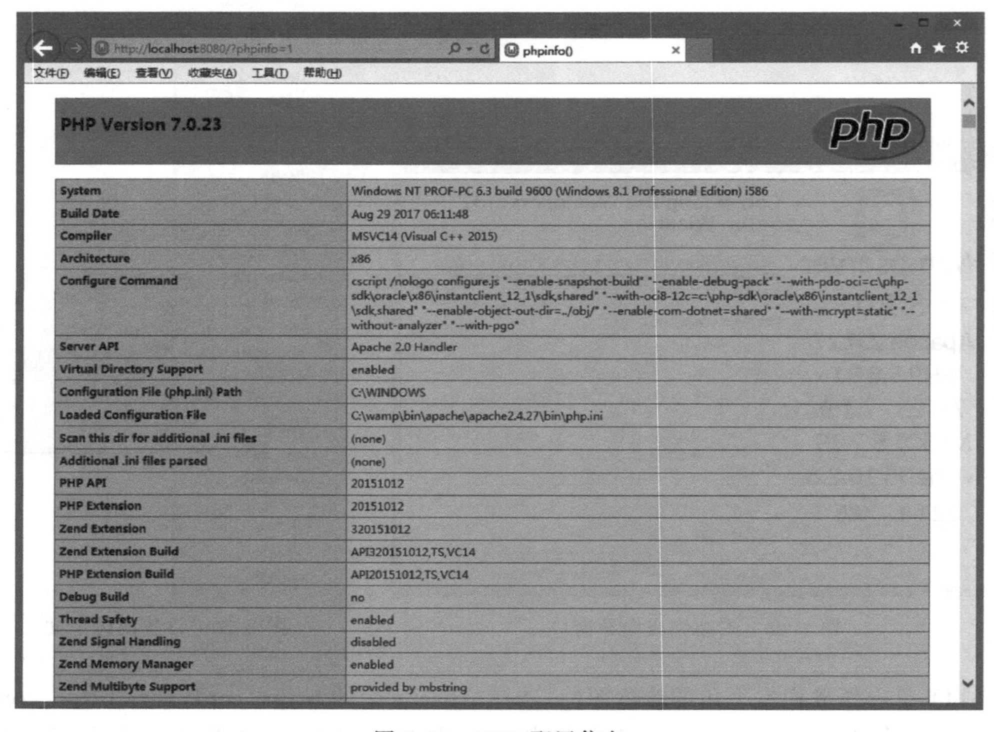

图 2.31 PHP 配置信息

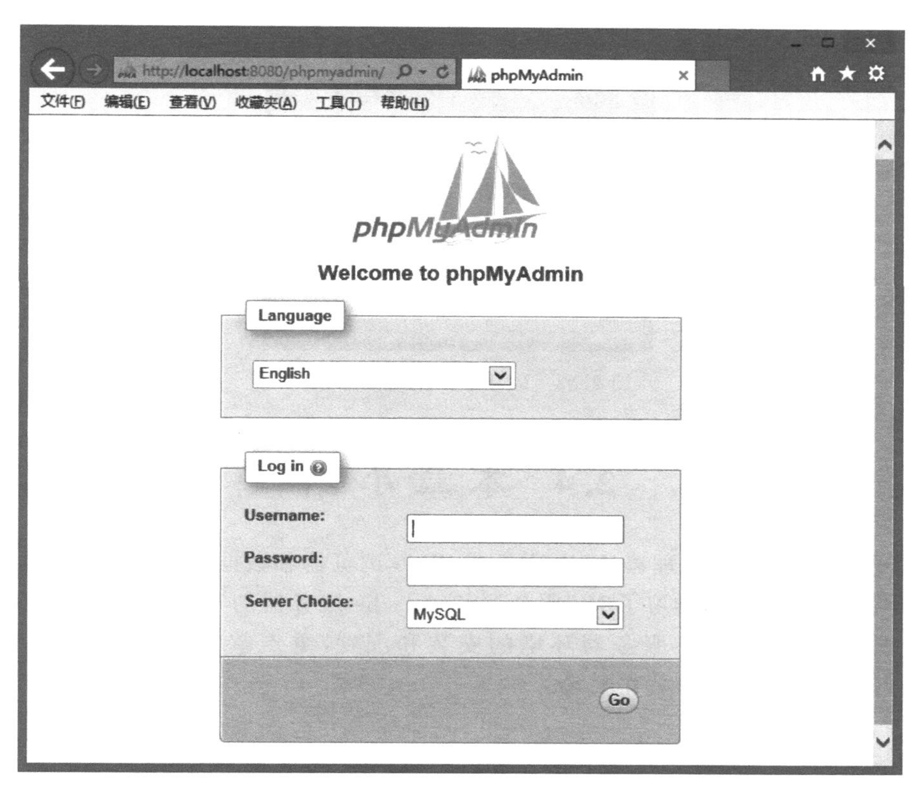

图 2.32　数据库管理界面

这样 WampServer 的安装配置完成，PHP 的运行环境就搭建好了，Apache 服务器可以运行 PHP 脚本代码了，PHP 也可以操作数据库了。

课堂实践 2-1：PHP 测试程序

课堂实践 2-1

输入下面代码，测试在 WampServer 搭建的环境下 PHP 程序运行的效果。操作步骤如下。

(1) 使用记事本文本编辑器，创建文件名为 Test.php 的文件，将文件保存在主目录或虚拟目录下，代码如下：

```
<?php
    $mysqli = new mysqli('127.0.0.1', 'root', '123456');
    echo '<p>这是一个 PHP 测试程序，欢迎学习 PHP! '.'</p>';
    echo '<p>下面是连接数据库的状态信息 '.'</p>';
    if ($mysqli->connect_error) {
        die('数据库连接失败 ('. $mysqli->connect_errno . ') '
        . $mysqli->connect_error);
    }
    echo '<p>数据库连接成功!'.'</p>';
    $mysqli->close();
?>
```

(2) 在 IE 浏览器的地址栏中输入“http://localhost:8080/Test.php”,并按回车键确认,运行结果如图 2.33 所示。

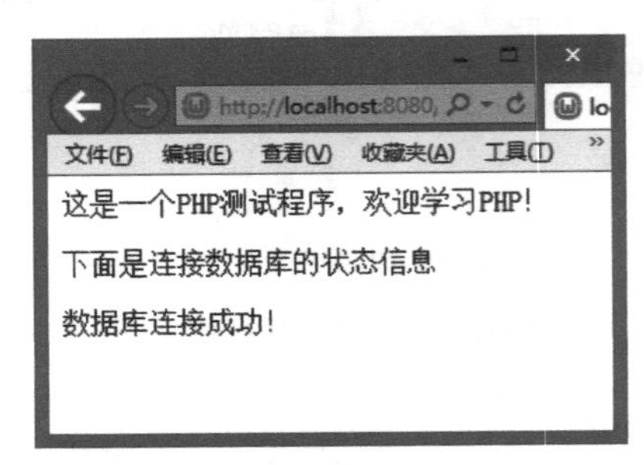

图 2.33 PHP 测试程序运行结果

2.4 本 章 小 结

本章学习了 PHP 预处理器、Web 服务器、Web 浏览器和数据库服务器的概念,学习了 PHP 脚本程序工作流程,学习了 IIS 服务器和 Apache 服务器的安装配置方法。通过本章学习,要求熟练掌握 PHP 服务器环境的安装和配置,重点掌握 Windows 操作系统下 WampServer 集成软件的安装和配置。

2.5 思考与实践

1. 选择题

(1) Apache 服务器的特性是(　　)。

A. 支持通用网关接口　　B. 集成 Perl 处理模块

C. 支持安全 Socket 层(SSL)　　D. 支持 FastCGI

(2) PHP 开发平台支持(　　)操作系统。

A. 仅 Windows　　B. 仅 Linux　　C. 仅 UNIX　　D. 目前主流的

(3) 下列不属于 MySQL 的系统数据库是(　　)。

A. sys　　B. mysql

C. pubs_schema　　D. information_schema

(4) IIS 具有功能强大、操作简单和使用方便等优点,IIS 运行在(　　)操作系统上。

A. 仅 Windows　　B. 仅 Linux　　C. 仅 UNIX　　D. 目前主流的

(5) 常见的 Web 服务器软件有(　　)等。

A. IIS　　B. Apache　　C. WebSphere　　D. 以上都正确

2. 填空题

(1) Apache 网站服务器也是一种开源产品,是一种(　　)软件。

(2) 基于 PHP 语言架构的 Web 服务器一般有两种配置方式,一种是(　　),另一种是(　　)。

(3) 如果用户希望修改网站的根目录,则必须重新配置 Apache 的(　　)文件中的

DocumentRoot 字段所指向的路径。

(4) Apache 有多种产品,可以支持(   )技术,支持多个虚拟主机。

(5) Wamp 就是(   )、(   )、(   )和(   )集成安装环境。

3. 实践题

(1) 安装和配置 Apache 服务器。

(2) 安装和配置 PHP 脚本语言。

(3) 安装和配置 WampServer 服务器。

第3章 PHP 基本语法

学习要点：通过本章学习，读者可以掌握 PHP 提供的整型、浮点型和字符串等常量的表示方法，变量的定义和初始化方法；掌握算术运算符、赋值运算符、比较运算符、逻辑运算符和字符串运算符的实现和运算规则，了解位运算符、错误控制运算符和执行运算符的基本功能，掌握表达式的编写。

3.1 PHP 基础

学习 PHP 语言的标记、注释和标识符等基本概念是学习基本语法的第一步，也是进行 PHP 编程开发的第一步。PHP 语言的语法非常灵活，与其他编程语言有很多不同之处。读者如果学习过其他语言，可通过体会 PHP 与其他语言的区别来学习 PHP。

3.1.1 PHP 标记

当解析一个文件时，PHP 会寻找起始和结束标记，两个标记之间的所有文本都会被解释为 PHP 代码，此种解析方式使得 PHP 可以被嵌入到各种不同的文档中去，而任何起始和结束标记之外的部分都会被认为是普通的 HTML，这就是 PHP 标记的作用。PHP 标记符风格不同，可划分为以下 4 种。

1. 标准风格

标准风格的 PHP 标记代码如下：

```
<?php
    echo "标准风格的标记";
?>
```

在默认情况下，本书中使用的标记风格是标准风格。

2. 脚本风格

脚本风格的 PHP 标记代码如下：

```
< script language = "php">
    echo '脚本风格的标记';
</script >
```

在 XHTML 或者 XML 中推荐使用这种标记风格，它是符合 XML 语言规范的写法。

3. ASP 风格

ASP 风格的 PHP 标记代码如下：

```
<%
    echo "ASP风格的标记";
%>
```

4. 简短风格

简短风格的 PHP 标记代码如下：

```
<?
    echo "简短风格的标记" ;
?>
```

注意：简短风格标记最为简单，输入字符最少，要使用简短风格，必须保证 php.ini 文件中的 short_open_tag=On。同理，要使用 ASP 风格，必须保证 php.ini 文件中的 asp_tags=On。保存修改后的 php.ini 文件，然后重新启动 Apache 服务器，即可支持这两种标记风格。

3.1.2 PHP 注释

与其他的编程语言一样，PHP 语句在编写的过程中，也需要一些注释命令来对一些语句进行说明，以便日后维护或者其他用户读取。这些注释并不真正执行，只是起到说明的作用。

有时，在程序的调试过程中，也可以通过注释命令使得某个语句暂时不执行，以完成对语句的调试作用。

1. 单行注释

使用“#”符号作为单行语句的注释符，写在需要注释的行或编码前方。如下所示：

```
#这是一个注释行
```

或者使用“//”符号作为单行语句的注释符，写在需要注释的行或编码前方。如下所示：

```
//这是另一个注释行
```

2. 多行注释

使用以“/*”符号开始、以“*/”符号结束的可以连续书写多行的注释语句。如下所示：

```
/*这是多行注释
还可以更多行*/
```

注意：在使用多行注释时，多行注释中不允许再嵌套使用多行注释。

3.1.3 PHP 标识符

PHP 标识符指由用户定义的、可唯一标识有意义的字符序列，如变量名、函数名、类名、方法名等。标识符必须遵守以下规则。

(1) 标识符只能由字母、数字和下画线组成。

(2) 标识符可以由一个或多个字符组成，且必须以字母或下画线开头。

(3) 当标识符用作变量名时,区分大小写。

(4) 如果标识符由多个单词组成,那么应使用下画线进行分隔,如 class_name。

(5) 不能使用 PHP 里事先定义好并赋予了特殊含义的关键字作为变量名、函数名,如用于定义类的关键字 class。

3.1.4 简单的 PHP 程序示例

例 3.1 编写一个简单的 PHP 程序。代码如下:

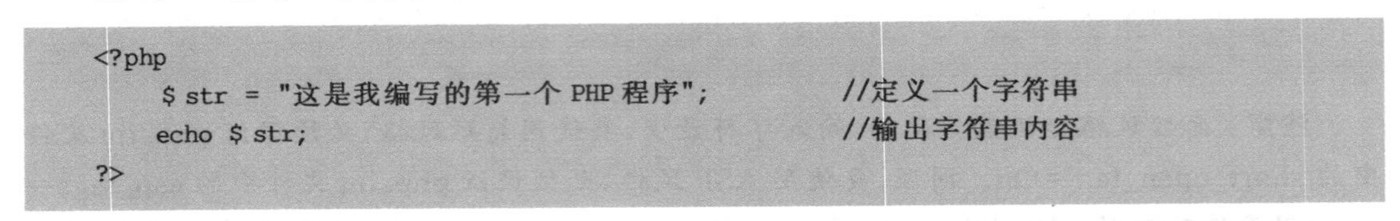

```
<?php
    $ str = "这是我编写的第一个 PHP 程序";          //定义一个字符串
    echo $ str;                                    //输出字符串内容
?>
```

程序运行结果如图 3.1 所示。

图 3.1 简单的 PHP 程序

注意:在 PHP 中,每条语句以分号";"结束,PHP 解析器只要遇到分号";"就认为一条语句结束了。因此,可以将多条 PHP 语句写在一行内,也可以将一条语句写成多行。

3.2 节

3.2 数据类型

为了方便对数据的处理,需要对数据进行分类。PHP 支持八种数据类型,包括四种标量类型、两种复合类型和两种特殊类型。PHP 数据类型如表 3.1 所示。

表 3.1 PHP 数据类型

分　类	类　型	类型名称
标量类型	boolean	布尔类型
	integer	整型
	float 或 double	浮点型
	string	字符串类型
复合类型	array	数组
	object	对象
特殊类型	resource	资源
	NULL	空

3.2.1 布尔类型

布尔类型(boolean)是数据类型中最简单的类型,又被称为逻辑类型。布尔值只有两个,即真和假,通常 1 即为真值 true,0 即为假值 false,并且不区分大小写。布尔类型数据主要用在条件表达式和逻辑表达式中,用来控制程序流程。

3.2.2 整型

整型(integer)用来表示整数,整型数值可以使用十进制、十六进制或八进制表示,前面可以加上符号(＋或者－)来表示正整数和负整数。整型数值的表示和机器的字长有关，在32位机器中，整型的表示范围是－2147483648～＋2147483647。在使用八进制表达时，整型数值前必须加上0(零)；在使用十六进制表达时，整型数值前必须加上0x。例如：

```
<?php
    $i = 789;              // 十进制数
    $j = -456;             // 十进制数负数
    $m = 0123;             // 八进制数
    $n = 0xf2;             // 十六进制数
?>
```

3.2.3 浮点型

浮点型(float或double)也叫浮点数，又称单精度数(float)或双精度数(double)。浮点数是程序中表示小数的一种方法。在PHP中，通常使用标准格式和科学计数法格式表示浮点数。例如：

```
<?php
    $num1 = 123.45;         // 标准格式表示的浮点数
    $num2 = -0.6789;        // 标准格式表示的浮点数
    $num3 = 1.2345E2;       // 科学计数法格式表示的浮点数
    $num4 = -6.789E-1;      // 科学计数法格式表示的浮点数
?>
```

3.2.4 字符串类型

字符串类型(string)是由连续的字母、数字或字符组成的字符序列。在PHP中，通常使用单引号或双引号表示字符串类型。使用单引号时，字符串只对“'”和“\”进行转义；使用双引号时，字符串支持多种转义字符。PHP转义字符如表3.2所示。

表3.2 PHP转义字符

转义字符	含义	转义字符	含义
\n	换行	\f	换页
\r	回车	\\	反斜线
\t	水平制表符	\$	美元符号
\v	垂直制表符	\"	双引号
\e	Escape	\x	十六进制字符

例3.2 使用单引号和双引号定义字符串，输出转义字符。代码如下：

```
<?php
    $str1 = 'Welcome to ';
    $str2 = "PHP";
    echo 'Welcome to '.$str2;
    echo "<br>";                //另起一行
    echo $str1.$str2;
```

```
    echo "<br>";
    echo "输出一个反斜线: \\";
    echo "<br>";
    echo "输出美元符号: \$";
    echo "<br>";
    echo "输出双引号: \"";
    echo "<br>";
    echo "输出一个十六进制字符: \x41";
    echo "<br>";
?>
```

程序运行结果如图 3.2 所示。

注意：*在使用 echo 输出字符串时，可以使用英文句号“.”连接字符串、变量或常量，还可以使用英文逗号“,”进行连接。*

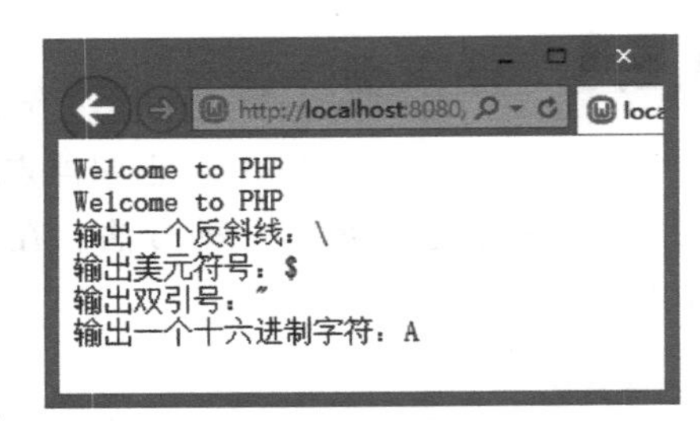

图 3.2 输出转义字符

3.2.5 数组类型

PHP 中的数组可以是一维数组、二维数组或者多维数组，其中的元素也可以为多种数据类型，如整型、浮点型、字符串类型或者布尔类型，还可以是数组类型(array)或者对象类型。有关数组的具体内容将在第 6 章详细介绍。

3.2.6 对象类型

对象(object)是面向对象中的一种复合数据类型，对象就是类的具体化实例。对象是存储数据和有关如何处理数据的信息的数据类型。在 PHP 中，必须明确地声明对象。

3.2.7 资源类型

资源(resource)是 PHP 特有的一种特殊数据类型，用于表示一个 PHP 的外部资源，如一个数据库的访问操作或者打开保存文件操作。PHP 提供了一些专门的函数，用于建立和使用资源。

3.2.8 空类型

空类型(NULL)只有一个值 NULL。在 PHP 中，如果变量未被赋值或变量被 unset()函数处理后，其值就是 NULL。

3.2.9 数据类型转换

PHP 中可以通过类型转换改变变量的数据类型。PHP 中数据类型转换分为两类：自动类型转换和强制类型转换。

1. 自动类型转换

自动类型转换是将变量自动转换为最适合的类型，它可以直接进行转换，而不必使用函数，或者在变量前添加变量操作符。自动类型转换是将范围小的类型转换为范围大的类型。

例 3.3 在 PHP 中分别声明整型的 $i 变量和字符串类型的 $str 变量，将这两个变量相减，并输出结果。代码如下：

```
<?php
    $i = 456;
    $str = "123";
    echo $i - $str;
?>
```

执行程序，输出结果为 333。这表明程序在执行时，已经自动将字符串类型 $str 变量的值转换为整型的值。

2. 强制类型转换

强制类型转换是指将一个变量强制转换为与原类型不相同的另一种类型的变量。强制类型转换需要在代码中明确地声明需要转换的类型。一般情况下，强制转换可以将取值范围大的类型转换为取值范围小的类型。PHP 数据类型强制转换可以使用以下几种方式。

(1) 利用强制类型转换可以转换为指定的数据类型。其基本语法格式如下：

```
(类型名)变量或表达式;
```

其中，类型名包括 int、bool、float、double、real、string、array、object，类型名两边的括号一定不能丢。例如：

```
<?php
    $a = 10;
    $b = (bool) $a;          // 转换为 bool 数据类型
    $c = (int) $a;           // 转换为 int 数据类型
    $d = (float) $a;         // 转换为 float 数据类型
    $e = (double) $a;        // 转换为 double 数据类型
    $f = (real) $a;          // 转换为 real 数据类型
    $g = (array) $a;         // 转换为 array 数据类型
    $h = (object) $a;        // 转换为 object 数据类型
?>
```

(2) 利用类型转换函数转换为指定的数据类型。常用的函数有：intval()、floatval()和 strval()。其中，intval()表示将变量强制转换为整型数据类型；floatval()表示将变量强制转换为浮点型数据类型；strval()表示将变量强制转换为字符串数据类型。例如：

```
<?php
    $a = 123;
    $b = "123.abc";
    $c = intval($b);          // 转换为整型数据类型 123
    $d = floatval($b);        // 转换为浮点型数据类型 123
    $e = strval($a);          // 转换为字符串数据类型"123"
?>
```

(3) 利用通用类型转换函数转换为指定的数据类型。settype()函数可以将指定的变量转换为指定的数据类型。其基本语法格式如下：

```
settype (变量或表达式,"指定的数据类型" )
```


settype()函数中,指定的数据类型有 7 个可取值: bool、int、float、string、array、object 和 null。如果转换成功,则返回结果为 1(true),否则返回结果为 0(false)。

例 3.4 使用 settype()函数转换指定的数据类型。代码如下:

```
<?php
    $a= 123;
    $b="123.abc";
    $c= true;
   echo settype( $a,"string" );
   echo "< br >";
   echo settype( $b,"int" );
   echo "< br >";
   echo settype( $c, "string" );
?>
```

执行程序,输出三行的结果,每行都为 1,表示 true。这表明数据类型转换成功。

注意:使用强制类型转换将浮点数转换为整数时,将自动舍弃小数部分,只保留整数部分;其他转换规则遵循自动转换的规则。

3.3 节

3.3 常量与变量

常量和变量是 PHP 要处理的基本的数据对象。常量中最典型的一个例子就是圆周率 3.14,常量的值在程序运行前后是不会改变的。而变量是为了在程序运行过程中暂时保存一些中间结果,它的值在程序运行过程中是可以改变的。

3.3.1 变量的声明与赋值

变量是指程序运行过程中其值可以变化的量,变量包含变量名、变量值和变量数据类型三要素。PHP 的变量是一种弱类型变量,即 PHP 变量无特定数据类型,不需要事先声明,并可以通过赋值将其初始化为任何数据类型,也可以通过赋值随意改变变量的数据类型。

1. 变量的声明

变量用于存储值,如数字、字符串或数组。在 PHP 中变量必须由 $ 符号开始,其基本语法格式如下:

```
$变量名 = 变量的值;
```

其中变量名的命名规则与标识符的命名规则相同。例如:

```
<?php
    $str1 = 'hello';          // 合法的变量名
    $_int = 123;              // 合法的变量名
    $bool6 = true;            // 合法的变量名
    $6_name = "PHP";          // 非法的变量名
    $@pro = 1;                // 非法的变量名
?>
```

2. 变量的赋值

PHP 中变量的赋值方式有传值赋值和引用赋值两种。

(1) 传值赋值

变量默认为传值赋值。将一个表达式的值赋予一个变量时，整个原始表达式的值被赋值到目标变量。当一个变量的值赋予另外一个变量时，改变其中一个变量的值，不会影响到另外一个变量。

例 3.5 传值赋值方式的使用。代码如下：

```
<?php
    $price = 3;
    $cost = $price;
    $price = 10;
   echo $cost;
?>
```

程序运行结果如图 3.3 所示。

(2) 引用赋值

引用赋值是 PHP 提供的另外一种给变量赋值的方式。引用赋值方式相当于给变量起一个别名，当一个变量的值发生改变时，另一个变量也随之变化。使用时只需要在要赋值的变量前添加 & 符号即可。

例 3.6 引用赋值方式的使用。代码如下：

```
<?php
    $price = 3;
    $cost  = &$price;                //在要赋值的变量 $price 前添加 & 符号
    $price = 10;
   echo $cost;
?>
```

程序运行结果如图 3.4 所示。

图 3.3 传值赋值方式的使用

图 3.4 引用赋值方式的使用

3.3.2 可变变量

可变变量是一种特殊的变量，这种变量的名称不是预先定义的，而是动态地设置和使用的。可变变量一般是使用一个变量的值作为另一个变量的名称，所以可变变量又称为变量的变量。可变变量直观上看就是在变量名前加一个 $ 符号。

例 3.7 可变变量的使用。代码如下：

```
<?php
    $str1 = 'scripting';
    $$str1 = 'language';
    echo "$str1 ${$str1}";                    //在变量$str1前添加$符号
    echo "<br>";
    echo "$str1 $scripting";
?>
```

以上代码，$str1 被赋值 scripting，则 $$str1 相当于 $scripting。所以当 $$str1 被赋值 language 时，输出 $scripting 就得到 language。这就是可变变量。因此 echo "$str1 ${$str1}"语句输出的结果与 echo "$str1 $scripting"语句输出的结果完全相同，都会输出“scripting language”。程序运行结果如图 3.5 所示。

注意：在 PHP 的函数和类的方法中，超全局变量不能用作可变变量。$this 变量也是一个特殊变量，不能被动态引用。

3.3.3 常量

常量是指程序运行过程中其值不能改变的量。常量通常直接书写，如 123、−45.6、"ABC"。在 PHP 中通常使用 define()函数或 const 关键字来定义常量。

1. define()函数

PHP 通过 define()函数定义常量，其基本语法格式如下：

```
define("常量名",常量值);
```

例 3.8 使用 define()函数定义常量，计算圆的面积。代码如下：

```
<?php
    define("PI",3.1415926);          //定义常量 PI
    $radius = 5;
    $area = PI * $radius * $radius;
    echo "圆的面积是: "."$area";
?>
```

程序运行结果如图 3.6 所示。

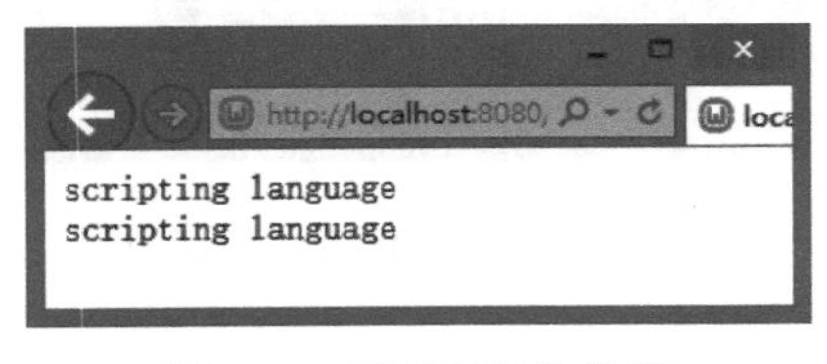

图 3.5 可变变量的使用

图 3.6 计算圆的面积

2. const 关键字

PHP 还可以通过 const 定义常量，其基本语法格式如下：

```
const 常量名 = 常量值;
```

例 3.9 使用 const 定义常量,计算圆的面积。代码如下:

```
<?php
    const PI = 3.1415926;                    //定义常量 PI
    $radius = 5;
    $area = PI * $radius * $radius;
    echo "圆的面积是: "."$area";
?>
```

程序运行结果如图 3.6 所示。

注意: PHP 常量命名与标识符的命名遵循同样的命名规则,并且常量标识符通常是大写的。

3.4 运算符与表达式

3.4 节

PHP 包含多种类型的运算符,常见的运算符有:算术运算符、字符串运算符、赋值运算符、比较运算符和逻辑运算符等。与之对应的表达式有:算术表达式、字符串连接表达式、赋值表达式、关系表达式、逻辑表达式、位运算表达式和条件表达式等。

3.4.1 运算符

1. 算术运算符

算术运算符主要用于处理算术运算操作,常用的算术运算符如表 3.3 所示。

表 3.3 常用的算术运算符

运 算 符	含 义	运 算 符	含 义
+	加法运算符	%	取余运算符
-	减法运算符	++	自增运算符
*	乘法运算符	--	自减运算符
/	除法运算符		

例 3.10 算术运算符用法实例。代码如下:

```
<?php
    $int1 = 17;
    $int2 = 5;
    echo "$int1"." + "."$int2"." = ";                         //加法运算
    echo $int1 + $int2."<br>";
    echo $int1." - ".$int2." = ";                             //减法运算
    echo $int1 - $int2."<br>";
    echo $int1." * ".$int2." = ". $int1 * $int2;              //乘法运算
    echo "<br>";
    echo $int1." / ".$int2." = ". $int1 / $int2;              //除法运算
    echo "<br>";
    echo $int1." % ".$int2." = ". $int1 % $int2;              //取余运算
    echo "<br>";
    echo $int1++." ++ = ". $int1;                             //自增运算
```

```
    echo "<br>";
    echo $int2--." -- =". $int2;                // 自减运算
    echo "<br>";
?>
```

程序运行结果如图 3.7 所示。

2. 字符串运算符

字符串运算符的作用是将两个字符串连接起来组成一个字符串,使用“.”来完成。如果有一个操作数或两个操作数都不是字符串类型,那么先将操作数转换成字符串,再执行字符串运算操作。

例 3.11 字符串运算符用法实例。代码如下:

```
<?php
    $str1 = "中华人民";
    $str2 = "共和国";
    echo $str1. $str2;            // 字符串运算操作
?>
```

程序运行结果如图 3.8 所示。

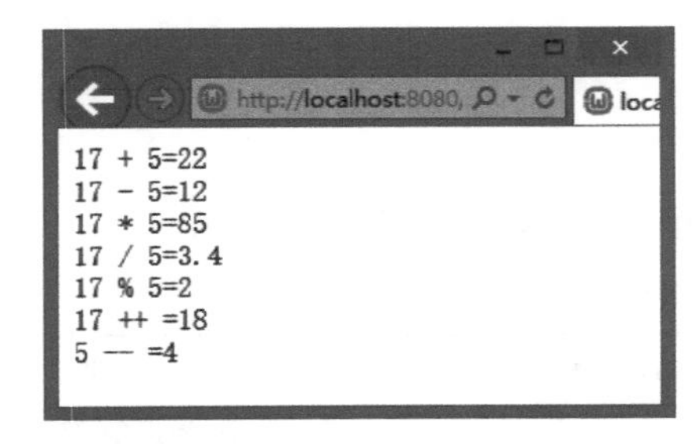

图 3.7 算术运算符

图 3.8 字符串运算符

3. 赋值运算符

赋值运算符的作用是对变量赋值。赋值运算符如表 3.4 所示。

表 3.4 赋值运算符

运 算 符	含 义
=	将右边的值赋值给左边的变量
+=	将左边的值加上右边的值赋值给左边的变量
-=	将左边的值减去右边的值赋值给左边的变量
*=	将左边的值乘以右边的值赋值给左边的变量
/=	将左边的值除以右边的值赋值给左边的变量
.=	将左边的字符串与右边的字符串连接赋值给左边的变量
%=	将左边的值对右边的值取余赋值给左边的变量

例 3.12 赋值运算符用法实例。代码如下:

```
<?php
    $int1 = 17;
```

```
    $ int2 = 5;
    echo "$ int1"." += "."$ int2"."的值是:";                          // += 赋值运算
    echo $ int1 + $ int2."<br>";
    echo $ int1." -= ".$ int2." 的值是:";                             // -= 赋值运算
    echo $ int1 - $ int2."<br>";
    echo $ int1." * = ".$ int2." 的值是:". $ int1 * $ int2;           // * = 赋值运算
    echo "<br>";
    echo $ int1." /= ".$ int2." 的值是:". $ int1 / $ int2;            // /= 赋值运算
    echo "<br>";
    echo $ int1." . = ".$ int2." 的值是:". $ int1. $ int2;            // . = 赋值运算
    echo "<br>";
    echo $ int1." % = ".$ int2." 的值是:". $ int1 % $ int2;           // % = 赋值运算
?>
```

程序运行结果如图 3.9 所示。

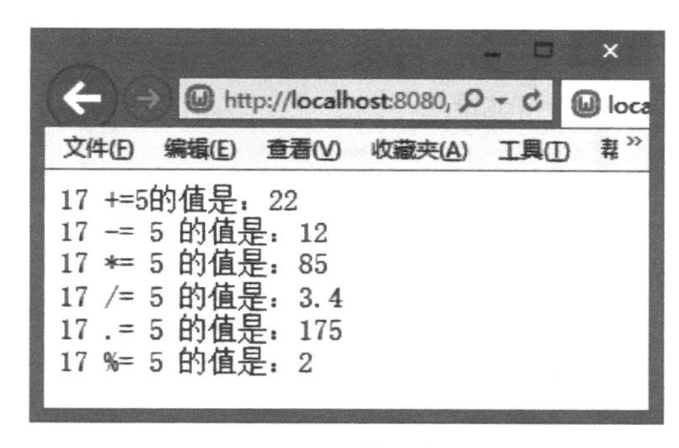

图 3.9　赋值运算符

4. 比较运算符

比较运算符用来比较其左右两边的操作数。比较运算符如表 3.5 所示。

表 3.5　比较运算符

运　算　符	含　　义	运　算　符	含　　义
==	相等	>=	大于等于
!=	不相等	<=	小于等于
>	大于	===	恒等于
<	小于	!==	非恒等于

例 3.13　比较运算符用法实例。代码如下：

```
<?php
    $ int1 = 17;
    $ int2 = 5;
    echo "$ int1"."=="."$ int2"."的结果是:";                  // == 比较运算
    echo var_dump( $ int1 == $ int2);                       // 输出变量的数值和数据类型
    echo $ int1." != ".$ int2."的结果是:";                   // != 比较运算
    echo var_dump( $ int1 != $ int2);
    echo $ int1." > ".$ int2."的结果是:";                    // >比较运算
```

```
    echo var_dump( $ int1 > $ int2);
    echo $ int1." < ". $ int2."的结果是:";                //<比较运算
    echo var_dump( $ int1 < $ int2);
    echo $ int1." >= ". $ int2."的结果是:";               //>=比较运算
    echo var_dump( $ int1 >= $ int2);
    echo $ int1." <= ". $ int2."的结果是:";               //<=比较运算
    echo var_dump( $ int1 <= $ int2);
    echo $ int1." === ". $ int2."的结果是:";              // ===比较运算
    echo var_dump( $ int1 === $ int2);
    echo $ int1." !== ". $ int2."的结果是:";              // !==比较运算
    echo var_dump( $ int1 !== $ int2);
?>
```

程序运行结果如图 3.10 所示。

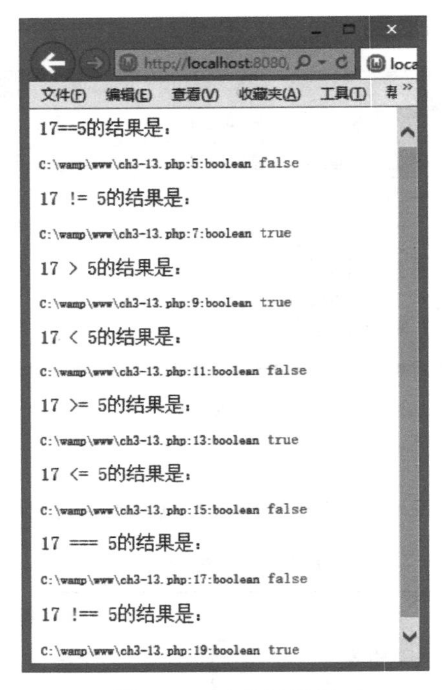

图 3.10　比较运算符

5. 逻辑运算符

逻辑运算符用来组合逻辑运算的结果。逻辑运算符如表 3.6 所示。

表 3.6　逻辑运算符

运　算　符	含　　义	运　算　符	含　　义
!	逻辑非	||(或 or)	逻辑或
&&(或 and)	逻辑与	xor	逻辑异或

例 3.14　逻辑运算符用法实例。代码如下：

```
<?php
    $ bool1 = 1;                                          // 逻辑真
```

```
    $ bool2 = 0;                                  // 逻辑假
    echo "!"."$bool2"."的结果是:";                 // 逻辑非运算
    echo var_dump(!$bool2);
    echo $bool1." && ".$bool2."的结果是:";         // 逻辑与运算
    echo var_dump($bool1 && $bool2);
    echo $bool1." || ".$bool2."的结果是:";         // 逻辑或运算
    echo var_dump($bool1 || $bool2);
    echo $bool1." xor ".$bool2."的结果是:";        // 逻辑异或运算
    echo var_dump($bool1 xor $bool2);
?>
```

程序运行结果如图 3.11 所示。

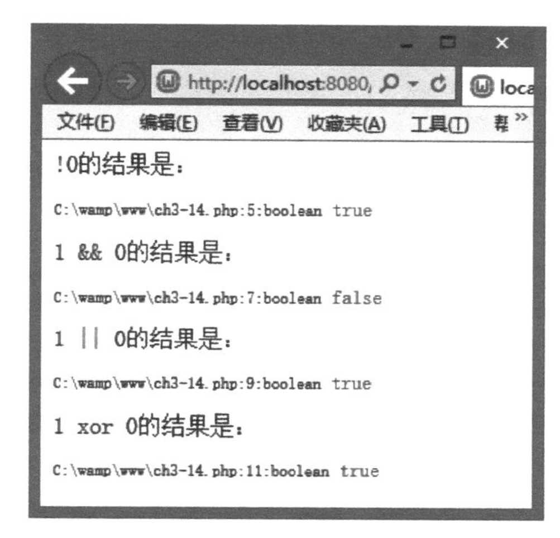

图 3.11　逻辑运算符

6. 按位运算符

按位运算符是指对二进制位从低位到高位对齐后进行逻辑运算。在 PHP 中的按位运算符如表 3.7 所示。

表 3.7　按位运算符

运　算　符	含　　义	运　算　符	含　　义
&	按位与	~	按位取反
|	按位或	<<	向左移位
^	按位异或	>>	向右移位

例 3.15　按位运算符用法实例。代码如下：

```
<?php
    $int1 = 7;                                    //7 的二进制数是 111
    $int2 = 5;                                    //5 的二进制数是 101
    echo "$int1"."&"."$int2"."的结果是:";
    echo ($int1 & $int2)."<br>";                  //按位与运算,二进制结果是 101
    echo $int1." | ".$int2."的结果是:";
    echo ($int1 | $int2)."<br>";                  // 按位或运算,二进制结果是 111
    echo $int1." ^".$int2."的结果是:";
```

```
    echo ( $ int1 ^ $ int2) ."< br >";                    // 按位异或运算,二进制结果是 10
    echo " ~ ". $ int2."的结果是:";
    echo (~ $ int2) ."< br >";                            // 按位取反运算,二进制结果是 11111010
    echo $ int1." >> 2 的结果是:";
    echo ( $ int1 >> 2) ."< br >";                        // 向右移 2 位运算,二进制结果是 1
    echo $ int2." << 1 的结果是:";
    echo ( $ int2 << 1) ."< br >";                        // 向左移 1 位运算,二进制结果是 10
?>
```

程序运行结果如图 3.12 所示。

7. 三元运算符

三元运算符的作用是提供简单的逻辑判断,其基本语法格式如下:

```
(条件表达式) ? (表达式 1): (表达式 2)
```

如果条件表达式的结果为 true,则返回表达式 1 的值,否则返回表达式 2 的值。

例 3.16 三元运算符用法实例。代码如下:

```
<?php
    $ int1 = 7;
    $ int2 = 5;
    echo " $ int1".">"." $ int2";
    echo ( $ int1 > $ int2) ? "正确":"错误";              //三元运算
    echo "< br >";
    echo $ int1."<". $ int2;
    echo ( $ int1 < $ int2) ? "正确":"错误"."< br >";
?>
```

程序运行结果如图 3.13 所示。

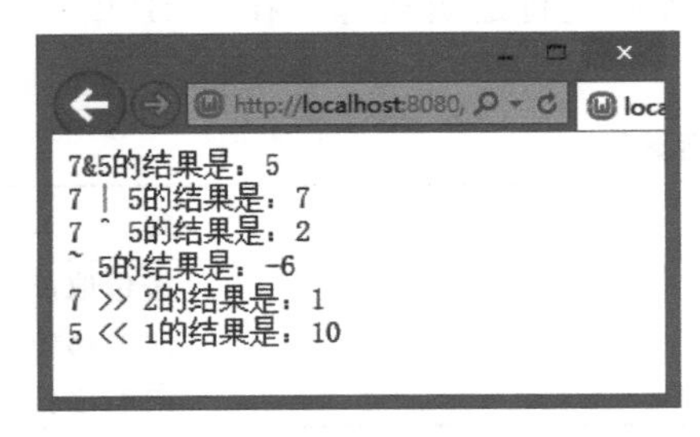

图 3.12　按位运算符

图 3.13　三元运算符

8. 运算符的优先级与结合规则

运算符的优先级是在表达式中各个运算符参与运算的先后顺序;运算符的结合性指定相同优先级运算符的运算顺序。

运算符的结合性可以有两个方向,即从左到右或从右到左。从左到右的结合性表示同级运算符的执行顺序为从左到右;从右到左的结合性表示同级运算符的执行顺序为从右到左。

表 3.8 中列出了 PHP 支持的运算符的完整列表,表中的运算符是按照优先级从高到低的顺序排列的。

表 3.8　运算符的优先级

<table>
<tr><th>优先级</th><th>结合方向</th><th>运算符</th></tr>
<tr><td>1</td><td>非结合</td><td>new</td></tr>
<tr><td>2</td><td>从左到右</td><td>[</td></tr>
<tr><td>3</td><td>从右到左</td><td>++ -- ~ (int)(float)(string)(array)(object) (bool)@</td></tr>
<tr><td>4</td><td>非结合</td><td>instanceof</td></tr>
<tr><td>5</td><td>从右到左</td><td>!</td></tr>
<tr><td>6</td><td>从左到右</td><td>* / %</td></tr>
<tr><td>7</td><td>从左到右</td><td>+ - .</td></tr>
<tr><td>8</td><td>从左到右</td><td>≪ ≫</td></tr>
<tr><td>9</td><td>非结合</td><td>== != === !== <></td></tr>
<tr><td>10</td><td>从左到右</td><td>&</td></tr>
<tr><td>11</td><td>从左到右</td><td>^</td></tr>
<tr><td>12</td><td>从左到右</td><td>|</td></tr>
<tr><td>13</td><td>从左到右</td><td>&&</td></tr>
<tr><td>14</td><td>从左到右</td><td>||</td></tr>
<tr><td>15</td><td>从左到右</td><td>?:</td></tr>
<tr><td>16</td><td>从右到左</td><td>= += -= *= /= .= %= &= |= ^= ≪= ≫= =></td></tr>
<tr><td>17</td><td>从左到右</td><td>and</td></tr>
<tr><td>18</td><td>从左到右</td><td>xor</td></tr>
<tr><td>19</td><td>从左到右</td><td>or</td></tr>
<tr><td>20</td><td>从左到右</td><td>,</td></tr>
</table>

注意：在表达式中，还有一个优先级最高的运算符是小括号()，它可以提升其内运算符的优先级。

3.4.2　表达式

表达式就是由常量、变量和运算符组成的符合语法要求的式子。在3.4.1小节中介绍运算符的时候，已经涉及了一些表达式。例如算术表达式(13－5 * 17)、字符串表达式("abc"."web")、赋值表达式($int1 += $int2)、关系表达式(i == 23)和逻辑表达式($bool1||$bool2&&$bool3)。

在本书后面章节中介绍的数组、函数、对象等都可以成为表达式的一部分。

课堂实践 3-1

课堂实践 3-1：基本语法综合应用

(1) 利用预定义变量，接收用户输入的内容。代码如下：

```
<?php
    //$_POST 后面加上 username,将字符串放在中括号里面,就得到了表单里面的<input type =
"text" name = "username" /> 的值
    echo "用户名:". $_POST['username'];
    echo "<br>";
    echo "密 码:". $_POST['pwd'];
?>
```

(2) 利用预定义常量，查看当前使用的 PHP 版本。代码如下：

```
<?php
    echo "当前使用的 PHP 版本是:". PHP_VERSION;          //预定义常量
    echo "<br>";
?>
```

程序运行结果如图 3.14 所示。

(3) 判断某年是否为闰年。代码如下：

```
<?php
     $year1 = 2018;
     $year2 = 2020;
    echo "$year1"."年";
    //符合闰年条件:能被 4 整除,但不能被 100 整除;或能被 4 整除,又能被 400 整除
    echo ((($year1 % 4 == 0) &&($year1 % 100!= 0))||($year1 % 400) == 0) ? "是闰年":"不是
闰年";
    echo "<br>";
    echo "$year2"."年";
    echo ((($year2 % 4 == 0)&& ($year2 % 100!= 0))||($year2 % 400) == 0) ? "是闰年":"不是
闰年";
?>
```

程序运行结果如图 3.15 所示。

图 3.14　查看当前 PHP 的版本

图 3.15　判断某年是否为闰年

3.5　本章小结

本章介绍了 PHP 基础知识，包括基本数据类型、PHP 的变量与常量、PHP 的运算符和表达式等相关内容；读者应重点掌握运算符和表达式，因为数据处理离不开运算符和表达式；还应注意，当表达式中有多种运算符时，应按运算符的优先级和结合原则进行运算。

3.6　思考与实践

1. 选择题

(1) PHP 的输出语句是(　　)。

A. out. print　　B. response. write　　C. echo　　D. scanf

(2) PHP 的中标量类型中整型类型的英文单词是(　　)。

A. boolean　　B. string　　C. float　　D. integer

(3) PHP 的变量在声明和使用的时候变量名前必须加(　　)。

A. $　　B. %　　C. &　　D. #

(4) PHP 的转义字符“反斜线”是(　　)。

A. \n　　B. \r　　C. \t　　D. \\

(5) 以下(　　)不是 PHP 的标记风格。

A. <?...? >　　B. <? php...? >　　C. <%...%>　　D. <+...+>

(6) 以下(　　)注释风格是 PHP 的多行注释。

A. //...　　B. /*...*/　　C. #...　　D. !...!

(7) PHP 中的逻辑与运算符是(　　)。

A. &　　B. or　　C. ||　　D. &&

(8) 在?:运算符当中,条件表达式应该写在(　　)位置。

A. ? 号前面的位置　　B. ? 号后面,: 号前面的位置

C. : 号后面的位置　　D. ?: 不是运算符

(9) 以下不正确的 PHP 变量名是(　　)。

A. $hello_hohhot　　B. $_hellohohhot

C. $9hellohohhot　　D. $hellohohhot

(10) $_GET['id']表示的含义是(　　)。

A. 接收 URL 传递过来的参数 id 的值　　B. 获取表单使用 post 方法提交的值

C. 发送参数给其他页面　　D. 以上说法都不正确

(11) PHP 中正确的常量定义语句是(　　)。

A. $age=20;　　B. define $AGE=20;

C. define("AGE",20);　　D. define(AGE=20);

(12) 以下不属于 PHP 数据类型的是(　　)。

A. 字符串型　　B. 日期类型　　C. 浮点型　　D. 空类型

(13) PHP 运算符中,优先级从高到低分别是(　　)。

A. 关系运算符,逻辑运算符,算术运算符

B. 算术运算符,关系运算符,逻辑运算符

C. 逻辑运算符,算术运算符,关系运算符

D. 关系运算符,算术运算符,逻辑运算符

(14) PHP 中字符串的连接运算符是(　　)。

A. -　　B. +　　C. &　　D. .

(15) 运算符“^”的作用是(　　)。

A. 无效　　B. 乘方　　C. 位非　　D. 位异或

(16) 运算符"%"的作用是(　　)。

A. 无效　　B. 取整　　C. 取余　　D. 除

2. 填空题

(1) PHP 的运算符有算术运算符、(　　)、(　　)、(　　)、(　　)、按位运算符和三元运算符。

(2) PHP 的单行注释是(　　　　)。

(3) 数据类型转换有(　　)和(　　)。

(4) 表达式 31≫2 的结果是(　　)。

3. 实践题

(1) 写出一元二次方程 $ax^2+bx+c=0$ 的 PHP 表达式。

(2) 编写程序,定义圆周率常量,计算圆的周长和面积。

第4章 流程控制

学习要点：通过本章学习，读者可以理解程序设计的三种基本控制结构，掌握条件控制结构 if 语句和 switch 语句的用法和技巧，掌握循环控制结构 while 语句和 for 语句的用法和技巧；掌握条件结构语句的综合应用，掌握循环结构语句的综合应用；了解 break 语句和 continue 语句的使用。

4.1 基本控制结构

流程控制又称控制流程，在计算机程序运行时，程序中的语句完成具体的操作并控制计算机的执行流程。程序运行时并不一定完全按照语句序列的书写顺序来执行。PHP 中程序控制结构包含顺序控制结构、选择控制结构（或条件控制结构）和循环控制结构三种基本结构。顺序控制结构的特点是程序块中的每条语句均被执行；选择控制结构的特点是程序块中某些语句没有被执行；循环控制结构的特点是程序块中某些语句被重复执行若干次。

顺序控制结构是最简单的一种控制结构，它只需要按照处理顺序从第一行语句开始执行，执行到最后一行语句结束即可。PHP 中的顺序控制结构语句有 echo 语句等。

4.2 条件控制结构

4.2 节

条件控制结构用于使程序在不同的条件下执行不同的语句或语句块。PHP 中的条件控制结构语句有 if 语句和 switch 语句。

4.2.1 if 语句

if 语句是最常用的一种条件控制结构语句，其基本语法格式如下：

```
if(条件表达式) {
    语句块;
}
```

当条件表达式的值为 true 时，就会执行语句块；当条件表达式的值为 false 时，语句块被忽略，不被执行。if 语句的流程图如图 4.1 所示。

例 4.1 使用 if 语句编写程序，判断两个数的大小。代码如下：

```
<?php
    $a = 7;
```

```
    $b = 5;
    if($a > $b) {
        echo "$a 大于 $b";
    }
?>
```

程序运行结果如图4.2所示。

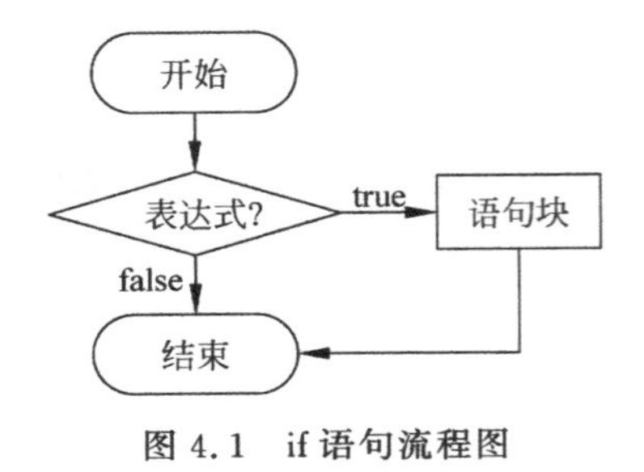

图4.1　if语句流程图

图4.2　判断两个数的大小

如果语句块中仅有一条语句,可以不用{}将语句包含起来。如:

```
<?php
    $a = 7;
    $b = 5;
    if($a > $b)
        echo "$a 大于 $b";
?>
```

4.2.2　if…else 语句

可以将else语句与if语句结合使用,指定不满足条件时所执行的语句。其基本语法格式如下:

```
if(条件表达式) {
    语句块 1; }
else {
    语句块 2;
}
```

当条件表达式的值为true时,执行语句块1;当条件表达式的值为false时,执行语句块2。if…else语句的流程图如图4.3所示。

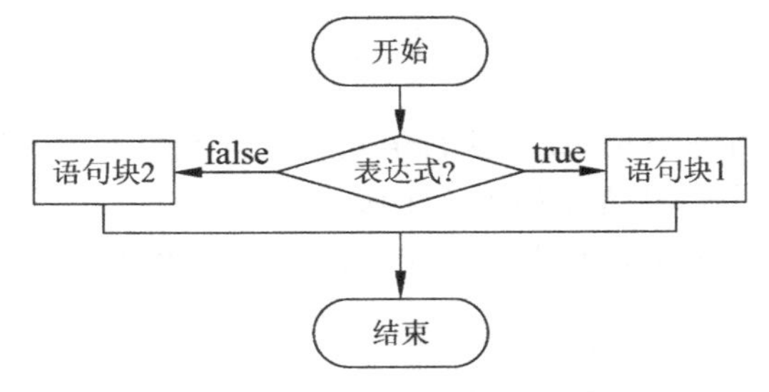

图4.3　if…else语句流程图

例 4.2 使用 if…else 语句编写程序，判断一个数是否是 3 的倍数。代码如下：

```
<?php
    $a = 237;
    if($a %3 == 0)
        echo "$a 是 3 的倍数 ";
    else
        echo "$a 不是 3 的倍数";
?>
```

程序运行结果如图 4.4 所示。

上述程序中，如果条件表达式($a %3==0)的值为 false，if 后面的 echo 语句将被忽略，不会执行，而去执行 else 后面的 echo 语句。在 PHP 中，else 不是单独的语句，它必须与 if 成对使用。

4.2.3 if…elseif 语句

if…elseif 语句是 else 和 if 的组合，当不满足 if 中指定的条件时，可以再使用 elseif 指定另外一个条件，其基本语法格式如下：

```
if(条件表达式 1) {
    语句块 1; }
elseif(条件表达式 2) {
    语句块 2; }
elseif(条件表达式 3) {
    语句块 3; }
…
else {
    语句块 n; }
```

当条件表达式 1 的值为 true 时，执行语句块 1；否则判断条件表达式 2，当条件表达式 2 的值为 true 时，执行语句块 2；依次判断，如果所有条件表达式的值都为 false，则执行 else 后面的语句块 n。if…elseif 语句的流程图如图 4.5 所示。

图 4.4 判断一个数是否是 3 的倍数

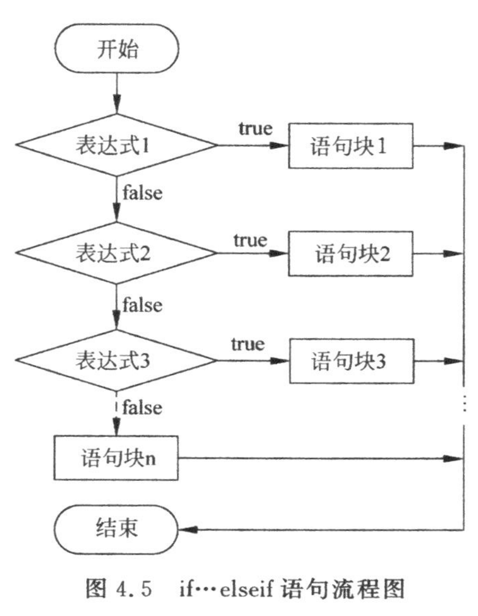

图 4.5 if…elseif 语句流程图

例 4.3 使用 if…elseif 语句编写程序，根据当前系统日期输出中文的星期几信息。代码如下：

```
<?php
    $ today = getdate();              //getdate()函数的功能是获得当前日期时间信息
    echo("今天是");
    if( $ today['wday'] == 1) {        // wday 为星期中第几天的数字表示.如 0 表示
        echo("星期一");}               //星期日,6 表示星期六
    elseif( $ today['wday'] == 2) {
        echo("星期二");}
    elseif( $ today['wday'] == 3) {
        echo("星期三");}
    elseif( $ today['wday'] == 4) {
        echo("星期四");}
    elseif( $ today['wday'] == 5) {
        echo("星期五");}
    elseif( $ today['wday'] == 6) {
        echo("星期六");}
    else {
        echo("星期日");}
?>
```

程序运行结果如图 4.6 所示。

图 4.6 根据当前系统日期输出中文星期几信息

4.2.4 switch 语句

switch 语句用来实现按照不同的情况执行不同的语句。它常用于对表达式的不同取值执行不同的语句。if…elseif 语句形式也可以用来实现类似的功能，但是 switch 语句主要用于针对变量的不同取值范围执行不同的语句，其语法格式如下：

```
switch(表达式) {
    case 值 1:
        语句块 1;
        break;
    case 值 2:
        语句块 2;
        break;
    …
    case 值 n:
        语句块 n;
        break;
    [default:
        语句块 n+1;]
}
```

执行 switch 语句时，先计算表达式的值，然后将计算得到的值按顺序与 case 分支中的值相比较，与哪个相匹配，就执行哪个 case 分支的语句块，直到遇到 break 语句才跳出当前的 switch 语句；如果没有找到相匹配的值，则执行 default 分支的语句块。[]表示可选项。

例 4.4 使用 switch 语句编写程序，根据当前系统日期输出中文的星期几信息。代码如下：

```
<?php
    $today = getdate();
    echo("今天是");
    switch($today['wday']) {
        case 1:
            echo("星期一");
            break;
        case 2:
            echo("星期二");
            break;
        case 3:
            echo("星期三");
            break;
        case 4:
            echo("星期四");
            break;
        case 5:
            echo("星期五");
            break;
        case 6:
            echo("星期六");
            break;
        default:
            echo("星期日");
    }
?>
```

程序运行结果如图 4.7 所示。

图 4.7 使用 switch 语句输出中文星期几信息

课堂实践 4-1

课堂实践 4-1：条件控制结构的应用

(1) 有三个数，按照由小到大的顺序输出。代码如下：

```
<?php
    $i = 15;
    $j = 23;
```

```
    $k = 8;
    if($i>$j) {                 //在$i和$j中,找出较小的数$i
        $temp = $i;             //交换$i和$j
        $i = $j;
        $j = $temp; }
    if($i>$k) {                 //在$i和$k中,找出最小的数$i
        $temp = $i;             //交换$i和$k
        $i = $k;
        $k = $temp; }
    if($j>$k) {                 //在$j和$k中,找出较小的数$j
        $temp = $j;             //交换$j和$k
        $j = $k;
        $k = $temp; }
    echo "由小到大的顺序是: $i      "."$j      "."$k";
?>
```

程序运行结果如图 4.8 所示。

图 4.8　按照由小到大的顺序输出

(2) 将百分制转换成优秀、良好、中等、及格和不及格五等。即 90 分以上是优秀,80～89 是良好,70～79 是中等,60～69 是及格,小于 60 是不及格。代码如下:

```
<?php
    $score = 91;
    if($score<=100 && $score>=0) {              //判断成绩的取值范围
        echo("成绩为:");
        switch(intdiv($score,10)) {             //获取成绩的十位上的数字
            case 10:
                echo("优秀");
                break;
            case 9:
                echo("优秀");
                break;
            case 8:
                echo("良好");
                break;
            case 7:
                echo("中等");
                break;
            case 6:
                echo("及格");
                break;
            default:
                echo("不及格");
        }
    }
    else
        echo("成绩超出范围!");
?>
```

程序运行结果如图 4.9 所示。

图 4.9　百分制转换

4.3　循环控制结构

4.3 节

循环控制结构能使某些语句或一个程序段重复执行若干次。在 PHP 中，常用的循环结构语句有三种形式：while 循环语句、do…while 循环语句和 for 循环语句。

4.3.1　while 语句

while 语句的基本语法格式如下：

```
while (条件表达式) {
    循环语句块;
}
```

当条件表达式等于 true 时，程序循环执行循环语句块中的代码；当条件表达式等于 false 时，结束循环语句的执行。如果退出循环的条件一直无法满足，则会产生死循环。while 语句的流程图如图 4.10 所示。

例 4.5　使用 while 语句编写程序，计算 1+2+3+…+100 的值。代码如下：

```
<?php
    $i = 1;
    $sum = 0;
    while($i<=100) {
    $sum = $sum + $i;
        $i++;
        }
    echo "1+2+3+…+100 的值是:". $sum;
?>
```

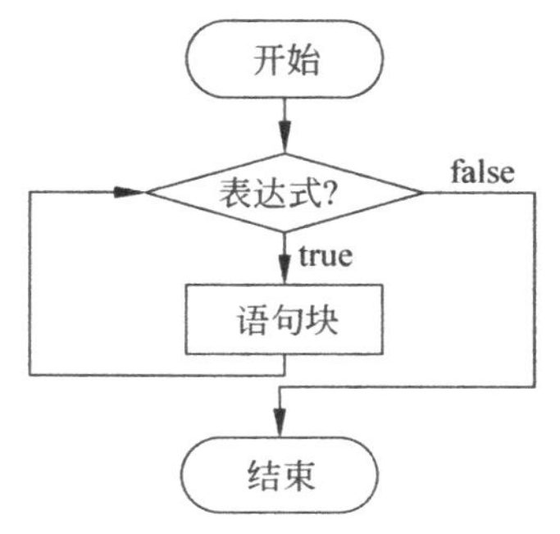

图 4.10　while 语句流程图

程序使用 while 循环计算从 1 累加到 100 的结果。每次执行循环体时，变量 $i 会增加 1，当变量 $i 等于 101 时，退出循环。运行结果为 5050。

4.3.2　do…while 语句

do…while 语句的基本语法格式如下：

```
do {
    循环语句块;
} while(条件表达式);
```

do…while 语句和 while 语句很相似,它们的主要区别在于 while 语句在执行循环体之前检查表达式的值,而 do…while 语句则是在执行循环体之后检查表达式的值。do…while 语句的流程图如图 4.11 所示。

例 4.6 使用 do…while 语句编写程序,计算 1+2+3+…+100 的值。代码如下:

```
<?php
    $ i = 1;
    $ sum = 0;
    do {
        $ sum = $ sum + $ i;
        $ i++;
    } while( $ i<= 100);
    echo "1 + 2 + 3 + … + 100 的值是:"." $ sum";
?>
```

程序使用 do…while 语句循环计算从 1 累加到 100 的结果。每次执行循环体时,变量 $i 会增加 1,当变量 $i 等于 101 时,退出循环。运行结果为 5050。

4.3.3 for 语句

PHP 中的 for 语句与 Java 中的 for 语句的语法格式一样,其基本语法格式如下:

```
for(表达式 1; 表达式 2; 表达式 3) {
    循环语句块;
}
```

其中表达式 1 设置循环变量的初始值;表达式 2 是循环的结束条件;表达式 3 则用于修改循环变量的值。

执行 for 语句循环时,首先执行表达式 1,接着执行表达式 2,如果条件成立(表达式 2 的结果为 true),执行循环语句块,然后执行表达式 3;再次对表达式 2 进行判断,如果条件成立,继续执行循环语句块,执行表达式 3;循环往复,直到条件不成立(表达式 2 的结果为 false)为止,即退出循环。for 语句的流程图如图 4.12 所示。

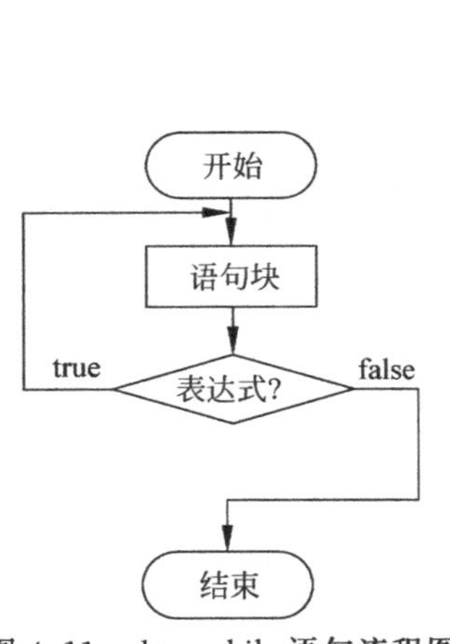

图 4.11 do…while 语句流程图

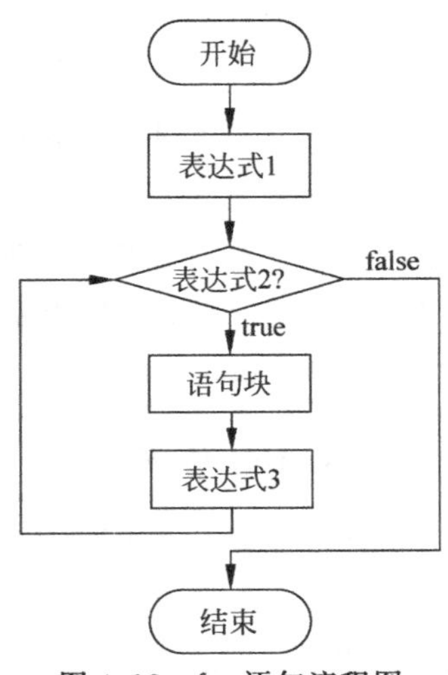

图 4.12 for 语句流程图

例 4.7 使用 for 语句编写程序，计算 1＋2＋3＋…＋100 的值。代码如下：

```
<?php
    $sum = 0;
    for($i=1; $i<=100; $i++) {
        $sum = $sum + $i;
    }
    echo "1+2+3+…+100 的值是:".($sum);
?>
```

程序使用 for 语句循环计算从 1 累加到 100 的结果。循环变量 $i 的初始值被设置为 1，每次循环变量 $i 的值增加 1；当 $i<=100 时执行循环语句块。运行结果为 5050。

课堂实践 4-2

课堂实践 4-2：循环控制结构的应用

(1) 编写程序，计算 2＋6＋12＋…＋9900 的值。代码如下：

```
<?php
    $sum = 0;
    $i=1;                               //初始值为 1
    while ($i<=99) {                    //终值为 99
        $sum = $sum + $i*($i+1);
        $i++;
    }
    echo "2+6+12+…+9900 的和是:"."$sum";
?>
```

或者

```
<?php
    $sum = 0;
    $i=2;                               //初始值为 2
    while ($i<=100) {                   //终值为 100
        $sum = $sum + ($i-1)*$i;
        $i++;
    }
    echo "2+6+12+…+9900 的和是:"."$sum";
?>
```

程序运行结果如图 4.13 所示。

(2) 编写程序，计算 1!＋2!＋3!＋…＋10! 的值。代码如下：

```
<?php
    $sum = 0;
    for($i=1; $i<=10 ; $i++) {
        $s =1;
        for($j =1; $j<= $i ; $j ++)
            $s = $s* $j;
        $sum = $sum+ $s;
    }
    echo "1!+2!+3!+…+10!的和是:"."$sum";
?>
```

图 4.13 计算 2＋6＋12＋…＋9900 的值

程序运行结果如图 4.14 所示。

(3) 编写程序,找出所有的水仙花数。水仙花就是一个三位的整数,其个位、十位、百位数字的立方和等于原来的数,比如 $153=1^3+5^3+3^3$。代码如下:

```
<?php
    echo "水仙花数是:";
    for( $ i = 100;  $ i < = 999 ;  $ i++) {       //从最小的三位数开始,到最大的三位数结束
         $ hundreds = intdiv( $ i,100);           //获取百位数字
         $ tens =  intdiv( $ i % 100,10);         //获取十位数字
         $ ones = $ i % 10;                        //获取个位数字
         $ j = $ hundreds * $ hundreds * $ hundreds + $ tens * $ tens * $ tens
            + $ ones * $ ones * $ ones;            //计算个位、十位、百位数字的立方和
        if( $ j == $ i)
            echo " $ i    ";
    }
?>
```

程序运行结果如图 4.15 所示。

图 4.14　计算 1!+2!+3!+…+10! 的值

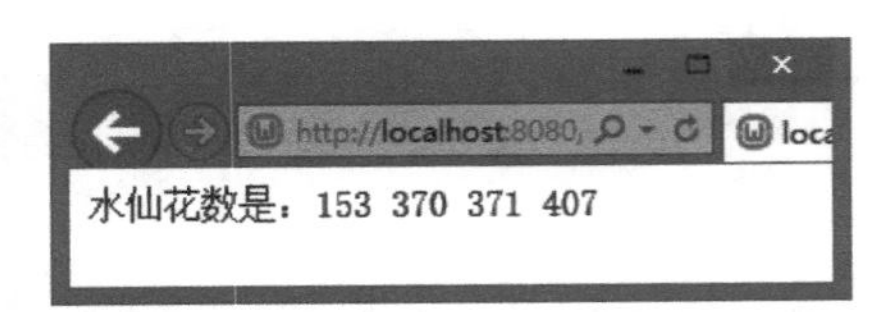

图 4.15　所有的水仙花数

4.4 节

4.4　跳转语句

在程序设计过程中,有时会停止执行当前语句,进而跳转到指定语句开始执行。PHP 中有两种跳转语句,分别是 break 语句和 continue 语句。

4.4.1　break 语句

在循环语句中,break 语句用于强制跳出本层循环。即执行 break 语句后,将忽略本层循环体中的其他语句和循环条件的限制,直接跳出本层循环,执行后续的语句。break 语句还可以用在 switch 语句中,用于终止 switch 语句,在 4.2.4 小节的 switch 语句中已使用。

例 4.8　编写程序,计算 1+2+3+…+100 的值。代码如下:

```
<?php
     $ sum  =  0;
    for( $ i = 1; ;  $ i++) {
        if( $ i > 100)
            break;
         $ sum  =  $ sum  +  $ i;
    }
    echo "1 + 2 + 3 + … + 100 的值是:"." $ sum";
?>
```

for 语句中，如果 $i 为 101 则条件成立，终止执行循环语句块，退出循环。运行结果为 5050。

4.4.2 continue 语句

continue 语句仅用于循环语句中，用于强制跳过本次循环，进入下一次循环。

例 4.9 编写程序，输出 1 到 10 之间的奇数。代码如下：

```
<?php
    for( $ i = 1; $ i <= 10 ; $ i++) {
        if( $ i % 2 == 0)
            continue;
        echo " $ i ";
    }
?>
```

如果 $i%2 等于 0，表示变量 $i 是偶数。此时，执行 continue 语句，开始下一次循环，因此并不输出偶数，只能输出奇数。程序运行结果如图 4.16 所示。

图 4.16 输出 1 到 10 之间的奇数

4.5 本章小结

本章主要学习了构成程序整体框架的流程结构，包括基本控制结构、条件控制结构、循环控制结构和跳转语句，其中循环控制结构的内容是本章的重点，也是难点。而且由于循环语句的执行流程均有各自的特点，掌握起来也是比较难的，因此只有通过加强实践，才能更好地理解和掌握这些知识。

4.6 思考与实践

1. 选择题

(1) PHP 中可以实现程序条件控制结构的关键字是（　　）。

A. while　　B. for　　C. if　　D. echo

(2) continue 语句不可以用在（　　）语句中。

A. for　　B. while　　C. do…while　　D. switch

(3) PHP 中可以实现循环控制结构的语句是（　　）。

A. for　　B. break　　C. print　　D. waiting

(4) break语句不可以用在(　　)语句中。

A. for　　B. echo　　C. while　　D. switch

(5) 关于switch语句说法正确的是(　　)。

A. 与if…else语句的作用相同　　B. 可以没有default语句

C. break语句是必需的　　D. default语句是必需的

(6) 下面程序段输出结果为(　　)。

```
<?  $a=4
    if($a%2==1)
        echo "奇数";
    else
        echo "偶数";
?>
```

A. 偶数　　B. 奇数　　C. 合数　　D. 显示错误

(7) 以下程序输出结果为(　　)。

```
<?php
    $sum=0;
    $b=1;
    for(;$b<100;$b++){
        $sum= $sum+ $b;}
    echo $sum;
?>
```

A. 5050　　B. 4950　　C. 5100　　D. 5000

2. 填空题

(1) PHP中使用的跳转语句是(　　)和(　　)。

(2) PHP中程序控制结构包含顺序控制结构、(　　)和(　　)三种基本结构。

(3) 执行下面的程序,输出结果为(　　)。

```
<?php
    $num=5;
    do
    {
        echo "$num的值为:". $num;
        $num++;
    }while($num<3)
?>
```

3. 实践题

(1) 编写程序,找出三个数中的最大数。

(2) 使用if…elseif语句编写程序,将百分制转换成优秀、良好、中等、及格和不及格五等。即90分以上是优秀,80～89分是良好,70～79分是中等,60～69分是及格,小于60分是不及格。

(3) 编写程序,计算1+1/3+1/5+…+1/99的值。

第5章 PHP 函数与文件系统

学习要点：通过本章学习，读者可以理解函数（包括内置函数和用户自定义函数）和文件系统；掌握和应用数学函数；字符串函数、日期时间函数等 PHP 内置函数；掌握函数定义和调用函数，能编写函数、调用函数，综合运用函数进行数据处理；掌握文件操作和目录操作，并能运用 PHP 的文件和目录。

5.1 PHP 函数

5.1 节

函数通常是指能够完成某个特定功能、可被其他程序调用的一段代码。在软件开发中，函数是功能模块化与代码重用的一项技术，有助于降低软件开发和维护的难度，提高软件开发的生产效率以及改善软件质量。在 PHP 中，函数也是页面模块化和页面代码重用的一种手段。除了系统内置的函数，用户还可以自定义所需的函数。

5.1.1 内置函数

PHP 提供了大量的内置函数，包括数学函数、字符串函数和日期时间函数等几类。

1. 数学函数

数学函数对数值表达式进行数学运算，并将运算结果返回给用户。

例 5.1 abs(数值表达式)函数用来获得一个数的绝对值。代码如下：

```
<?php
    echo abs( - 876) ;
    echo "<br>";
    echo abs( - 2.345) ;
?>
```

程序运行结果如图 5.1 所示。

图 5.1 abs()函数的返回值

例 5.2 floor(数值表达式)函数用于获得小于指定数的最大整数值，ceil(数值表达式)函数用于获得大于指定数的最小整数值。代码如下：

```
<?php
    echo floor( - 1.2) ;
    echo "< br >";
    echo ceil( - 1.2) ;
    echo "< br >";
    echo floor(9.9) ;
    echo "< br >";
    echo ceil(9.9) ;
?>
```

程序运行结果如图 5.2 所示。

例 5.3 round(数值表达式)函数用于获得指定数四舍五入后的数值。代码如下：

```
<?php
    echo round(34.567,2) ;
    echo "< br >";
    echo round(19.8,0);
?>
```

图 5.2　floor()函数和 ceil()函数的返回值

程序运行结果如图 5.3 所示。

例 5.4 sqrt(数值表达式)函数返回指定数的平方根。代码如下：

```
<?php
    echo sqrt(25) ;
    echo "< br >";
    echo sqrt(15);
?>
```

程序运行结果如图 5.4 所示。

图 5.3　round()函数的返回值

图 5.4　sqrt()函数的返回值

2. 字符串函数

字符串函数对字符串输入值执行操作，并返回一个字符串或数字值。

例 5.5 strlen(字符表达式)函数返回某个指定字符串的长度。代码如下：

```
<?php
    echo strlen('中华人民共和国') ;
    echo "< br >";
    echo strlen('Tsinghua University Press');
?>
```

程序运行结果如图 5.5 所示。

例 5.6 strrpos(目标字符串,指定字符串[,开始查找位置])函数返回指定字符串在目标字符串中最后一次出现的位置。其中,第一个参数是目标字符串,第二个参数是指定字符串,第三个参数是字符串开始查找的位置。当省略第三个参数时,表示从目标字符串的第0个位置开始向后查找指定字符串;当第三个参数为正数 n 时,表示从目标字符串的第 n 个位置开始向后查找指定字符串;当第三个参数为负数 m 时,表示从目标字符串的尾部倒数第 m 个位置开始向前查找指定字符串。代码如下:

```
<?php
    echo strrpos ('Tsinghua University press','a') ;
    echo "<br>";
    echo strrpos ('Tsinghua University press','t',1);
    echo "<br>";
    echo strrpos ('Tsinghua University press','s', -2);
?>
```

程序运行结果如图 5.6 所示。

图 5.5　strlen()函数的返回值

图 5.6　strrpos()函数的返回值

例 5.7 substr(字符表达式,开始截取位置[,长度])函数返回字符串中的子串;第一个参数表示待处理的字符串;第二个参数表示字符串开始截取的位置,当它为负数 m 时,表示从待处理字符串的结尾处向前数第 m 个字符开始;第三个参数是截取子串的长度,可省略。代码如下:

```
<?php
    echo substr('Tsinghua University press',9);
    echo "<br>";
    echo substr('Tsinghua University press',20,5);
    echo "<br>";
    echo substr('Tsinghua University press', -5);
?>
```

程序运行结果如图 5.7 所示。

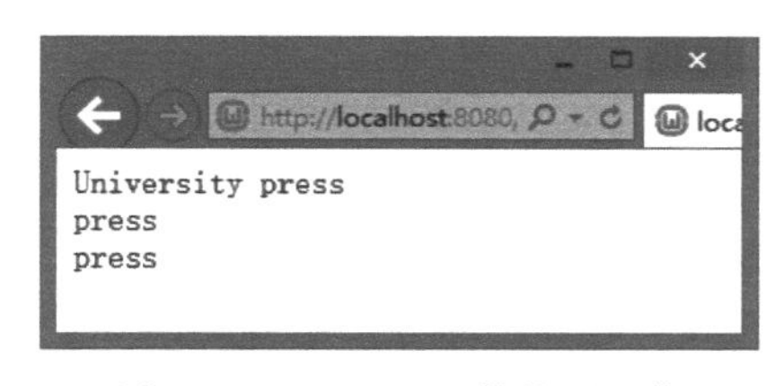

图 5.7　substr()函数的返回值

3. 日期时间函数

日期时间函数对日期和时间输入值执行操作，返回一个字符串、数字或日期和时间值。

例 5.8 date()函数返回当前日期。代码如下：

```
<?php
    echo date("Y年m月d日");
    echo "<br>";
    echo date("Y-m-d H:i:s");
    echo "<br>";
    echo date("H:i:s");
?>
```

程序运行结果如图 5.8 所示。

例 5.9 checkdate()函数检验指定的日期是否为有效日期。代码如下：

```
<?php
    echo checkdate(3,31,2018);        //2018年3月31日是存在的,所以返回1
    echo "<br>";
    echo checkdate(4,31,2018);        //2018年4月31日是不存在的
    echo "<br>";
    echo checkdate(14,3,2018);        //2018年14月3日是不存在的
?>
```

程序运行结果如图 5.9 所示。

图 5.8 date()函数的返回值

图 5.9 checkdate()函数的返回值

5.1.2 自定义函数

在 PHP 开发过程中，除了可以调用内置函数外，还可以根据应用需要自定义函数，以便需要时直接调用函数即可实现指定的功能。

1. 函数的定义

在程序开发的过程中，自定义的函数写在一个独立的代码块中，在需要的时候单独调用。函数定义的基本语法格式如下：

```
function 函数名称([$参数1],[$参数2], ... ,[$参数n]){
    函数体;
    [return 函数返回值;]
}
```

说明：

（1）函数名称命名规则与变量命名规则相同，只是不能以“$”开头，并且函数名称是不区分大小写的。

（2）函数的参数个数没有限制，根据函数的需要而定，中间用逗号分隔，也可不带参数。

（3）函数体是用于实现特定功能的代码。

例 5.10 创建一个函数，返回两个参数中的较大值。代码如下：

```
<?php
    function max1($i, $j) {                          //定义 max1()函数
        if ($i>$j)
            $k= $i;
        else
            $k= $j;
    return $k;                                       //返回处理结果
    }
    $i = 15;
    $j = 29;
    echo "较大值是：" .max1($i, $j). "<br>";       //调用函数
?>
```

程序运行结果如图 5.10 所示。

2. 函数的调用

当函数定义完成后，接下来要做的就是调用这个函数。调用函数的操作十分简单，只需要引用函数名并赋予正确的参数值即可完成函数的调用。函数的调用方法有函数调用语句、赋值语句调用函数和函数嵌套调用三种。

1）函数调用语句

函数调用语句适用于调用没有返回值的函数。

例 5.11 创建一个函数，判断邮政编码格式是否正确。代码如下：

```
<?php
    function isZipcode($zipcode) {                                  //定义 isZipcode()函数
        if (strlen($zipcode) == 6 && is_numeric($zipcode))  //字符串是否是 6 位数字
            echo "格式正确!";
        else
            echo "格式不正确,请重新输入!";
    }
    isZipcode("0100001");                                           //调用函数
?>
```

程序运行结果如图 5.11 所示。

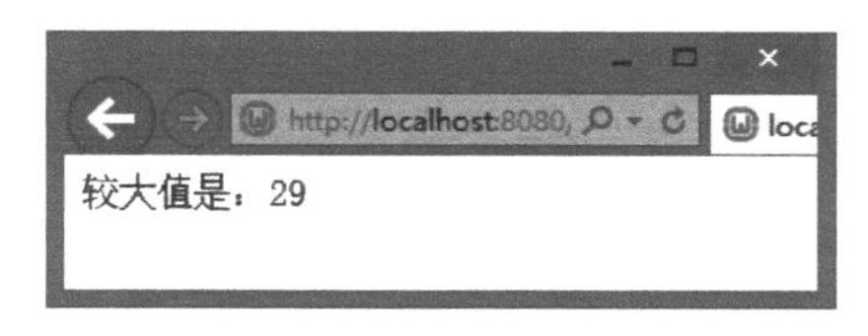

图 5.10 返回两个参数中的较大值

图 5.11 判断邮政编码格式是否正确

2）赋值语句调用函数

赋值语句调用函数适用于调用有返回值的函数，将返回值赋给一个变量。

例 5.12 创建一个函数，返回两个参数的和。代码如下：

```
<?php
    function sum1( $ i, $ j) {                //定义 sum1()函数
        $ k = $ i + $ j;
    return $ k;
    }
    $ num = sum1(7,19);                       //调用函数
    echo "两个数的和是: " . $ num. "< br >";
?>
```

程序运行结果如图 5.12 所示。

3）函数嵌套调用

函数嵌套调用是指在调用一个函数的过程中，在函数内调用其他函数的方式。嵌套调用可以将一个复杂的功能分解成多个子函数，再通过调用的方式结合起来，有利于提高函数的易读性。

函数嵌套调用中有一种特殊的调用，即一个函数在其函数体内调用自身，这种函数称为递归函数。

例 5.13 用递归的方法计算 n 的阶乘。代码如下：

```
<?php
    function fac( $ n){                                //定义 fac()函数
        if ( $ n< 0)
            echo "n 小于零,数据出错!< br >";
        else if( $ n == 0 or $ n == 1)
                $ f = 1;
            else
                $ f = fac( $ n - 1) * $ n;            //调用自身函数
    return $ f;
    }
    $ i = 4;
    $ f = fac( $ i);
    echo " $ i!= ". $ f."< br >";
?>
```

程序运行结果如图 5.13 所示。

图 5.12 返回两个参数的和

图 5.13 返回 n 的阶乘

3. 函数的参数

在调用函数时，需要向函数传递参数，被传入的参数称为实参，而函数定义的参数为形

参。参数传递的方式有按值传递、按引用传递和默认参数三种。

1）按值传递方式

按值传递是将实参的值复制到对应的形参中，在函数内部的操作针对形参进行，操作的结果不会影响到实参，即函数返回后实参的值不会改变。

例 5.14 创建一个函数，根据单价和数量，计算金额。代码如下：

```
<?php
    function amount( $ price,  $ quantity){                    //定义 amount()函数
        $ sum =  $ price * $ quantity;                         //计算金额
        echo "金额为: ". $ sum. "元< br >";                     //输出计算金额
    }
    $ salesprice = 270;
    $ salesquantity =3;
    amount( $ salesprice,  $ salesquantity);                  //通过变量传递参数
    amount(324, 5);                                          //直接传递参数值
?>
```

程序运行结果如图 5.14 所示。

2）按引用传递方式

按引用传递就是将实参的内存地址传递到形参中。这时，在函数内部的所有操作都会影响到实参的值，返回后，实参的值会发生变化。引用传递方式就是在传值时在原基础上加 & 符号。

例 5.15 按引用传递方式，创建一个函数，计算总金额。代码如下：

```
<?php
    function amount(&$ sum, $ taxes){
    //定义 amount()函数,参数前多了 & 符号,表示按引用传递
        $ sum =  $ sum + $ taxes;                        //计算总金额
        echo "总金额为: ". $ sum. "元< br >";             //输出总金额
    }
    $ sum = 270;
    $ taxes =54;
    amount( $ sum, $ taxes);                            //调用函数前 $ sum 为 270
    amount( $ sum, $ taxes);                            //调用函数前 $ sum 为 324
?>
```

程序运行结果如图 5.15 所示。

图 5.14 按值传递方式的结果

图 5.15 按引用传递方式的结果

3）默认参数(可选参数)

还有一种设置参数的方式，即默认参数。可以指定某个参数为默认参数，将默认参数放

在参数列表末尾，并且指定其默认值为空。

例 5.16 用默认参数，创建一个函数，会员单价为九五折，非会员单价不打折。计算折后的单价。代码如下：

```
<?php
    function amount( $ price, $ allowance = 0.95){
    //定义函数，其中的参数 $ allowance 初始值为 0.95
        $ price = $ price * $ allowance;          //计算折后单价
        echo "单价为：". $ price. "元<br>";        //输出折后单价
    }
    amount(100, 1);                               //为可选参数赋值 1
    amount(100);                                  //参数为默认值 0.95
?>
```

程序运行结果如图 5.16 所示。

注意：当使用默认参数时，默认参数必须放在非默认参数的右侧；否则，函数将可能出错。另外，从 PHP 5.0 开始，默认值也可以通过引用传递。

4. 函数的返回值

通常函数将返回值传递给调用者的方式是使用 return 语句，return 语句可以出现在函数中。当执行 return 语句时，控制将从函数中退出并返回到调用者处。

如果函数需要有一个返回值，可以使用带表达式的 return 语句。表达式可以是任意类型的，所以一个函数可以返回数值、字符串等标量类型的值，也可以返回数组、对象等复合类型的值。

例 5.17 创建一个函数，会员单价为九五折，非会员单价不打折，计算折后的单价。用 return 语句返回一个操作数。代码如下：

```
<?php
    function amount( $ price, $ allowance = 0.95){
    //定义函数，其中的参数 $ allowance 初始值为 0.95
        $ price = $ price * $ allowance;              //计算折后单价
        return $ price;                               //返回金额
    }
    echo "单价为：".amount(100)."元<br>";              //调用函数计算折后单价并输出
?>
```

程序运行结果如图 5.17 所示。

图 5.16 默认参数的结果

图 5.17 return 语句返回的结果

注意：return 语句只能返回一个参数，即只能返回一个值，不能一次返回多个值。如果需要返回多个值，可以在函数中定义一个数组，将多个值存储在数组中，然后用 return 语句将数组返回。

5. 变量函数

变量函数也称作可变函数。如果一个变量名后有括号，PHP 将调用与该变量同名的函数。

例 5.18 用变量函数计算两个数的和、平方和及立方和。代码如下：

```
<?php
    function a( $ a, $ b){
    //定义函数 a,计算两个数的和,需要两个整型参数,返回计算后的值
        return $ a+ $ b;
    }
    function b( $ a, $ b){
    //定义函数 b,计算两个数的平方和,需要两个整型参数,返回计算后的值
        return $ a* $ a+ $ b* $ b;
    }
    function c( $ a, $ b){
    //定义函数 c,计算两个数的立方和,需要两个整型参数,返回计算后的值
        return $ a* $ a* $ a+ $ b* $ b* $ b;
    }
    $ result = "a";
    //将函数名'a'赋值给变量 $ result,执行 $ result 时,调用 a()函数
    echo "两个数的和是: ". $ result(5,7) ."<br>";
    $ result = "b";
    //将函数名'b'赋值给变量 $ result,执行 $ result 时,调用 b()函数
    echo "两个数的平方和是: ". $ result(5,7) ."<br>";
    $ result = "c";
    //将函数名'c'赋值给变量 $ result,执行 $ result 时,调用 c()函数
    echo "两个数的立方和是: ". $ result(5,7) ."<br>";
?>
```

程序运行结果如图 5.18 所示。

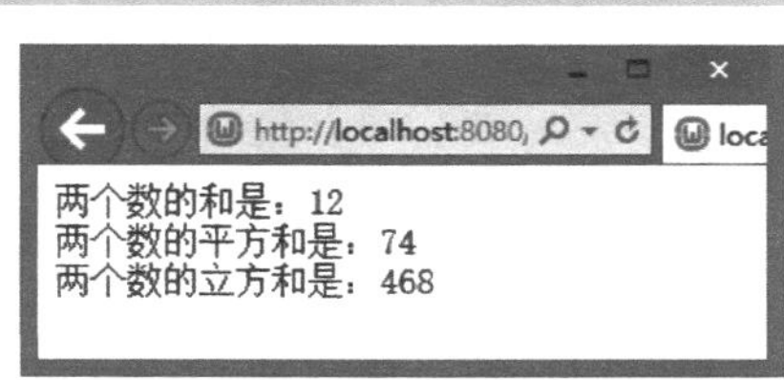

图 5.18 计算两个数的和、平方和及立方和

注意：大多数函数都可以将函数名赋值给变量，形成变量函数。但变量函数不能用于语言结构，例如 echo()、print()、unset()、isset()、empty()、include()、require()以及类似的语句。

6. 对函数的引用

按引用传递参数可以修改实参的内容。引用不仅可用于普通变量、函数参数，也可作用于函数本身。对函数的引用，就是对函数返回结果的引用。

例 5.19 引用函数的示例程序。代码如下：

```
<?php
    function &example( $ temp = 1){                  //在定义的函数名前加"&"
        return $ temp;                              //返回参数 $ temp
    }
    $ str = &example("这是一个引用函数示例");          //声明函数的引用 $ str;
    echo $ str."<br>";
?>
```

程序运行结果如图 5.19 所示。

注意：与参数传递不同，这里必须在两个地方使用“&”符号，用来说明返回的是一个引用。

图 5.19　引用函数的示例

7. 取消引用

当不再需要引用时，可以取消引用。取消引用使用 unset()函数，它只是断开了变量名和变量内容之间的绑定，而不是销毁变量内容。

例 5.20　声明一个变量和变量的引用，输出引用后取消引用，再次输出原变量。代码如下：

```
<?php
    $num = 123;                              //声明一个整型变量
    $math = &$num;                           //声明一个对变量$num的引用$math
    echo "\$math is: ".$math."<br>";         //输出引用$math
    unset($math);                            //取消引用$math
    echo "\$num is: ".$num;                  //输出原变量
?>
```

程序运行结果如图 5.20 所示。

从程序运行结果可以看到，取消引用后对原变量没有任何影响。

课堂实践 5-1

课堂实践 5-1：函数的应用

(1) 用内置函数对查询关键词加粗。代码如下：

```
<?php
    $content = "至于说到中国天然风景的美丽,我可以说,不但是雄巍的峨嵋,妩媚的西湖,幽雅的雁荡,与夫"秀丽甲天下"的桂林山水,可以傲睨一世,令人称羡;其实中国是无地不美,到处皆景,自城市以至乡村,一山一水,一丘一壑,只要稍加修饰和培植,都可以成流连难舍的胜景;这好像我们的母亲,她是一个天姿玉质的美人,她的身体的每一部分,都有令人爱慕之美.";
    $find= "母亲";                            //查询关键词
    $out=str_ireplace($find,"<b>$find</b>",$content);
    echo $out."<br>";
?>
```

程序运行结果如图 5.21 所示。

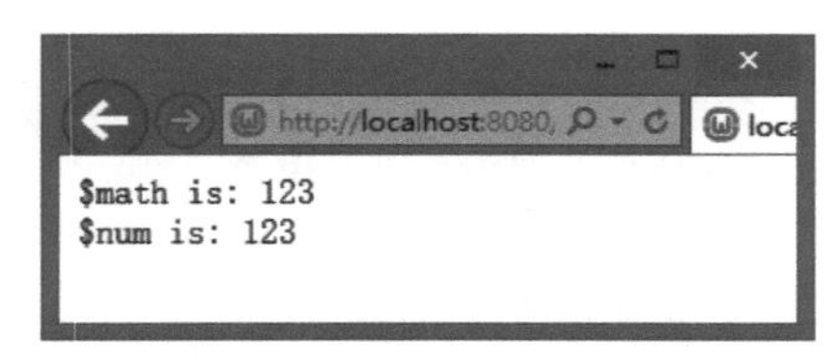

图 5.20　取消引用的示例

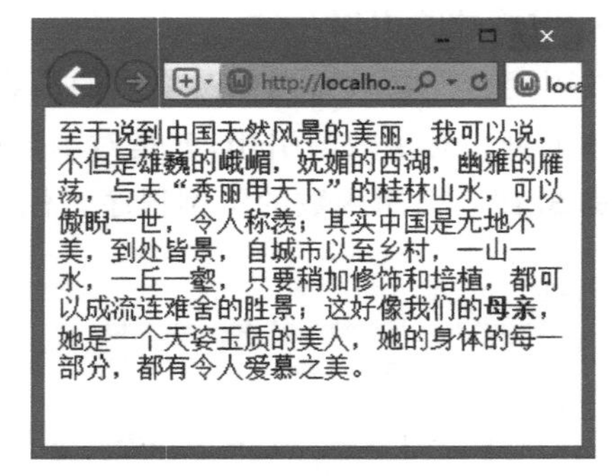

图 5.21　对查询关键词加粗

（2）用递归的方法计算斐波纳契数列的第 n 项。斐波纳契数列的特点是：第一项与第二项都是 1，第三项是前两项之和，以后的每一项都是其前两项之和。代码如下：

```
<?php
    function fibonacci($n) {
        if($n===1 || $n===2)
            return 1;
        return fibonacci($n-1) + fibonacci($n-2);           //调用自身函数
    }
    echo fibonacci(20);
?>
```

程序运行结果为 6765。

5.2 节

5.2 文件操作

文件操作主要包括打开与关闭文件、写入与读取文件、复制文件、删除文件、获取文件属性等操作。

5.2.1 文件的打开与关闭

在对文件进行操作时，必须先打开文件。在 PHP 中使用 fopen()函数打开文件，返回指向打开文件的文件指针，其基本语法格式如下：

```
resource fopen(string $filename, string $mode);
```

其中，fopen()函数返回的文件指针数据类型为 resource。$filename 是文件名，可以是本地文件，也可以是远程文件的 URL。$mode 为文件打开方式，指定文件读写方式。可使用的文件打开方式如表 5.1 所示。

表 5.1 fopen()函数中参数取值及说明

$mode 取值	打开方式	说明
r	只读	读文件，将文件指针指向文件头
r+	读写	读、写文件，将文件指针指向文件头。注意：如果在现有文件内容的末尾之前进行写入就会覆盖原有内容
w	只写	写入文件，将文件指针指向文件头。注意：如果文件存在，则文件内容被删除，重新写入；如果文件不存在，则函数自行创建文件
w+	读写	读、写文件，其他行为与 w 相同
a	追加	写入文件，将文件指针指向文件末尾，始终在文件末尾写入数据。若文件不存在，则用指定文件名创建文件后打开
a+	追加	读、写文件，其他行为与 a 相同
x	谨慎写入	创建新文件并以只写入方式打开，将文件指针指向文件头。若文件已存在，打开失败，函数返回 false，并生成一条 E_WARNING 级别的错误信息
x+	谨慎写入	创建新文件并以读写方式打开，其他行为与 x 相同

续表

$mode 取值	打开方式	说　明
b	二进制	用于与其他模式进行连接。注意：如果文件系统能够区分二进制文件和文本文件，可能会使用它。Windows 可以区分，UNIX 则不区分。推荐使用这个选项，便于获得最大程度的可移植性。它是默认模式
t	文本	用于与其他模式的结合。这个模式只是 Windows 下的一个选项

文件使用结束后，应及时将其关闭。在 PHP 中使用 fclose()函数将文件关闭。fclose()函数基本语法格式为：

```
bool fclose(file_resource);
```

其中，file_resource 为使用 fopen()函数后返回的资源对象。

例 5.21　用 fopen()函数打开指定的文件，然后将其关闭。代码如下：

```
<?php
    //以只读方式打开当前执行脚本所在目录下的 Test.php 文件
    $file = fopen("./Test.php","r");
    fclose($file);                          //关闭文件
    //以读写方式打开指定文件夹下的文件,如果文件不存在,则创建
    $file = fopen("C:/Test.php","w+");
    fclose($file);
    //以二进制只写方式打开指定文件,并清空文件
    $file = fopen("./lib/Images/bg.jpg","wb");
    fclose($file);
    //以只读方式打开远程文件
    $file = fopen("http://localhost:8080/ch3 - 2.html","r");
?>
```

注意：参数 filename 可以是包含文件路径的文件名(例如“C:/Test.php”或者“./Test.php”)。为了避免不同操作系统之间切换可能带来的麻烦，采用“/”作为路径分隔符。参数 filename 也可以是由某种协议给出的 URL(例如“http://www.imvcc.com”或者“ftp://www.imvcc.com//”)。如果指定 URL 地址，则可以打开远程文件。

5.2.2　文件的读取与写入

在程序开发中，经常需要对文件进行读写操作。为了方便对文件进行读写，PHP 中提供了多种读取和写入文件的函数。

1. fgetc()函数

fgetc()函数从文件指针指定的位置读取一个字符。函数语法格式如下：

```
string fgetc(resource $handle)
```

该函数返回一个字符，该字符从 $handle 指向的文件中得到。遇到 eof 则返回 false。

例 5.22　用 fgetc()函数读取 test.txt 文件中的字符。先定义文件路径，然后用只读方式打开文件，因为 fgetc()函数只能读取单个字符，所以使用了由 for 语句构成的循环结构，

循环条件使用 filesize()函数判断文本文件的数据长度。代码如下：

```
<?php
    $path = "./test.txt";                    //定义文件路径
    $handle = fopen($path,"r");              //以只读方式打开指定文件
    $size = filesize($path);                 //获取文件的数据长度
    for($a = 0; $a < $size; $a++){           //for 循环语句
        echo fgetc($handle);                 //输出数据
    }
    fclose($handle);                         //关闭文件
?>
```

程序运行结果如图 5.22 所示。

图 5.22 fgetc()函数读取文件

2. fgets()函数

fgets()函数从文件指针指定的位置读取一行字符。函数语法格式如下：

```
string fgets(int $handle[,int $length])
```

如果省略 \$length，则读取一行字符；如果指定了 \$length，则当行中的字符数大于 \$length 时读取 \$length 个字符。

例 5.23 用 fgets()函数读取 test.txt 文件中的字符。代码如下：

```
<?php
    $path = "./test.txt";                    //定义文件路径
    $handle = fopen($path,"r");              //以只读方式打开指定文件
    echo fgets($handle);                     //输出数据
    fclose($handle);                         //关闭文件
?>
```

程序运行结果如图 5.22 所示。

3. fread()函数

fread()函数从文件中读取指定长度的字符串，还可以用于读取二进制文件。函数语法格式如下：

```
string fread(resource $handle,int $length)
```

参数 \$handle 为指向的文件资源，参数 \$length 指定要读取的字节数。此函数在读取到 length 个字节或者到达 eof 时停止执行。

例 5.24 用 fread()函数读取 test1.txt 文件中的内容。代码如下：

```
<?php
    $path = "./test1.txt";                  //定义文件路径
    $handle = fopen($path,"r");             //以只读方式打开指定文件
    $size = filesize($path);                //获取文件的数据长度
   echo fread($handle, $size);              //输出所有数据
   fclose($handle);                         //关闭文件
?>
```

程序运行结果如图 5.23 所示。

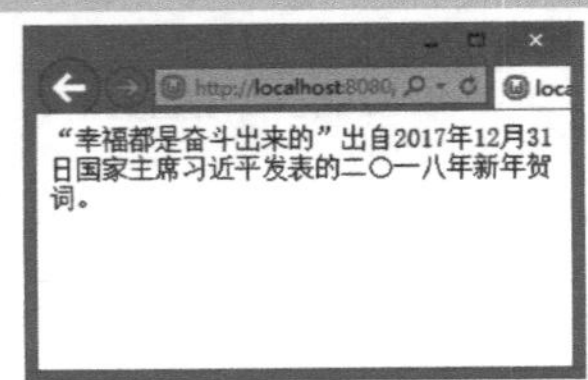

图 5.23　fread()函数读取文件

4. file()函数

file()函数将整个文件的内容读入到数组中。数组中每个元素为一行数据。如果失败则返回 false。file()函数可以不需要使用 fopen()函数打开文件。函数语法格式如下：

```
array file(string $filename)
```

例 5.25　用 fread()函数读取 test1.txt 文件中的内容。代码如下：

```
<?php
    $path = "./test1.txt";                      //定义文件路径
    $array = file($path);                       //将数据保存在数组中
   for($a = 0; $a < count($array); $a++){
       echo $array[$a]."<br>";
    }
?>
```

程序运行结果如图 5.23 所示。

5. file_get_contents()函数

file_get_contents()函数将文件的内容全部读取到一个字符串中。函数语法格式如下：

```
string file_get_contents(string $filename)
```

6. file_put_contents()函数

file_put_contents()函数将一个字符串写入文件中。如果操作成功则返回写入的字节数，如果操作失败则返回 false。函数语法格式如下：

```
int file_put_contents(string $filename, mixed $data)
```

注意：本函数可安全用于二进制对象。

例 5.26　用 file_get_contents()函数读取图片文件，并用 file_put_contents()函数写入另一张图片文件中。代码如下：

```
<?php
    $path = "./work0.gif";                          //定义文件路径
    $pic = file_get_contents($path);                //获取文件数据并保存到变量中
   file_put_contents("./work1.gif", $pic);          //将图片数据写入到另一张图片中
   echo "<img src='./work1.gif'>";                  //显示图片
?>
```

程序运行结果如图 5.24 所示。

图 5.24　file_get_contents()函数和 file_put_contents()函数的使用

7. fwrite()函数

fwrite()函数用于向文件写入数据，函数语法格式如下：

```
int fwrite(resource $ handle,string $ string[,int $ length])
```

其中，$ handle 为打开文件的文件指针，$ string 为要写入的字符串。$ length 指定写入的字符串长度，若 $ string 长度超过 $ length，多余的字符不会被写入文件。$ length 可以省略，省略时 $ string 全部写入文件。fwrite()函数返回写入的字符数，如果写入出错则返回 false。

例 5.27　用 file_get_contents()函数读取图片文件，并用 fwrite()函数写入另一张图片文件中。代码如下：

```
<?php
    $ path = "./work0.gif";                           //定义文件路径
    $ pic = file_get_contents( $ path);               //获取图片数据并保存到变量中
    $ handle = fopen("./work1.gif","wb");             //以只写二进制方式打开文件
    fwrite( $ handle, $ pic);                         //写入图片数据
    echo "< img src = './work1.gif'>";                //显示图片
    fclose( $ handle);                                //关闭文件
?>
```

程序运行结果如图 5.24 所示。

注意：数组和对象等复杂类型的数据，需要使用 serialize()函数进行序列化转换之后才能使用 fwrite()函数写入文件。

5.2.3　文件的复制和删除

1. copy()函数

copy()函数用于实现复制文件的功能。函数语法格式如下：

```
bool copy(string $ source, string $ dest )
```

此函数将文件 $source 复制为 $dest。操作成功则返回 true，否则返回 false。

2. unlink()函数

unlink()函数用于删除文件。函数语法格式如下：

```
bool unlink(string $filename)
```

此函数指定 $filename 为待删除文件，操作成功则返回 true，否则返回 false。

例 5.28 使用文件函数，实现文件的存在测试、复制、更名和删除等操作。代码如下：

```
<?php
    //文件测试
    $filename = "test_data.txt";
    if(file_exists($filename))                    //测试文件是否存在
        echo "$filename 文件存在!";
    else{
        echo "$filename 文件不存在!" ;
        exit;                                     //退出程序，避免后继文件操作出错
    }
    //复制文件
    if(copy($filename,"d:/test.dat"))
        echo "<br>$filename 已复制为 d:/test.dat";
    else{
        echo "<br>$filename 复制操作失败!";
        exit;
    }
    //更改文件名
    if (rename("d:/test.dat","d:/test1.dat"))
        echo "<br>d:/test.dat 文件名已修改为 d:/test1.dat";
    else{
        echo "<br>d:/test.dat 文件名修改操作失败!";
        exit;
    }
    //删除文件
    if(unlink("d:/test1.dat"))
        echo "<br>d:/test1.dat 文件删除成功!";
    else{
        echo "<br>d:/test1.dat 文件删除操作失败!";
    }
    if(file_exists("d:/test1.dat"))               //测试文件是否存在
        echo "<br>d:/test1.dat 文件存在!";
    else {
        echo "<br>d:/test1.dat 文件不存在!";
    }
?>
```

程序运行结果如图 5.25 所示。

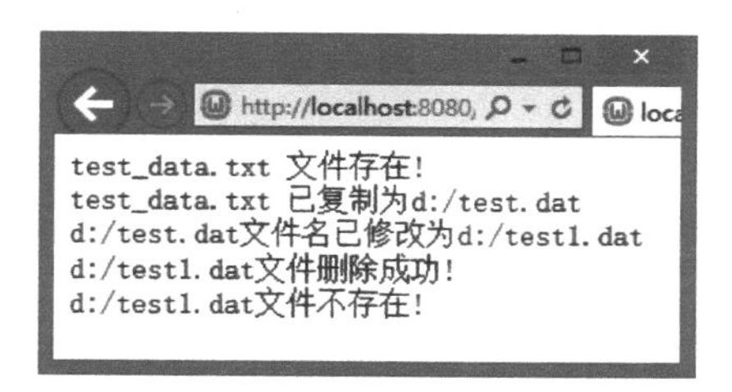

图 5.25 文件的存在测试、复制、更名和删除等操作

5.2.4 文件属性

程序中有时需要使用文件的一些属性,如文件类型、文件大小、文件时间、文件权限等。表 5.2 列出了 PHP 常用文件属性函数。

表 5.2 PHP 常用文件属性函数

函数格式	功能说明
int filesize(string $filename)	获取文件大小
int filectime(string $filename)	获取文件的创建时间
int filemtime(string $filename)	获取文件的修改时间
int fileatime(string $filename)	获取文件的上次访问时间
bool is_readable(string $filename)	判断给定文件是否可读
bool is_writable(string $filename)	判断给定文件是否可写
bool is_executable(string $filename)	判断给定文件是否可执行
bool is_file(string $filename)	判断给定文件名是否为一个正常的文件
bool is_dir(string $filename)	判断给定文件名是否是一个目录
array stat(string $filename)	以数组形式给出文件的信息

注意:由于 PHP 中的 int 数据类型表示的数据范围有限,所以 filesize()函数对于大于 2GB 的文件,并不能准确获取其大小,须斟酌使用。

例 5.29 使用文件函数,实现文件的大小、文件时间等操作。代码如下:

```
<?php
    $filename = "c:/Test.php";
    echo "c:/Test.php"."<br>";
    echo "文件创建时间:";
    echo date("Y-m-d G:i:s",filectime($filename)),"<br>";
    echo "文件上次访问时间:";
    echo date("Y-m-d G:i:s",fileatime($filename)), "<br>";
    echo "文件上次修改时间:";
    echo date("Y-m-d G:i:s",filemtime($filename)), "<br>";
    if(is_readable($filename))
        echo "文件可读"."<br>";
    else
        echo "文件不可读"."<br>";
    if(is_writable($filename))
        echo "文件可写"."<br>";
    else
        echo "文件不可写"."<br>";
    echo "文件大小";
    echo filesize($filename),"字节"."<br>";
?>
```

程序运行结果如图 5.26 所示。

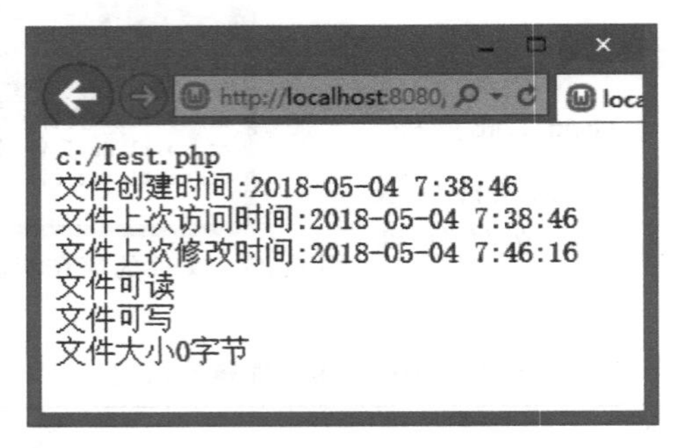

图 5.26 文件的大小、文件时间等操作

5.3 节

5.3 目录操作

目录操作主要包括创建目录、打开目录、读取目录、关闭目录、遍历目录和删除目录等。

5.3.1 创建和删除目录

1. 创建目录

mkdir()函数用于创建指定目录。函数语法格式如下：

```
bool mkdir(string $pathname[,int $mode[,bool $recursive[,resource $context]]])
```

其中，$pathname 为要创建的指定目录，执行成功时返回 true，失败时返回 false。$mode 规定权限，默认值是 0777，意味着最大可能的访问权限。$recursive 指定是否设置递归模式。$context 指定文件句柄的环境。

2. 删除目录

rmdir()函数用于删除指定目录。函数语法格式如下：

```
bool rmdir(string $dirname)
```

其中，$dirname 为要删除的指定目录。成功时返回 true，失败时返回 false。若目录不为空或者没有权限，则不能删除目录，提示脚本出错。

例 5.30 创建和删除目录操作。代码如下：

```
<?php
    $pathname = "d:/dir";
    if (mkdir($pathname."/subdir")){
        echo "创建目录: ".$pathname."/subdir,操作成功! "."<br>";
    }
    if (mkdir($pathname."/subdir")){                    //创建相同目录,操作失败
        echo "创建目录: ".$pathname."/subdir,操作成功! "."<br>";
    }
    else
        echo "创建相同目录,操作失败! "."<br>";
```

```
    if (mkdir( $ pathname."/subdir/subdir1")){
        echo "创建目录: ". $ pathname."/subdir/subdir1,操作成功! "."<br>";
    }
    if (rmdir( $ pathname."/subdir")){                    //删除非空目录,操作失败
        echo "删除目录: ". $ pathname."/subdir,操作成功! "."<br>";
    }
    else
        echo "删除非空目录,操作失败! "."<br>";
    if (rmdir( $ pathname."/subdir/subdir1")){
        echo "删除目录: ". $ pathname."/subdir/subdir1,操作成功! "."<br>";
    }
    if (rmdir( $ pathname."/subdir")){
        echo "删除目录: ". $ pathname."/subdir,操作成功! "."<br>";
    }
?>
```

程序运行结果如图 5.27 所示。

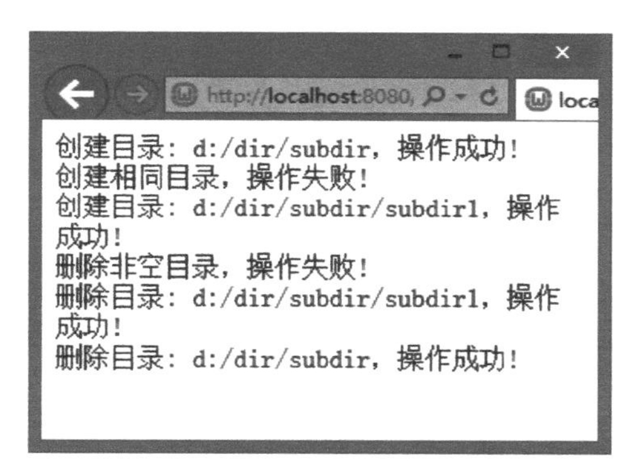

图 5.27　创建和删除目录操作

5.3.2　打开和关闭目录

1. 打开目录

opendir()函数用于打开指定目录。函数语法格式如下：

```
resource opendir(string $ pathname[,resource $ context])
```

其中，$ pathname 是要打开的指定目录，执行成功时返回指向所打开目录的指针。如果打开失败，则返回 false。

2. 关闭目录

closedir()函数用于关闭打开的目录。函数语法格式如下：

```
void closedir(resource $ dir_handle)
```

其中，$ dir_handle 指的是使用 opendir()函数返回的资源对象。

例 5.31 打开和关闭目录操作。代码如下：

```
<?php
    $ pathname = "d:/dir";
    $ dir_handle = opendir( $ pathname);          //打开目录操作
    if ( $ dir_handle)
        echo "打开目录操作成功! "."< br >";
    else
        echo "打开目录失败! "."< br >";
    closedir( $ dir_handle);                      //关闭目录操作
?>
```

程序运行结果如图 5.28 所示。

5.3.3 读取和遍历目录

1. 读取目录

readdir()函数用于读取目录中的文件。函数语法格式如下：

```
string readdir(resource $ dir_handle)
```

其中，$ dir_handle 指的是使用 opendir()函数返回的资源对象。该函数按照文件系统的文件排序返回文件名。

例 5.32 读取目录操作。代码如下：

```
<?php
    $ pathname = "d:/dir";
    $ dir_handle = opendir( $ pathname);
    if ( $ dir_handle){
        while(false!== ( $ file = readdir( $ dir_handle))){        //判断是否是最后一个文件
            echo $ file."< br >";                                  //输出文件名
        }
        closedir( $ dir_handle);
    }
    else
        echo "打开目录失败! "."< br >";
?>
```

程序运行结果如图 5.29 所示。

图 5.28 打开和关闭目录操作

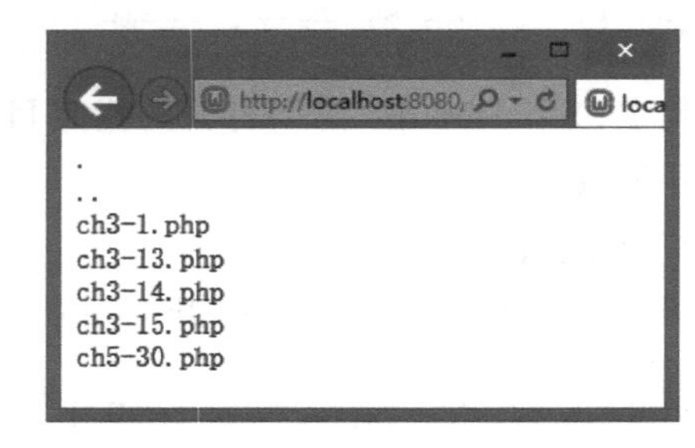

图 5.29 读取目录操作

2. 遍历目录

scandir()函数用于浏览指定路径下的目录和文件。函数语法格式如下：

```
array scandir(string $directory[,int $sorting_order[,resource $context]])
```

其中，$directory指定要浏览的目录，如果成功时返回包含有文件名的array，失败时则返回false。$sorting_order设置排序顺序，默认按字母升序排列，如果应用参数$sorting_order，则变为降序排列。

注意：scandir()函数不需要打开目录，直接以数组形式访问目录内容。

例5.33 遍历目录操作。代码如下：

```
<?php
    $directory = "d:/dir";
    $files1 = scandir($directory);       //将目录和文件信息放入数组中
    $files2 = scandir($directory,1);
   print_r($files1);                     //输出目录和目录中的文件
   echo "<br>";
   print_r($files2);
?>
```

程序运行结果如图5.30所示。

```
Array ( [0] => . [1] => .. [2] =>
ch3-1.php [3] => ch3-13.php [4] =>
ch3-14.php [5] => ch3-15.php [6] =>
ch5-30.php )
Array ( [0] => ch5-30.php [1] => ch3-
15.php [2] => ch3-14.php [3] => ch3-
13.php [4] => ch3-1.php [5] => .. [6]
=> . )
```

图5.30 遍历目录操作

5.4节

5.4 文件上传

文件上传已经成为网站的一个常用功能，客户可以通过浏览器将文件上传到服务器的指定目录。

5.4.1 文件上传设置

若要实现文件上传功能，需要对下面配置选项做适当的修改，以满足特定的文件上传需要，并保存在php.ini配置文件中。

file_uploads：配置了是否允许通过HTTP上传文件。默认值为On，表示Web服务器支持通过HTTP上传文件。配置为：

```
file_uploads = On
```

post_max_size：使用 POST 方式提交表单数据时，post_max_size 选项用于配置 Web 服务器能够接收的表单数据上限值。默认值为 8M。配置为：

```
post_max_size = 8M
```

upload_max_filesize：配置了服务器允许上传文件的最大值，默认值为 2M。配置为：

```
upload_max_filesize = 2M
```

upload_tmp_dir：配置了 PHP 上传文件的过程中产生临时文件(默认扩展名为 tmp)的目录。如，默认值为：c:/wamp/tmp，表示临时文件存放在目录 c:/wamp/tmp 中。

```
upload_tmp_dir = "c:/wamp/tmp"
```

配置好上面四个参数后，还有几个属性也会影响到上传文件的功能，还需进行下面的配置。

max_input_time：配置单个 PHP 程序解析提交数据(以 POST 或 GET 方式)的最大允许时间，单位是秒，默认值为 60。配置为：

```
max_input_time = 60
```

memory_limit：配置单个 PHP 程序在服务器主机运行时，可以占用的服务器最大内存数，默认值为 128M。配置为：

```
memory_limit = 128M
```

max_execution_time：配置单个 PHP 程序在服务器端运行时，可以占用 WEB 服务器的最长时间，单位是秒，默认值为 30。配置为：

```
max_execution_time = 30
```

5.4.2 预定义变量 $_FILES 的应用

使用预定义变量 $_FILES 可以获取上传文件的相关信息。$_FILES 是一个数组，它可以保存所有上传文件的信息。如果上传文件的文本框名称为 file，则可以使用 $FILES[file]来访问此上传文件的信息。$FILES['file']也是一个数组，数组元素是上传文件的各种属性，具体说明如下：

$_FILES['file']['name']：上传文件的文件名称。

$_FILES['file']['type']：文件的 MIME 类型，需要浏览器提供对此类型的支持，例如 image 或 gif 文件类型等。

$_FILES['file']['size']：上传文件的大小，单位是字节。

$_FILES['file']['tmp_name']：文件被上传后，在服务器端保存的临时文件名。

$_FILES['file']['error']：上传文件过程中出现的状态代码，状态代码是一个整数，其取值及对应的含义如表 5.3 所示。

表 5.3　$ _FILES['file']['error'] 状态代码含义

代码	含义
0	表示没有错误发生,文件上传成功
1	表示上传的文件超过了 php.ini 中 upload_max_filesize 选项限制的值
2	表示上传文件的大小超过了表单中的 MAX_FILE_SIZE 参数指定的值
3	表示文件只有部分被上传
4	表示表单没有选择上传文件
6	表示没有找到临时文件夹
7	表示文件写入失败
8	表示上传的文件被 PHP 扩展程序中断

例 5.34　设计 images 为文件上传目录,form.html 文件为上传表单页面,upload_file.php 文件实现上传功能。

form.html 文件代码如下:

```
<html>
    <head>
        <title>文件上传的实现</title>
    </head>
    <body>
        <form action = "upload_file.php" method = "post"
        enctype = "multipart/form - data">                //设置提交表单的内容类型
            <label for = "file">上传文件名:</label>
            <input type = "file" name = "file" id = "file"/>
            <br />
            <input type = "submit" name = "submit" value = "上传文件" />
        </form>
    </body>
</html>
```

upload_file.php 文件代码如下:

```
<?php
    $upload_dir = getcwd()."\\images\\";          //检查上传文件的目录
    if(!is_dir($upload_dir))                       //如果目录不存在,则创建目录
        mkdir($upload_dir);
    function makefilename(){                       //按系统时间生成上传文件名
        $curtime = getdate();                      //获取当前系统时间,生成文件名
        $filename = $curtime["year"].$curtime["mon"].$curtime["mday"].$curtime
["hours"].$curtime["minutes"].$curtime["seconds"].".jpeg";
        return $filename;
    }
    $newfilename = makefilename();
    $newfile = $upload_dir.$newfilename;
    if(file_exists($_FILES["file"]["tmp_name"]))
        move_uploaded_file($_FILES["file"]["tmp_name"], $newfile);
    else
        echo("出现错误"."<br>");
```

```
    echo("客户端文件名: ". $_FILES["file"]["name"]."<br>");
    echo("文件类型: ". $_FILES["file"]["type"]."<br>");
    echo("文件大小: ".( $_FILES["file"]["size"]/1024)."KB<br>");
    echo("服务器端临时文件名: ". $_FILES["file"]["tmp_name"]."<br>");
    echo("文件上传后新的文件名: ". $newfile."<br>");
    if ( $_FILES["file"]["error"] == 0){
        echo("文件上传成功!"."<br>");
    }
?>
```

运行 form.html 文件,结果如图 5.31 所示。

图 5.31　form.html 表单页面

上传文件的信息如图 5.32 所示。

图 5.32　上传文件信息

课堂实践 5-2:访客计数器

课堂实践 5-2

(1) 编写简单的文本形式访客计数器。代码如下:

```
<?php
    if (!@ $handle = fopen("counter.txt","r")){          //以只读方式打开文件
        echo "counter.txt 文件创建成功!<br>";
    }
    @ $number = fgets( $handle,8);                        //读取 7 位数字
    if ( $number == "")
        $number = 0;                                      //文件的内容为空,初始化为 0
    $number++;                                            //浏览次数累加
    @fclose( $handle);
    $handle = fopen("counter.txt", "w");                  //以只写方式打开文件
    fwrite( $handle, $number);                            //写入累加后的结果
    fclose( $handle);
    echo "您是到访的第". $number."位浏览者!";
?>
```

程序运行结果如图 5.33 所示。

图 5.33　文本形式访客计数器

(2) 编写图片形式的访客计数器。

通过文件操作函数和 session 全局变量完成网站访问量的统计并防止重复计数，统计数据存储在 counter.txt 文件中。代码如下：

```
<?php
    session_start();
    $handle = fopen("counter.txt","r+");
    $number = fgets($handle);
    if($_SESSION[number] == ""){                    //文件的内容为空，初始化为 0
        $number = 0;}
    $number ++;
    rewind($handle);                                //移动文件指针到文件的开头
    fwrite($handle, $number);
    fclose($handle);
    $_SESSION[number] = 1;                          //登录以后，值不为空，赋值为 1
?>
```

通过 img 图像标签的 src 属性指定 ch5－example.php 文件，以图片的形式输出网站访问量的数据。代码如下：

```
<?php
    $handle = fopen("counter.txt","r+");
    $number = fgets($handle);
    settype($number,"string");                      //设置变量类型
    $len = strlen($number);                         //返回字符串的长度
    $str = str_repeat("0",6 - $len);                //字符串重复指定的次数
    echo "您是到访的第";
    for($i = 0; $i <= strlen($str); $i++){
        echo "< img src = images/0.gif >";
    }
    for($j = 0; $j < $len; $j++){                   //循环读取某个字符串
        switch ($number[$j]){
            case "0"; $img[$j] = "0.gif";break;
            case "1"; $img[$j] = "1.gif";break;
            case "2"; $img[$j] = "2.gif";break;
            case "3"; $img[$j] = "3.gif";break;
            case "4"; $img[$j] = "4.gif";break;
            case "5"; $img[$j] = "5.gif";break;
            case "6"; $img[$j] = "6.gif";break;
            case "7"; $img[$j] = "7.gif";break;
            case "8"; $img[$j] = "8.gif";break;
            case "9"; $img[$j] = "9.gif";break;
        }
        //将数字逐位以图片形式显示出来
        echo "< img src = images/". $img[$j]. ".>";
    }
    echo "位浏览者!";
?>
```

程序运行结果如图 5.34 所示。

图 5.34 图片形式的访客计数器

5.5 本章小结

函数就是将一些重复使用的功能写在一个独立的代码段中，在需要时单独调用。文件操作是通过 PHP 内置的文件系统函数完成的。文件操作可以通过三个步骤完成，即：打开文件；读取、写入和操作文件；关闭文件。

本章通过学习内置函数和用户自定义函数的知识，实现了对查询关键词加粗以及计算斐波纳契数列第 n 项的应用；通过文件操作和目录操作知识的综合运用，实现了两种方法的访客计数器程序。

5.6 思考与实践

1. 选择题

(1) 如果函数有多个参数，则参数之间必须以“(　　)”隔开。

A. ，　　B. ：　　C. &　　D. ；

(2) 如果要有函数返回值，必须使用(　　)关键词。

A. continue　　B. break　　C. exit　　D. return

(3) 下列关于函数的说法中错误的是(　　)。

A. 函数具有重复使用性

B. 函数名的命名规则和变量命名规则相同，必须以 $ 作为函数名的开头

C. 函数可以没有输入和输出

D. 如果把函数定义写在条件语句中，那么必须当条件表达式成立时，才能调用该函数

(4) 下列函数中，可用来取得四舍五入值的是(　　)。

A. ceil　　B. floor　　C. round　　D. abs

(5) 下列函数中，可以用来取得次方值的是(　　)。

A. sqrt　　B. pow　　C. exp　　D. rand

(6) 下列函数中，可以用来取得当前的时间信息的是(　　)。

A. getdate　　B. gettime　　C. mktime　　D. time

(7) 下列函数中，可以将字符串逆序排列的是(　　)。

A. chr　　B. ord　　C. strstr　　D. strrev

(8) 如果要从文本文件中读取一个单独的行，应使用(　　)，如果要读取二进制数据文件，应使用(　　)。

A. fgets，fseek　　B. fread，fgets

C. fgets，fgetss　　D. fgets，fread

(9) PHP 中用来获取当前目录的函数是(　　)。

A. cd　　B. chdir　　C. rmdir　　D. getcwd

(10) file()函数返回的数据类型是(　　)。

A. 数组　　B. 字符串

C. 整型　　D. 根据文件而定

(11) 使用 fopen()函数刚打开一个文件时，文件指针指向(　　)。

A. 文件开头　　B. 文件末尾

C. 文件中间　　D. 根据该函数参数而定

(12) PHP 中删除文件的函数是(　　)。

A. rm　　B. del　　C. unlink　　D. drop

2. 填空题

(1) 检测一个变量是否设置需要使用(　　)函数，检测一个变量是否为空需要使用(　　)函数。

(2) 若要显示“xxxx 年 xx 月 xx 日星期 x xx：xx：xx”，应设置 date()函数的参数为(　　)。

(3) substr('abcdef',1,3)的返回值是(　　)，substr('abcdef',－2)的返回值是(　　)。

(4) 函数 strpos("xxPPppXXpx","pp")的返回值是(　　)。

(5) 用 fopen()函数时，打开文件的基本模式有(　　)、(　　)、(　　)。

(6) rename()函数除了可以重命名文件或目录外，还有(　　)功能。

(7) (　　)函数将文件指针移动到文件开头；(　　)函数可检测文件指针是否到达了文件末尾的位置。

(8) 若要列出一个目录中的所有文件和子目录，可以使用(　　)函数或(　　)函数。

3. 实践题

(1) 计算某字符串中某个字符出现的次数。

(2) 编写函数判断字符串中是否全是中文。

(3) 编写函数计算 3！＋5！＋7！的值。

第6章 PHP数组与字符串

学习要点：通过本章学习，读者可以理解数组的概念、分类及数组的初始化，掌握数组元素的添加、删除、遍历和排序等操作；理解PHP字符串的定义及字符串格式化、字符串比较、字符串替换、字符串与数组的转换及字符串与HTML的转换等字符串处理函数的应用。理解正则表达式的概念、语法、函数及其使用。

6.1节

6.1 数　组

数组(array)是在内存中一段连续的存储空间，用于保存一组相同数据类型的数据。在PHP中，数组的功能得到了很大的扩展，它可以被看作是一个有序图。图是一种把值映射到关键字的类型。

6.1.1 数组的声明和初始化

1. 数组的概念

数组是在内存中保存一组数据的数据结构。与变量一样，数组也有标识符，并且同一数组的元素具有相同的数据类型。

数组中数组元素有键(key)和值(value)两个属性，键用于声明和标识数组元素，又称数组下标。值就是数组元素对应的值。一个数组可以有一个或多个键，键的数量也称为数组的维度。拥有一个键的数组就是一维数组，拥有两个键的数组就是二维数组，以此类推。

PHP中数组根据键的数据类型，数组可分为索引数组和关联数组两类。索引数组是指键为整型的数组，默认键是从0开始的连续整数。关联数组是指键为字符串的数组。

2. 一维数组的声明和初始化

使用array()函数来声明一维数组，其基本语法格式如下：

```
数组名 = array([键名 =>]值, …,[键名 =>]值);
```

例6.1 声明一维数组。代码如下：

```
<?php
    //不带键名的数组
    $array1 = array(1,2,4,8,10);
    //带键名的数组
    $array2 = array("id" =>"07001","name" =>"Leon","gender" =>"male");
?>
```

对于数组，在调试程序时可以用 print_r()函数来显示数组各元素的键名和值，其基本语法格式如下：

```
print_r(数组名);
```

例 6.2 输出例 6.1 中数组各元素的键名和值。代码如下：

```
<?php
    $array1 = array(1,2,4,8,10);
    print_r($array1);
    echo "<br>";
    $array2 = array("id" =>"07001","name" =>"Leon","gender" =>"male");
    print_r($array2);
?>
```

程序运行结果如图 6.1 所示。

数组声明之后，可以使用“数组名[键名]”的形式来访问一维数组元素。

例 6.3 “数组名[键名]”形式的使用。代码如下：

```
<?php
    $array1 = array(1,2,4,8,10);
    $array2 = array("id" =>"07001","name" =>"Leon","gender" =>"male");
    echo $array1[0];
    echo "<br>";
    echo $array1[1];
    echo "<br>";
    echo $array2["name"];
    echo "<br>";
    echo $array2["gender"];
    echo "<br>";
?>
```

程序运行结果如图 6.2 所示。

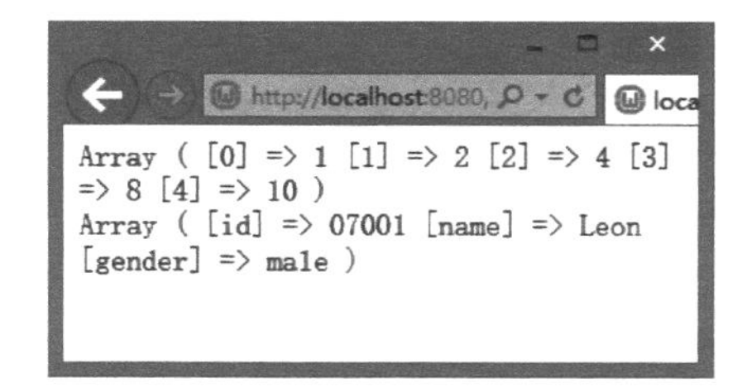

图 6.1 print_r()函数的使用

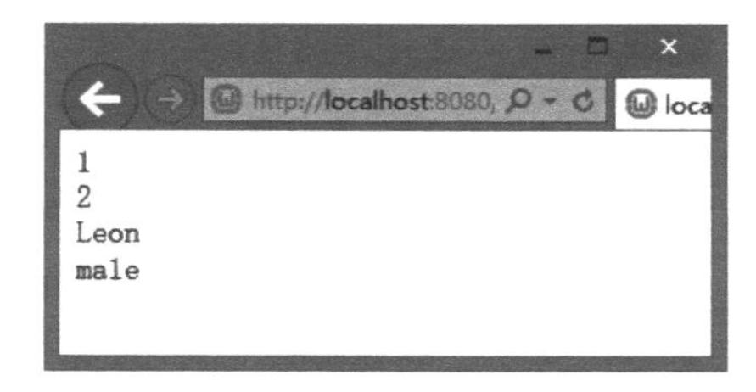

图 6.2 “数组名[键名]”形式的使用

还可以使用 count()和 sizeof()函数获得数组元素的个数。例如：

```
<?php
    $array1 = array(1,2,4,8,10);
    $array2 = array("id" =>"07001","name" =>"Leon","gender" =>"male");
    echo "数组 $array1 有".count($array1)."个元素<br>";
    echo sizeof($array2);
    echo "<br>";
?>
```

程序运行结果如图 6.3 所示。

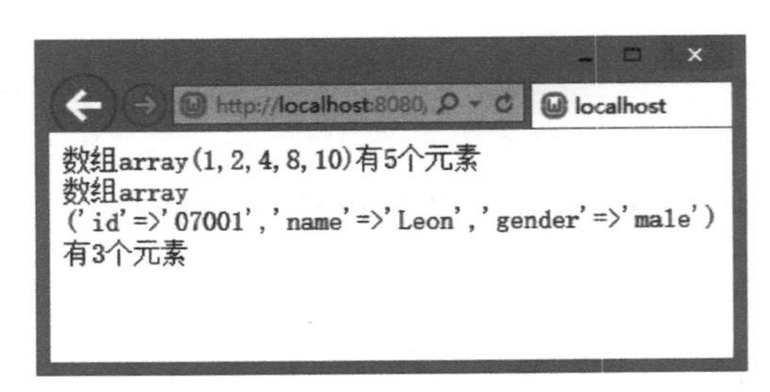

图 6.3 count()和 sizeof()函数的使用

3. 多维数组的声明和初始化

可以将多维数组视为数组的嵌套,即多维数组的元素值也是一个数组,只是维度比其父数组小一。二维数组的元素值是一维数组,三维数组的元素值是二维数组,以此类推。可以使用 array()函数来声明多维数组,其基本语法结构如下:

```
array([键名 =>] array([键名 =>] 值),…);
```

以下声明一个二维数组,用同样的方法还可以声明三维数组、四维数组或多维数组。

例 6.4 声明二维数组,并输出数组。代码如下:

```
<?php
    $students = array(
        "07001" => array("id" =>"07001","name" =>"Leon","gender" =>"male"),
        "07002" => array("id" =>"07002","name" =>"Claire","gender" =>"female"),
        "07003" => array("id" =>"07003","name" =>"Simon","gender" =>"male")
        );
    print_r($students);
?>
```

程序运行结果如图 6.4 所示。

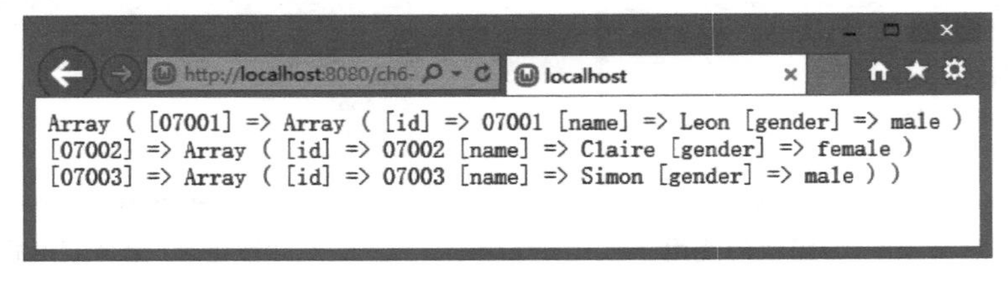

图 6.4 输出的二维数组

4. 添加或删除数组元素

1) 添加数组元素

可以通过向数组赋值的方式来添加数组元素。添加数组元素有 3 种方式。

(1) 直接添加数组元素。其基本语法结构如下:

```
$arrayname[<key>] = value
```

例 6.5 直接添加数组元素,并输出数组。代码如下:

```
<?php
    $ students[3][0] = "07004";
    $ students[3][1] = "Lina";
    $ students[3][2] = "female";
   print_r( $ students);
?>
```

(2) array_unshift()函数。array_unshift()函数是在数组开头插入一个或多个元素,用于索引数组。其基本语法格式如下:

```
int array_unshift(array $ array,mixed var[,mixed …])
```

例 6.6 使用 array_unshift()函数添加数组元素,并输出数组。代码如下:

```
<?php
    $ students = array("Simon", "Lina");
   array_unshift( $ students, "Leon", "Claire");
   print_r( $ students);
?>
```

程序运行结果如图 6.5 所示。

(3) array_push()函数。array_ push()函数是在数组末尾插入一个或多个元素,用于索引数组。其基本语法格式如下:

```
int array_push(array $ array,mixed var[,mixed …])
```

例 6.7 使用 array_push()函数添加数组元素,并输出数组。代码如下:

```
<?php
    $ students = array("Simon", "Lina");
   array_push( $ students, "Leon", "Claire");
   print_r( $ students);
?>
```

程序运行结果如图 6.6 所示。

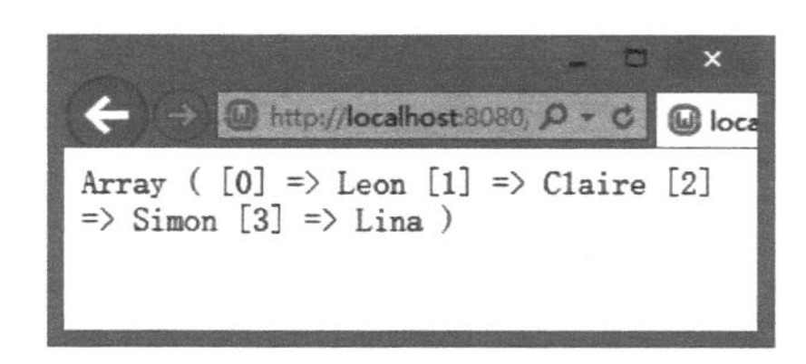

图 6.5 array_unshift()函数的使用

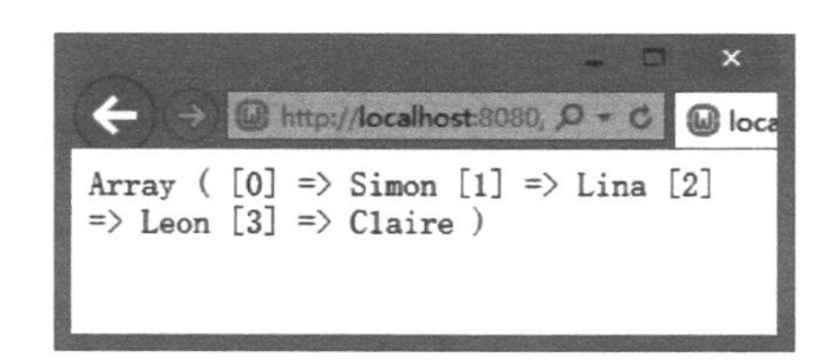

图 6.6 array_push()函数的使用

2) 删除数组元素

删除数组元素是利用 PHP 提供的内置函数删除数组中指定的元素。删除数组元素有以下 3 种方式。

(1) unset()函数。unset()函数用来删除数组中指定的元素。

例 6.8 删除数组中指定的元素,并输出数组。代码如下:

```
<?php
    $students = array("Simon", "Lina");
    unset($students[0]);
    print_r($students);
?>
```

程序运行结果如图 6.7 所示。

(2) array_shift()函数。array_shift()函数删除数组第 1 个元素,用于索引数组。其基本语法格式如下:

```
mixed array_shift(array $array)
```

例 6.9 使用 array_shift()函数删除数组元素,并输出数组。代码如下:

```
<?php
    $students = array("Claire","Simon", "Lina");
    $result = array_shift($students);
    echo $result;
    echo "<br>";
    print_r($students);
?>
```

程序运行结果如图 6.8 所示。

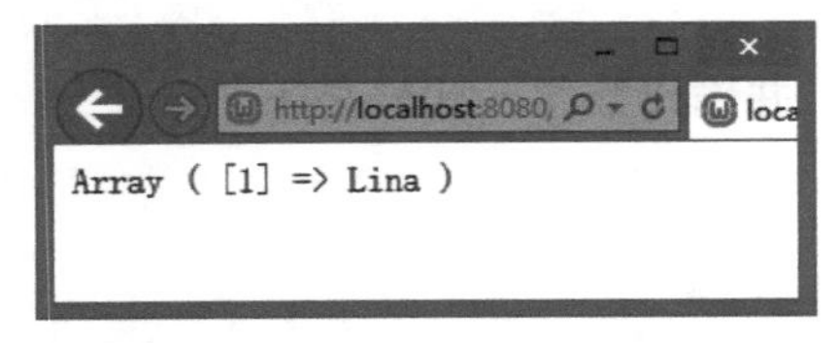

图 6.7 unset()函数的使用

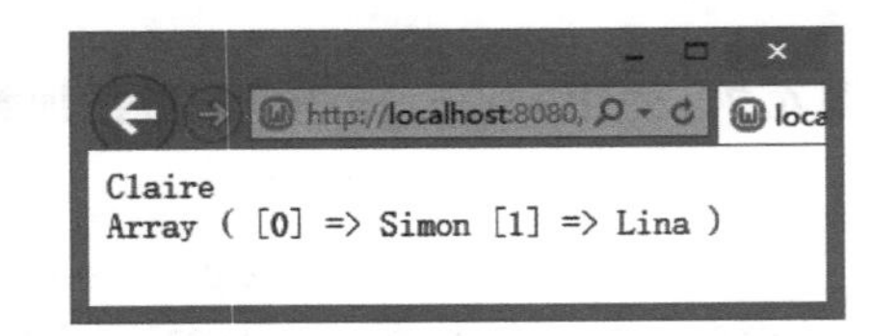

图 6.8 array_shift()函数的使用

(3) array_pop()函数。array_pop()函数删除数组末尾的一个元素,用于索引数组。其基本语法格式如下:

```
mixed array_pop(array $array)
```

例 6.10 使用 array_pop()函数删除数组元素,并输出数组。代码如下:

```
<?php
    $students = array("Claire","Simon", "Lina");
    $result = array_pop($students);
    echo $result;
    echo "<br>";
    print_r($students);
?>
```

程序运行结果如图 6.9 所示。

6.1.2 数组的遍历

遍历数组中的所有元素是常用的一种操作，在遍历的过程中可以完成查询或其他功能。在 PHP 中遍历数组的方法有以下 3 种。

1. 使用 for 语句遍历数组

如果要遍历的数组是索引数组，并且数组的索引值为连续的整数，则可以使用 for 循环来遍历，但前提条件是需要应用 count()函数获得数组中元素的数量，然后将获得的元素数量作为 for 循环执行的条件，才能完成数组的遍历。

例 6.11 使用 for 语句遍历数组 $ students。代码如下：

```
<?php
    $ students  = array(                          //定义数组
        "0" = >"Leon",
        "1" = >"Claire",
        "2" = >"Simon",
        "3" = >"Lina"
    );
    for( $ i = 0; $ i < count( $ students); $ i++){   //使用 for 循环遍历数组
        echo $ students[ $ i]."< br >";           //输出数组元素
    }
?>
```

程序运行结果如图 6.10 所示。

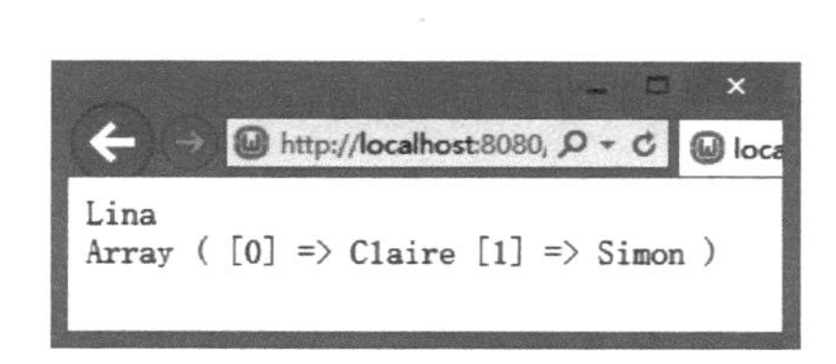

图 6.9　array_pop()函数的使用

图 6.10　使用 for 语句遍历数组

2. 使用 foreach 语句遍历数组

例 6.11 是遍历一维数组的方法，如果想要遍历多维数组，使用两个 foreach 语句就可以了。

例 6.12 使用 foreach 语句遍历二维数组 $ students。代码如下：

```
<?php
    $ students = array(
        "07001" = > array("id" = >"07001","name" = >"Leon","gender" = >"male"),
        "07002" = > array("id" = >"07002","name" = >"Claire","gender" = >"female"),
        "07003" = > array("id" = >"07003","name" = >"Simon","gender" = >"male")
    );
    foreach( $ students as  $ key = > $ link){        //获取一维数组的元素和值
        foreach( $ link as  $ value){               //获取上一个遍历得到的元素和值中的值
            echo $ value."< br >";
        }
    }
?>
```

程序运行结果如图 6.11 所示。

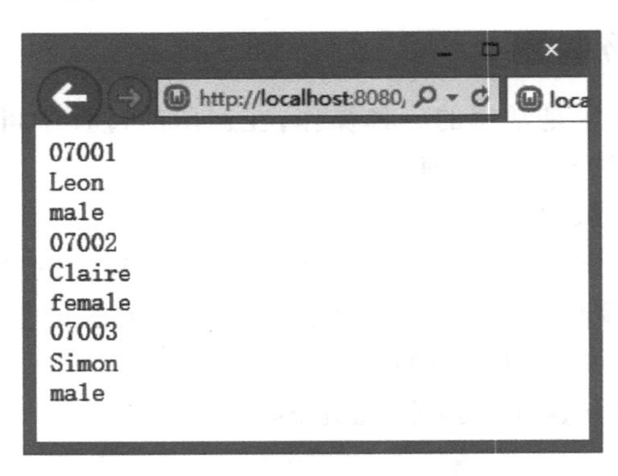

图 6.11 使用 foreach 语句遍历数组

3. 使用 while 语句遍历数组

在使用 while 语句遍历数组时，需要联合使用 list()和 each()数组函数。使用 while 语句遍历数组的语法格式如下：

```
while(list( $ key, $ value) = each(array_expression)){
    循环体
}
```

在 while()语句的每次循环中，each()函数将当前数组元素的键赋给 list()函数的第一个参数变量 $ key，并将当前数组元素中的值赋给 list()函数中的第二个参数变量 $ value，并且 each()函数执行之后还会把数组内部的指针向下一个数组元素移动，因此下次 while()语句循环时，将会得到该数组中下一个元素的键值对。直到数组的结尾，each()函数返回 false，while()语句停止循环，结束数组的遍历。

1) list()函数

list()函数将数组中的值赋给一些变量，该函数仅能用于索引数组，且数字索引从 0 开始。其语法格式如下：

```
void list(mixed $ varname, mixed … )
```

其中，参数 $ varname 为被赋值的变量名称。

2) each()函数

each()函数返回数组中的键名和对应的值，并向下一个数组元素移动指针。其语法格式如下：

```
array each(array $ array)
```

其中，参数 $ array 为输入的数组。

例 6.13 使用 while 语句遍历二维数组 $ students。代码如下：

```
<?php
    $ students = array( array("id" = >"07001","name" = >"Leon","gender" = >"male"),
        array("id" = >"07002","name" = >"Claire","gender" = >"female"),
```

```
        array("id" =>"07003","name" =>"Simon","gender" =>"male")
    );
    for ($row = 0; $row < 3; $row++){
        while (list($key, $value) = each($students[$row])){
            echo "$key: $value"."\t |";
        }
        echo '<br>';
    }
?>
```

程序运行结果如图 6.12 所示。

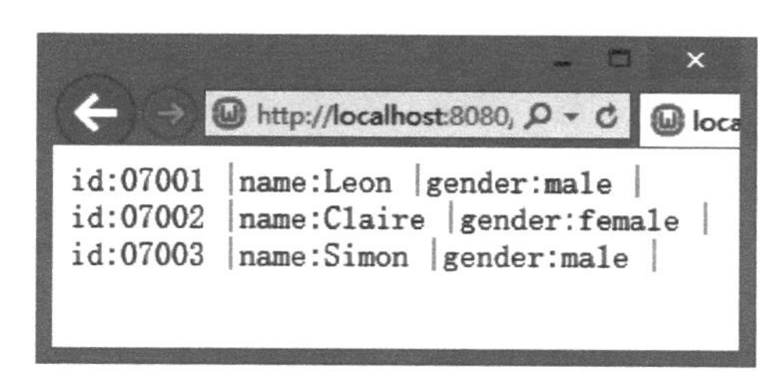

图 6.12 使用 while 语句遍历数组

6.1.3 数组的排序

1. 一维数组排序

PHP 中有 6 个基本的数组排序函数，分别为 sort()、rsort()、ksort()、krsort()、asort()、arsort()函数，分别对应的排序功能为数组值升序排列、数组值降序排列、数组键名升序排列、数组键名降序排列、数组值升序排列并保持索引关系、数组值降序排列并保持索引关系。这些函数使用起来都比较简单，因为它们是无返回值的地址模式函数，因此只需要将排序的数组变量放到函数的指定参数中即可。它们的语法格式如下：

```
bool sort(array $array [, int $sort_flags])
bool rsort(array $array [, int $sort_flags])
bool ksort(array $array [, int $sort_flags])
bool krsort(array $array [, int $sort_flags])
bool asort(array $array [, int $sort_flags])
bool arsort(array $array [, int $sort_flags])
```

其中，参数 $array 为输入的数组；参数 $sort_flags 为可选项，可改变排序的行为。$sort_flags 的取值为：SORT_REGULAR 表示正常比较单元；SORT_NUMERIC 表示单元被作为数字来比较；SORT_STRING 表示单元被作为字符串来比较。

例 6.14 使用 sort()、rsort()、ksort()和 krsort()函数对数组进行值升序、值降序、键名升序和键名降序的排列。代码如下：

```
<?php
    $students = array("Leon","Claire","Simon", "Lina");
    sort($students);                                    //值升序
    print_r($students);
```

```
    $students = array("Leon","Claire","Simon", "Lina");
    rsort($students);                              //值降序
    print_r($students);
    $students = array("Leon","Claire","Simon", "Lina");
    ksort($students);                              //键名升序
    print_r($students);
    $students = array("Leon","Claire","Simon", "Lina");
    krsort($students);                             //键名降序
    print_r($students);
?>
```

程序运行结果如图 6.13 所示。

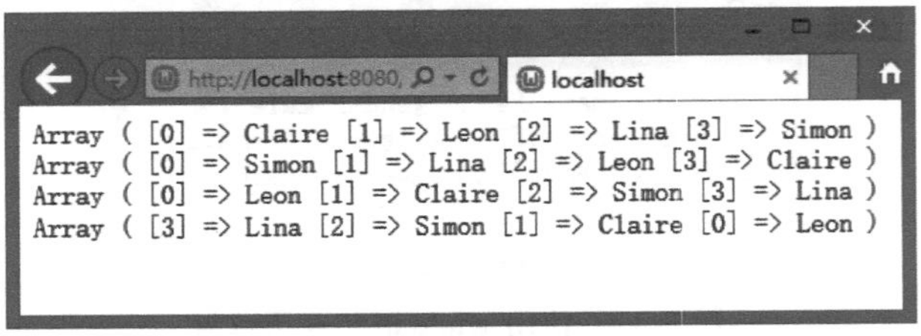

```
Array ( [0] => Claire [1] => Leon [2] => Lina [3] => Simon )
Array ( [0] => Simon [1] => Lina [2] => Leon [3] => Claire )
Array ( [0] => Leon [1] => Claire [2] => Simon [3] => Lina )
Array ( [3] => Lina [2] => Simon [1] => Claire [0] => Leon )
```

图 6.13　一维数组排序

2. 多维数组排序

在 PHP 中,多维数组排序可以使用 array_multisort()函数。array_multisort()函数对多个数组或多维数组进行排序。其语法格式如下:

```
bool array_multisort(array $array1 [, int $sort_order] [, int $sort_flags] [,array
 $array2,… $arrayn])
```

其中,参数 $sort_order 的取值为:SORT_ASC 表示按升序排列,SORT_DESC 表示按降序排列。

例 6.15　使用 array_multisort()函数,对 $students 数组中的 grade 列按降序排列,id 列按升序排列。代码如下:

```
<?php
    $students = array();
    $students[] = array("id" =>"07001","name" =>"Leon","gender" =>"male","grade" =>
92);
    $students[] = array("id" =>"07002","name" =>"Claire","gender" =>"female","grade" => 85);
    $students[] = array("id" =>"07003","name" =>"Simon","gender" =>"male","grade" => 79);
    $students[] = array("id" =>"07004","name" =>"Lina","gender" =>"female","grade" => 96);
    //取得列的列表
    foreach ($students as $key => $row){
        $grade[$key] = $row["grade"];
        $id[$key] = $row["id"];
    }
    array_multisort($grade,SORT_DESC, $id,SORT_ASC, $students);
    print_r($students);
?>
```

程序运行结果如图 6.14 所示。

```
Array ( [0] => Array ( [id] => 07004 [name]
=> Lina [gender] => female [grade] => 96 )
[1] => Array ( [id] => 07001 [name] => Leon
[gender] => male [grade] => 92 ) [2] =>
Array ( [id] => 07002 [name] => Claire
[gender] => female [grade] => 85 ) [3] =>
Array ( [id] => 07003 [name] => Simon
[gender] => male [grade] => 79 ) )
```

图 6.14　二维数组排序

课堂实践 6-1：数组排序的应用

利用数组函数，对 $ students 数组中的 grade 列按降序排列。代码如下：

```
<?php
    $ students = array( array("id" = >"07001","name" = >"Leon","gender" = >"male",
        "grade" = > 92),
    array("id" = >"07002","name" = >"Claire","gender" = >"female","grade" = > 85),
    array("id" = >"07003","name" = >"Simon","gender" = >"male","grade" = > 79),
    array("id" = >"07004","name" = >"Lina","gender" = >"female","grade" = > 96)
    );
    function compare( $ x,  $ y){                    //自定义函数
        if ( $ x['grade']  ==  $ y['grade']){
            return 0;
        }else if ( $ x['grade'] > $ y['grade']){
            return  - 1;
        }else{
            return 1;
        }
    }
    usort( $ students, 'compare');                    //通过自定义的比较函数对数组进行排序
    for ( $ row  =  0;  $ row < 4;  $ row++){
        reset( $ students[ $ row]);                   //将内部指针指向数组的第一个元素
        while (list( $ key,  $ value )  =  each(  $ students[ $ row])){
            echo " $ key: $ value"."\t |";
        }
        echo '< br >';
    }
?>
```

程序运行结果如图 6.15 所示。

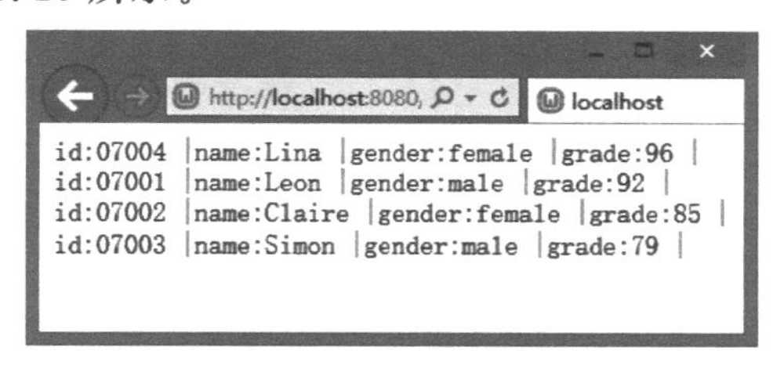

图 6.15　多维数组排序

6.2 节

6.2 字 符 串

字符串是很常用的数据类型，特别是网页源代码本身就是字符串。因此，字符串有很多操作函数。由于 PHP 是弱语言类型，所以当使用字符串操作函数时，其他类型的数据也会被当作字符串来处理。

6.2.1 字符串的定义方法

PHP 的字符串有三种定义方法，即单引号、双引号和定界符。

1. 使用单引号定义字符串

指定一个简单字符串的最简单的方法是用单引号“'”括起来。在被单引号括起来的字符串中，如果要再表示一个单引号，需要用反斜线“\”转义。在单引号括起来的字符串中，所有的其他特殊字符都将被完整地表示出来，也就是说，单引号字符串中出现的变量和转义序列不会被变量的值替代。

2. 使用双引号定义字符串

使用双引号定义字符串是用双引号“""”将字符串括起来。如果遇到美元符号“$”，解析器会尽可能多地取得后面的字符以组成一个合法的变量名。PHP 还可以解析更多特殊字符的转义序列。

3. 使用定界符定义字符串

使用定界符定义字符串的方法是使用定界符语法“<<<”。其语法格式如下：

```
<<<标识符
    格式化文本
标识符;
```

例 6.16 使用定界符定义字符串。代码如下：

```
<?php
    $str = "教育决定着人类的今天,";
    echo <<< strmark
    <font color = "#FF0000"> $str 也决定着人类的未来.</font>
    strmark;
?>
```

程序运行结果如图 6.16 所示。

图 6.16 使用定界符定义字符串

6.2.2 字符串处理函数

1. 字符串格式化

通过字符串格式化技术可以实现对指定字符进行个性化输出，以不同的类型进行显示。例如，在输出数字字符串时，可以应用格式化技术指定数字输出的格式，保留几位小数或者不保留小数。

使用 number_format()函数将数字字符串格式化。其语法格式如下：

```
string number_format(float $number,[int $num_decimal_places],[string $dec_seperator],
string $thousands_seperator)
```

其中，参数 $number 为格式化后的字符串，该函数可以有一个、两个或四个参数，但不能是三个参数。如果只有一个参数 $number，$number 格式化后会舍去小数点后的值，且千位分隔符就会以逗号“,”分隔开；如果有两个参数，$number 格式化后会到小数点第 $num_decimal_places 位，且千位分隔符就会以逗号分隔开；如果有四个参数，$number 格式化后会到小数点第 $num_decimal_places 位。$dec_seperator 表示用作小数点的字符串，$thousands_seperator 表示用作千位分隔符的字符串。

例 6.17 使用 number_format()函数对指定的数字字符串进行格式化处理。代码如下：

```
<?php
    $number1 = 1234.567;                          //定义数字字符串常量
    echo number_format($number1);                 //输出一个参数格式化后的字符串
    echo "<br>";
    echo number_format($number1, 2);              //输出两个参数格式化后的字符串
    echo "<br>";
    $number2 = 987654.3210;                       //定义数字字符串常量
    echo number_format($number2, 2, '.', '.');//输出四个参数格式化后的字符串
?>
```

程序运行结果如图 6.17 所示。

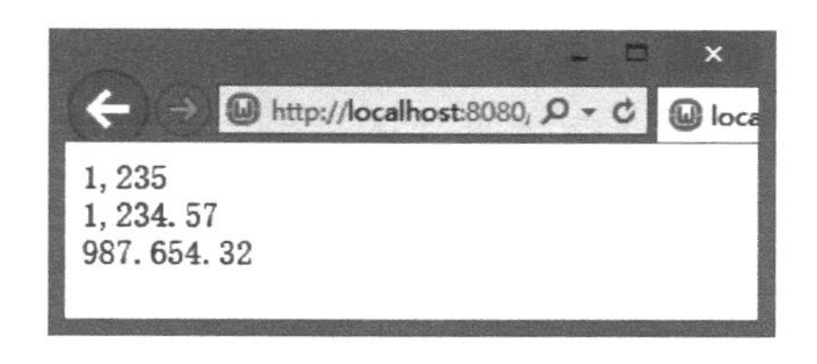

图 6.17 字符串格式化处理

2. 字符串比较

通过字符串的比较技术可以实现对字符串的比较。字符串的比较技术可以通过以下两个函数实现：strcmp()函数和 strnatcmp()函数。

1）按字节比较字符串

使用 strcmp()函数可以实现对字符串按字节的比较。其语法格式如下：

```
int strcmp(string $string1, string $string2)
```

其中，参数 $string1 和 $string2 是待比较的两个字符串，字符串比较区分大小写。若两个字符串相等，函数返回 0；若字符串 $string1 大于字符串 $string2，函数返回大于 0 的整数；若字符串 $string1 小于字符串 $string2，函数返回小于 0 的整数。

2）按自然排序法比较字符串

通过 strnatcmp()函数可以实现按照自然排序法比较字符串。其语法格式如下：

```
int strnatcmp(string $string1, string $string2)
```

其中,参数 $string1 和 $string2 是待比较的两个字符串,字符串比较不区分大小写。此函数与 strcmp()函数一样,都可以实现对字符串按字节的比较。

例 6.18 使用 strcmp()和 strnatcmp()函数比较字符串。代码如下：

```
<?php
    $str1 = "Tsinghua University press";
    $str2 = "Tsinghua University press";
    $str3 = "tsinghua university press";
    echo strcmp($str1, $str2);
    echo strcmp($str2, $str3);                //该函数区分大小写
    echo strnatcmp($str2, $str3);             //该函数不区分大小写
?>
```

程序运行结果如图 6.18 所示。

图 6.18 字符串比较

3. 字符串替换

通过字符串的替换技术可以实现对指定字符串中的指定字符进行替换。字符串的替换技术可以通过以下两个函数实现：str_ireplace()函数和 substr_replace()函数。

1）str_ireplace()函数

str_ireplace()函数用新的子字符串替换原始字符串中被指定替换的字符串。其语法格式如下：

```
mixed str_ireplace(mixed $search,mixed $replace,mixed $subject [, int $count] )
```

其中,参数 $search 指定要查找的字符串；参数 $replace 指定替换的值；参数 $subject 指定查找的范围；参数 $count 表示替换字符串执行的次数。

注意：该函数可以以数组的方式传递参数。函数返回的是一个字符串还是数组,取决于被操作的对象是字符串还是数组。如果原始字符串 $subject 是一个数组,则该函数会依次用 $replace 替换 $subject 数组中每个元素中的 $search 子字符串,同时该函数的返回值为一个数组。

例 6.19 使用 str_ireplace()函数替换字符串,并且输出替换后的结果。代码如下：

```
<?php
    $str1 = "此刻";                                 //查找的字符串
    $str2 = "上课";                                 //替换的字符串
    $str = "此刻打盹,你将做梦; 此刻学习,你将圆梦。";
    echo str_ireplace($str1, $str2, $str);   //输出替换后的字符串
?>
```

程序运行结果如图 6.19 所示。

2) substr_replace()函数

substr_replace()函数对指定字符串中的部分字符串进行替换,并区分大小写。其语法格式如下:

```
mixed substr_replace(string $string,string $replacement, int $start,[int $length])
```

其中,参数 $string 指定要操作的原始字符串;参数 $replacement 指定替换后的新字符串;参数 $start 指定替换字符串开始的位置,正数取值表示起始位置从字符串开头开始,负数取值表示起始位置从字符串的结尾开始,值为 0 表示起始位置从字符串中的第一个字符开始;参数 $length 指定返回的字符串长度,默认值是整个字符串,正数取值表示起始位置从字符串开头开始,负数取值表示起始位置从字符串的结尾开始,值为 0 表示"插入"而不是"替换"。

注意:如果参数 $start 设置为负数,而参数 $length 的值小于或等于 $start 的值,那么 $length 的值自动为 0。

例 6.20 使用 substr_replace()函数对指定字符串进行替换。代码如下:

```
<?php
    $str="中华优秀传统文化是中华民族的文化根基,其蕴含的思想观念、人文精神、道德规范,不仅是我们中国人思想和精神的内核,对解决人类问题也有重要价值。";
    $replace="根脉";                          //要替换的字符串
    echo substr_replace($str,$replace,32,4);    //替换后字符串
?>
```

程序运行结果如图 6.20 所示。

图 6.19 str_ireplace()函数的使用

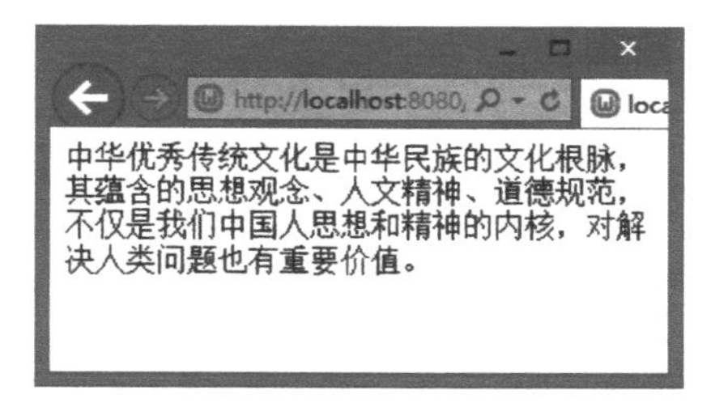

图 6.20 str_replace()函数的使用

4. 字符串与数组

1) 字符串转化为数组

字符串转化为数组使用 explode()函数,按照指定的规则对一个字符串进行分割,转化为数组。其语法格式如下:

```
array explode(string $separator,string $string [,int $limit])
```

其中,参数 $separator 指定分隔符;参数 $string 指定将要被转化为数组的字符串;如果设置了参数 $limit,则返回的数组包含最多 $limit 个元素,而最后的元素将包含 $string 的剩余部分;如果 $limit 参数的值是负数,则返回除了最后的－$limit 个元素外

的所有元素。

例 6.21 使用 explode()函数对指定的字符串以“.”符号为分隔符，转化为数组。代码如下：

```
<?php
    $str = "www.imvcc.com";
    $str_arr = explode(".", $str);              //使用"."符号为分隔符
   print_r($str_arr);                           //输出转化后的数组
?>
```

程序运行结果如图 6.21 所示。

2) 数组转化为字符串

数组转化为字符串使用 implode()函数，将数组中的元素连接成一个字符串。其语法格式如下：

```
string implode(string $glue, array $pieces)
```

其中，参数 $glue 表示指定的分隔符；参数 $pieces 表示指定的要连接的数组。

例 6.22 使用 implode()函数将数组中的内容以“.”符号为分隔符进行连接，从而连接成一个新的字符串。代码如下：

```
<?php
    $str = "www.imvcc.com";
    $str_arr = explode(".", $str);              //使用"." 符号为分隔符
    $array = implode(".", $str_arr);            //将数组连接成字符串
   echo $array;                                 //输出字符串
?>
```

程序运行结果如图 6.22 所示。

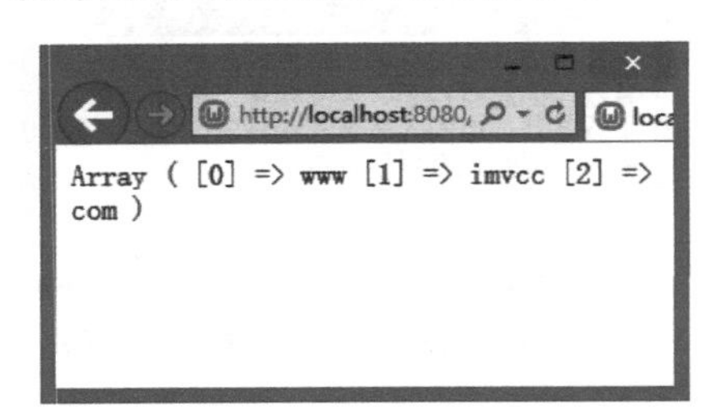

图 6.21 字符串转化为数组

图 6.22 数组转化为字符串

5. 字符串与 HTML

字符串与 HTML 之间的转换直接将源代码在网页中输出，而不被执行。通过转换直接将提交的源码输出，以确保源码不被解析。

1) 将字符串转化为 HTML 实体形式

htmlspecialchars()函数将所有的字符都转换成 HTML 字符串。其语法格式如下：

```
    string htmlspecialchars(string $string[, int $quote_style[, string $charset [, bool
$double_encode]]])
```

其中,参数 $string 指定要转换的字符串;参数 $quote_style 指定如何转换单引号和双引号字符,取值可以是 ENT_COMPAT(默认值,只转换双引号)、ENT_NOQUOTES(都不转换)、ENT_QUOTES(都转换);参数 $charset 指定转换所使用的字符集;参数 $double_encode 的值为 false 时不转换成 HTML 实体,默认值是 true。

例 6.23 使用 htmlspecialchars()函数将字符串转化为 HTML 实体形式。代码如下:

```
<?php
    $ str = '<a href = "tesh.html">测试页面</a>';
    echo htmlspecialchars_decode( $ str);
?>
```

程序运行结果如图 6.23 所示。

2) 将 HTML 实体形式转化为特殊字符

使用 htmlspecialchars_decode()函数将 HTML 实体形式转化为特殊字符,这与 htmlspecialchars()函数的作用恰好相反。

例 6.24 使用 htmlspecialchars_decode()函数将 HTML 实体形式转化为特殊字符。代码如下:

```
<?php
    $ str = "This is some &lt;b&gt;bold&lt;/b&gt; text. <p> this - &gt; </p>\n";
    echo htmlspecialchars_decode( $ str);
?>
```

程序运行结果如图 6.24 所示。

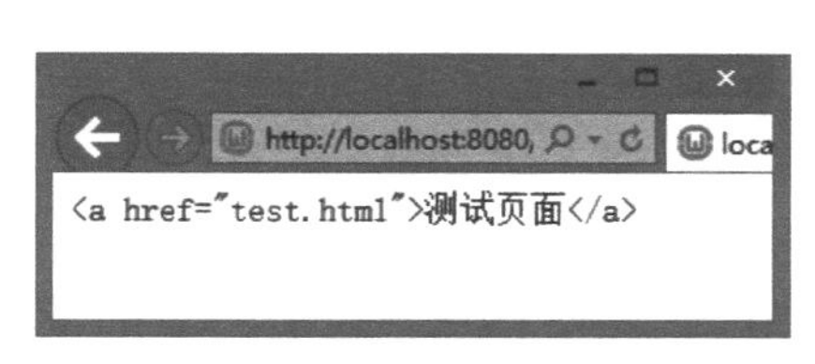

图 6.23 字符串转化为 HTML 实体形式

图 6.24 将 HTML 实体形式转化为特殊字符

课堂实践 6-2:验证身份证号码的正确性

课堂实践 6-2

根据国家标准《公民身份号码》(GB 11643-1999),验证身份证号码的正确性。代码如下:

```
<html>
    <head>
    <meta http-equiv = "Content-Type" content = "text/html; charset = utf-8" />
    <title>身份证号码的验证</title>
    </head>
    <body>
        <form name = "form" method = "post" action = "#">
        <label>请输入身份证号码: </label>
        <input type = "text" name = "idcard" id = "idcard" value = "<?php echo $_POST['idcard'];?>" >
```

```
        <input type="submit" name="sub" value="验证"><p>
        </form>
    <?php
        if(isset($_POST['idcard']) && $_POST['idcard']!= ""){
            $idcard= $_POST['idcard'];
            if(check_id($idcard)){
                echo "身份证号码正确!";
            }else{
                echo "身份证号码不正确,请重新输入!";
            }
        }
        //idcard_check_code()函数计算身份证号码中的检校码
        function idcard_check_code($idcard_base){
        //strlen()函数获取字符串长度
        if (strlen($idcard_base) != 17){return false;}
        //加权因子
        $factor = array(7, 9, 10, 5, 8, 4, 2, 1, 6, 3, 7, 9, 10, 5, 8, 4, 2);
        //校验码对应值
        $check_code_list = array('1', '0', 'X', '9', '8', '7', '6', '5', '4', '3', '2');
        $sum = 0;
        for ($i = 0; $i < strlen($idcard_base); $i++){
            $sum += substr($idcard_base, $i,1) * $factor[$i];
        }
        $mod = $sum % 11;
        $check_code = $check_code_list[$mod];
        return $check_code;
        }
        //idcard_check()函数检查身份证校验码的有效性
        function idcard_check($idcard){
            if (strlen($idcard) != 18){return false;}
            $idcard_base = substr($idcard, 0, 17);
            //strtoupper()函数把所有字符转换为大写
            if (idcard_check_code($idcard_base) != strtoupper(substr($idcard, 17, 1))){
                return false;
            }else{
                return true;
            }
        }
        //check_id()函数检查身份证号码
        function check_id($idcard){
            if(strlen($idcard) == 18){
                if(idcard_check($idcard)){
                    return true;
                }else{
                    return false;
                }
            }
        }
    ?>
    </body>
</html>
```

程序运行结果如图 6.25 所示。

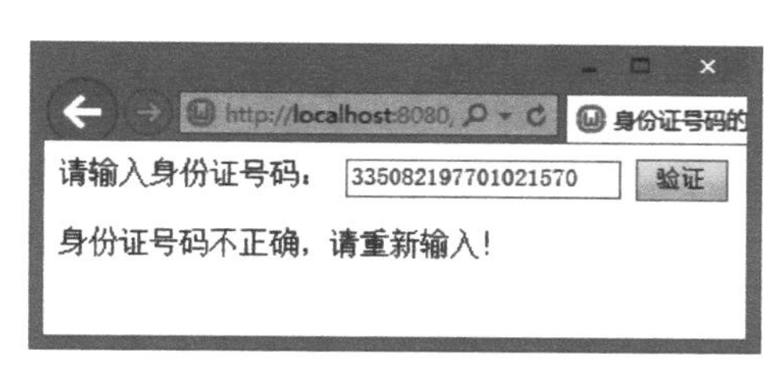

图 6.25　身份证号码的验证

6.3　正则表达式

6.3 节

在字符串中查找某种有规则类型的数据（如日期、电话号码和电子邮箱等），是否可以通过编程实现，如何实现？

正则表达式逐渐从模糊而深奥的数学概念，发展成为在计算机各类工具和软件应用中的主要功能，用来表达对字符串的一种过滤逻辑。

6.3.1　正则表达式的概念

正则表达式是对字符串操作的一种逻辑公式，就是用事先定义好的一些特定字符及这些特定字符的组合，组成一个"规则字符串"，用于验证各种字符串是否匹配这个特征，进而实现高级的文本查找、替换、截取内容等操作。

例如，若要使 Apache 服务器解析 PHP 文件，需要在 Apache 的配置文件中添加能够匹配出以".php"结尾的配置"\.php$"。添加完成后，当用户访问 PHP 文件时，Apache 就会将该文件交给 PHP 去处理。这里的"\.php$"就是一个简单的正则表达式。

6.3.2　正则表达式的语法

正则表达式分为分隔符、表达式和模式修饰符三个部分。分隔符可以是除了特殊字符以外的任何字符（如/、! 等），常用的分隔符是"/"。表达式由一些特殊字符和非特殊的字符串组成，比如"[a-z0-9_-]+@[a-z0-9_-.]+"可以匹配一个简单的电子邮箱字符串。模式修饰符用来开启或者关闭某种功能或模式。例如：

```
/hello.+?hello/is
```

上面完整的正则表达式中"/"就是分隔符，两个"/"之间的就是表达式，第二个"/"后面的字符串"is"就是模式修饰符。

1. 定位符与选择符

正则表达式中，定位符用于确定字符在字符串中的位置。定位符"^"可用于匹配字符串开始的位置；定位符"$"用于匹配字符串结束的位置。

例 6.25　匹配字符串开始的位置和结束的位置。代码如下：

```
<?php
    $subject = "Learning without thought means labour lost";
```

```
    //匹配字符串开始的位置
    preg_match('/^Learning/', $subject, $matches);
    print_r($matches);
    //匹配字符串结束的位置
    preg_match('/lost$/', $subject, $matches);
    print_r($matches);
?>
```

程序运行结果如图 6.26 所示。

如果要查找的条件有多个,只要其中一个满足即可成立,可以用选择符“|”。该字符可以理解为“或”。

例 6.26 选择符的使用。代码如下:

```
<?php
    preg_match_all('/abc|de|xyz/', 'abcdefg', $matches);
    print_r($matches);
?>
```

程序运行结果如图 6.27 所示。

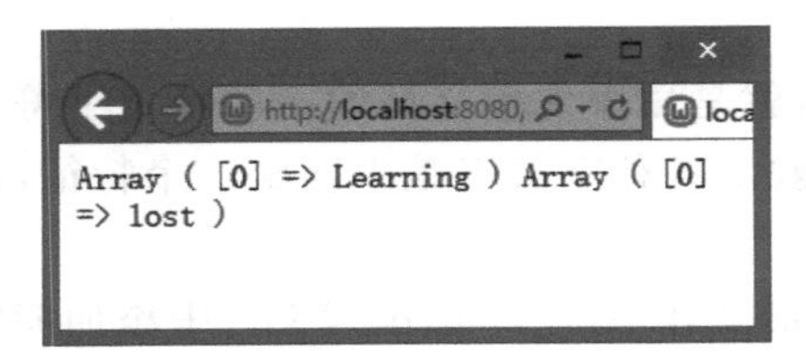

图 6.26 匹配字符串的位置

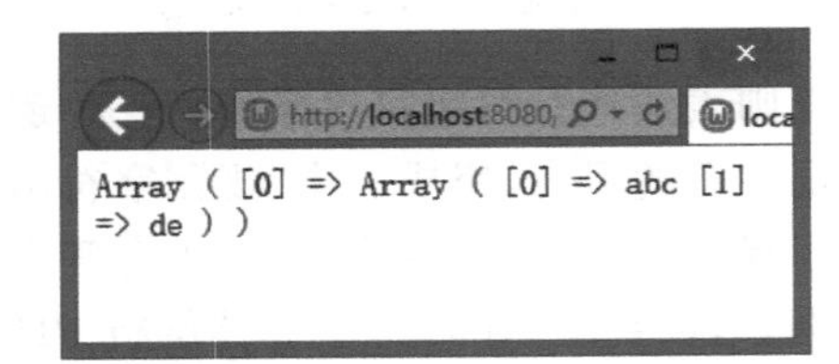

图 6.27 选择符的使用

2. 字符范围与反斜线

正则表达式中,对于匹配某个范围内的字符,可以用中括号“[ ]”和连字符“-”来实现。在中括号中还可以用反义字符“^”,表示匹配不在指定字符范围内的字符。

例 6.27 使用 preg_match_all()函数匹配“AbCd”。代码如下:

```
<?php
    preg_match_all('/[^a-z]/', 'AbCd', $matches);
    print_r($matches);
?>
```

程序运行结果如图 6.28 所示。

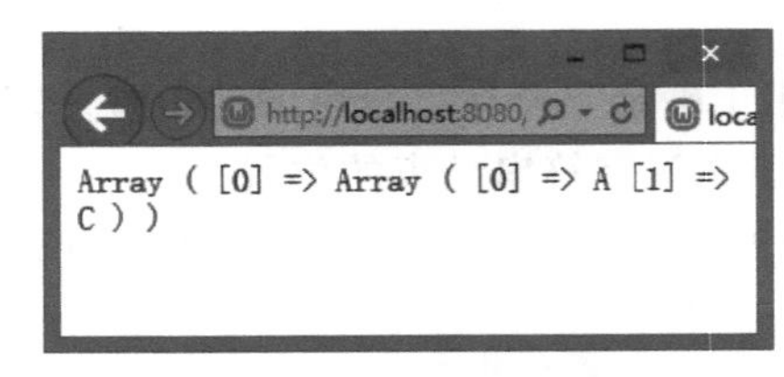

图 6.28 preg_match_all()函数的使用

在正则表达式中,“\”除了可作转义字符外,还具有其他功能,例如,匹配不可打印的字符、指定预定义字符集等,如表 6.1 所示。

表 6.1 正则表达式部分字符集

字　符	说　明
\d	任意一个十进制数字,相当于[0-9]
\D	任意一个非十进制数字
\w	任意一个单词字符,相当于[a-zA-Z0-9_]
\W	任意一个非单词字符
\s	任意一个空白字符(如空格、水平制表符等)
\S	任意一个非空白字符

利用预定义的字符集可以很容易地完成某些正则匹配。例如,大写字母、小写字母和数字可以使用“\w”直接表示,若要匹配 0 到 9 之间的数字可以使用“\d”表示。有效地使用反斜线的这些功能可以使正则表达式更加简洁,便于阅读。

3. 字符的限定与分组

限定符用来指定正则表达式的一个给定组件必须要出现多少次才能满足匹配,有 *、+、?、{n}、{n,}和{n,m} 6 种,如表 6.2 所示。

* 和+限定符都是贪婪的,因为它们会尽可能多地匹配文字,在它们的后面加上一个?就可以实现非贪婪或最小匹配。

表 6.2 正则表达式限定符

字　符	说　明
*	匹配前面的子表达式零次或多次。例如,"zo*"能匹配"z"以及"zoo"。*等价于{0,}
+	匹配前面的子表达式一次或多次。例如,"zo+"能匹配"zo"以及"zoo",但不能匹配"z"。+等价于{1,}
?	匹配前面的子表达式零次或一次。例如,"do(es)?"可以匹配"do"或"does"中的"do"。? 等价于{0,1}
{n}	n是一个非负整数。匹配确定的 n 次。例如,"o{2}"不能匹配"Bob"中的"o",但是能匹配"food"中的两个"o"
{n,}	n是一个非负整数。至少匹配 n 次。例如,"o{2,}"不能匹配"Bob"中的"o",但能匹配"foooood"中的所有"o"。"o{1,}"等价于"o+"。"o{0,}"则等价于"o*"
{n,m}	m 和 n 均为非负整数,其中 n<=m。最少匹配 n 次且最多匹配 m 次。例如,"o{1,3}"将匹配"fooooood"中的前三个"o"。"o{0,1}"等价于"o?"。在逗号和两个数之间不能有空格

例 6.28 字符限定符的使用。代码如下:

```
<?php
    preg_match('/w.*e/', 'wewebwell', $matches);      //贪婪匹配
    print_r($matches);
    echo "<br>";
    preg_match('/w.*?e/', 'wewebwell', $matches);     //懒惰匹配
```

```
    print_r( $ matches);
?>
```

程序运行结果如图 6.29 所示。

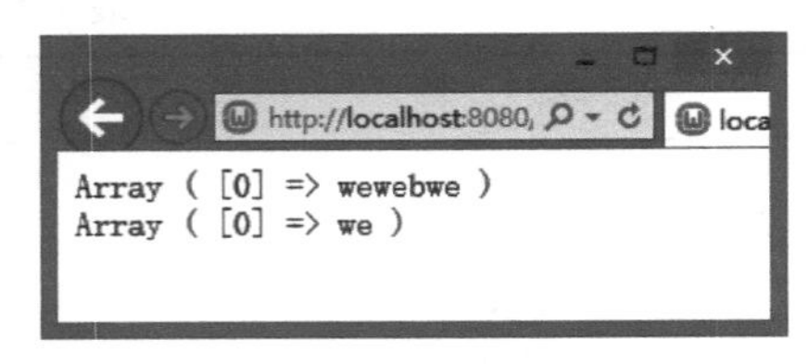

图 6.29　字符限定符的使用

例 6.28 中,点字符“.”用于匹配一个任意字符。当点字符和限定符连用时,可以实现匹配指定数量范围的任意字符。

在正则表达式中,字符“()”有两个作用:一是改变限定符的作用范围;二是分组。

例如,正则表达式 ba(by|ck)可匹配 baby、back。小括号实现了匹配 baby 和 back,如果不使用小括号,则变成了匹配 baby 和 ck。

4. 模式修饰符

模式修饰符的意义及应用示例如表 6.3 所示。

表 6.3　正则表达式模式修饰符

模　式　符	说　　明
i	模式中的字符将同时匹配大小写字母。例如,"/con/i"能匹配"Con"以及"con"
m	目标字符串视为多行。例如,"/P. * /m"能匹配"PHP\nPC"
s	将字符串视为单行,换行符作为普通字符。例如,"/Hi. * my/s"能匹配"Hi\nmy"
x	将模式中的空白忽略。例如,"/n e e d/x"能匹配"need"
A	强制仅从目标字符串的开头开始匹配。例如,"/good/A"相当于"/^good/"
D	模式中 $ 元字符仅匹配目标字符串的结尾。例如,"/it $ /D"忽略最后的换行
U	匹配最近的字符串。例如,"/<. +>/U"匹配最近一个字符串

注意:若忽略大小写,除使用“|”和“[ ]”外,还可直接在定界符外添加 i 模式符;若忽略目标字符串中的换行符,可以使用模式修饰符 s 等;若既要忽略大小写又要忽略换行,则可以直接使用 is。在使用多个模式修饰符时没有顺序要求。

6.3.3　PHP 中相关正则表达式的函数

1. preg_grep()函数

preg_grep()函数是 Perl 兼容正则表达式函数,用于数组中的元素正则匹配。其语法格式如下:

```
array preg_grep(string $ pattern, array $ arraypattern[,int $ arrayinput = 0])
```

其中,$ pattern 表示正则表达式模式,$ arraypattern 表示待匹配的数组,$ arrayinput 如果设置为 PREG_GREP_INVERT,可获取不符合正则规则的数组。

例 6.29　preg_grep()函数的使用。代码如下:

```
<?php
     $ array = ['C','C++','Java','PHP','Turbo C'];
     $ matches = preg_grep('/^[a - zA - Z] * $ /', $ array);       //英文大小写字母
    print_r( $ matches);
?>
```

程序运行结果如图 6.30 所示。

2. preg_replace()函数

preg_replace()函数是 Perl 兼容正则表达式函数，用于搜索和替换字符串。其语法格式如下：

```
mixed preg_replace(mixed $pattern,mixed $replacement,mixed $subject[,int $limit])
```

其中，$pattern 表示要匹配的字符串，$replacement 表示要替换的字符串，$subject 表示原字符串，$limit 表示可以替换的次数，默认为全部替换。

例 6.30 使用 preg_replace()函数，替换数组中匹配的内容。代码如下：

```
<?php
    $array = ['java', 'javascript ', 'c'];
    $pattern = '/j/i';                          //匹配规则
    $replace = 'J';                             //替换的内容
    print_r(preg_replace( $pattern, $replace, $array));
?>
```

程序运行结果如图 6.31 所示。

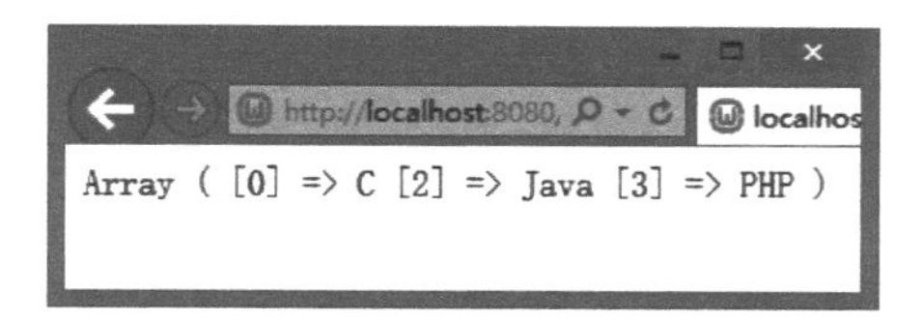

图 6.30 preg_grep()函数的使用

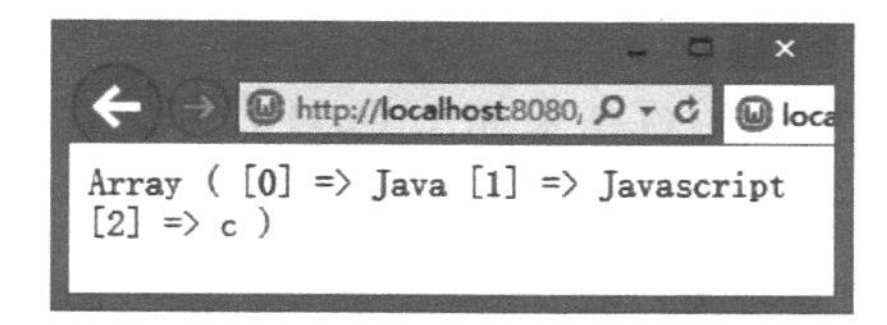

图 6.31 替换数组中匹配的内容

例 6.31 使用 preg_replace()函数，设置允许替换的次数。代码如下：

```
<?php
    $str = '非学无以广才,非志无以成学';
    $pattern = '/非/';
    $replace = '不';
    echo preg_replace( $pattern, $replace, $str,1);
?>
```

程序运行结果如图 6.32 所示。

图 6.32 设置允许替换的次数

3. preg_split()函数

preg_split()函数是 Perl 兼容正则表达式函数，函数功能是用正则表达式来分割指定的字符串，其语法格式如下：

```
array preg_split(string $pattern,string $subject[,int $limit[,int $flags]])
```

其中，$pattern 表示正则表达式模式，$subject 表示待分割的字符串，$limit 表示指定字符串分割的次数，$limit 值为－1、0 或 null 时，表示不限制分割的次数。$flags 的值可以设置为以下三种。

- PREG_SPLIT_NO_EMPTY:返回非空的字符串;
- PREG_SPLIT_DELIM_CAPTURE:返回子表达式的内容;
- PREG_SPLIT_OFFSET_CAPTURE:返回分割后内容在原字符串中的位置偏移量。

例 6.32 使用 preg_split()函数,按照字符串中的"@"和"."两种分隔符进行分割。代码如下:

```
<?php
    $array = preg_split('/[@,\.]/', 'imvcc@sohu.com');
    print_r( $array);
?>
```

程序运行结果如图 6.33 所示。

例 6.33 使用 preg_split()函数,按照空格和逗号分割字符串。代码如下:

```
<?php
    $str = 'Learning without thought means labour,lost';
    $array = preg_split('/[\s,]/', $str, -1, PREG_SPLIT_NO_EMPTY);
    print_r( $array);
?>
```

程序运行结果如图 6.34 所示。

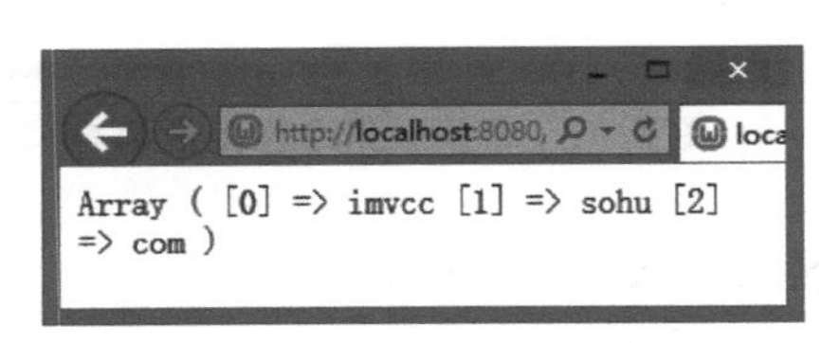

图 6.33 按照分隔符进行分割

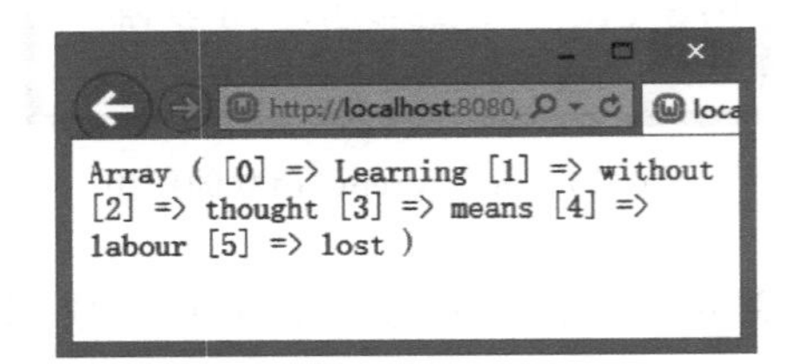

图 6.34 按照空格和逗号分割字符串

课堂实践 6-3:复杂格式数据的验证

课堂实践 6-3

(1) 验证电子邮箱格式。代码如下:

```
<html>
    <head>
    <meta http-equiv="Content-Type" content="text/html; charset=utf-8" />
    <title>验证电子邮箱格式</title>
    </head>
    <body>
        <form name="form" method="post" action="#">
        <label>请输入邮箱:</label>
        <input type="text" name="mail" id="mail"
            value="<?php echo $_POST['mail'];?>" >
        <input type="submit" name="sub" value="测试"><p>
        </form>
    <?php
```

```
        //定义正则表达式
        $pattern = "/\w+([-+.]\w+)*@\w+([-.]\w+)*\.\w+([-.]\w+)*/";
        if(isset($_POST['mail']) && $_POST['mail']!= ""){   //判断文本框是否为空
            $mail = $_POST['mail'];                          //将传过来的值赋给变量$mail
            if(preg_match($pattern, $mail)){                 //用正则表达式函数进行判断
                echo "电子邮箱格式正确";
            }else{
                echo "电子邮箱格式不正确";
            }
        }
    ?>
    </body>
</html>
```

程序运行结果如图 6.35 所示。

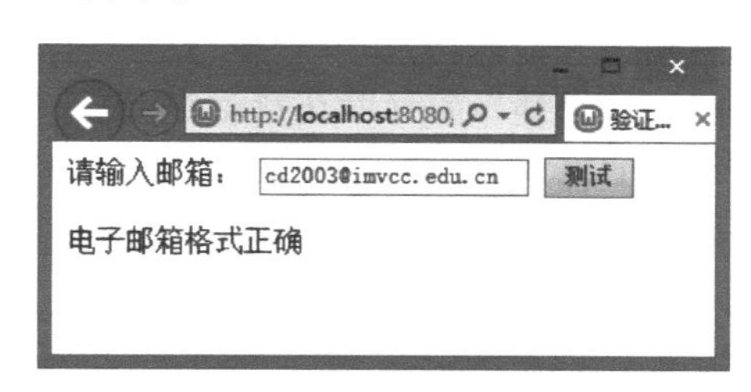

图 6.35　验证电子邮箱格式

（2）验证手机号码格式。代码如下：

```
<html>
    <head>
    <meta http-equiv="Content-Type" content="text/html; charset=utf-8" />
    <title>验证手机号码格式</title>
    </head>
    <body>
        <form name="form" method="post" action="#">
        <label>请输入手机号码：</label>
        <input type = "text" name = "mobiles" id = "mobiles" value = "<?php echo $_POST
['mobiles'];?>" >
        <input type="submit" name="sub" value="测试"><p>
        </form>
    <?php
        $pattern = "/^1[345789]\d{9}$/";            //定义正则表达式
        if(isset($_POST['mobiles']) && $_POST['mobiles']!= ""){
            $mobiles = $_POST['mobiles'];
            if(preg_match($pattern, $mobiles)){
                echo "手机号码格式正确";
            }else{
                echo "手机号码格式不正确";
            }
        }
    ?>
    </body>
</html>
```

程序运行结果如图 6.36 所示。

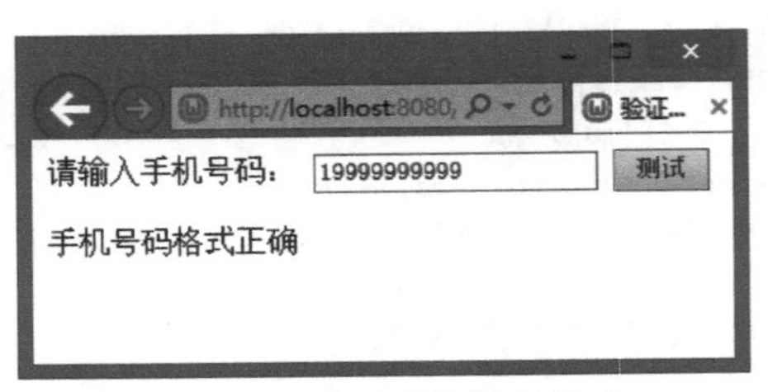

图 6.36 验证手机号码格式

6.4 本章小结

本章主要学习了用数组实现相关联数据的添加、删除、排序等功能。在 PHP 语言中数组功能非常强大，它可以存储相同类型数据，也可以存储不同类型的数据。在开发动态网站的过程中，从数据库中获得的数据集都需要存储在数组中，再进行相关处理。本章还讲解了字符串的操作技术，包括字符串的格式化、比较、替换以及字符串与数组的相互转换、字符串与 HTML 的相互转换等。字符串操作技术对程序的开发虽然不起决定性的作用，但是在对一些细节的处理上是必不可少的。本章还介绍了正则表达式的概念、语法和相关函数。

6.5 思考与实践

1. 选择题

(1) 下列说法正确的是(　　)。

A. 数组的下标必须为数字，且从“0”开始　　B. 数组的下标可以是字符串

C. 数组中的元素类型必须一致　　D. 数组的下标必须是连续的

(2) 索引数组的键是(　　)，关联数组的键是(　　)。

A. 正数，负数　　B. 小数，字符串

C. 字符串，整形数　　D. 整型数，字符串

(3) 二维数组最后一个元素是 a[2,3]，则数组 a 中包含(　　)个元素。

A. 5　　B. 6　　C. 7　　D. 12

(4) 对数组实现升序排序，并且在排序后保持键与值的对应关系的函数是(　　)。

A. sort()　　B. rsort()　　C. asort()　　D. arsort()

(5) 统计数组元素个数的函数是(　　)。

A. array()　　B. count()　　C. foreach()　　D. list()

(6) 以下脚本执行结果为(　　)。

```
<?php
    $array = array ('0' => 'a', '1b' => 'b', 'c', 'd');
    echo ( $array[1]);
?>
```

A. a　　B. b　　C. c　　D. d

(7) 以下脚本执行结果为(　　)。

```
<?php
    $array = array(3, 2, 1, 12, 8, 60);
    $sum = 0;
    for ($i = 0; $i < 3; $i++) {
        $sum = $sum + $array[$array[$i]];
    }
    echo $sum;
?>
```

A. 0　　B. 6　　C. 15　　D. NULL

(8) 以下脚本执行结果为(　　)。

```
<?php
    $text = " \tllo ";
    echo strlen(trim($text));
?>
```

A. 9　　B. 5　　C. 7　　D. 3

(9) 下列函数中可以不区分大小写并按照自然排序法进行字符串比较的是(　　)。

A. strnatcasecmp()　　B. strnatcmp()

C. strcmp()　　D. strncmp()

(10) 下列正则表达式中描述有误的是(　　)。

A. [ ]：匹配范围内的任意一个字符

B. {n}：匹配 n 次

C. \w：匹配任意字母、数字、下画线、符号

D. \d：匹配 0～9 之间的任意数字

(11) 一年有 12 个月。现要求月份的正确格式为：1,2,…,9,10,11,12。以下正则表达式符合要求的是(　　)。

A. /^[1－12]$/　　B. /^[1－9]\d?　$/

C. /^([1－9] | 1[0－2])$/　　D. /^\d | 11 | 12 | 10$/

2. 填空题

(1) 对数组进行升序排序并保留索引关系，应使用的函数是(　　)。

(2) 对于用"$array1 ＝ array(1,2, array('h '))"定义的数组，数组元素'h'的索引值是(　　)，count($array1, 1)将返回(　　)。

(3) 向数组 $array 中添加一个元素，将下面的代码补充完整。

```
<?php
    $array = array("长春","吉林","黑龙江");
```

```
    (     )( $ array,'上海');
?>
```

(4) 字符串与数组相互转换的函数包括(　　)和(　　)。

(5) 限定符有(　　)、(　　)、(　　)、(　　)、(　　)和(　　)6种。

3. 实践题

(1) 编写程序,将一组数存入数组,然后计算数组中所有数的平均数。

(2) 编写程序,将 1234567890 转换成 1,234,567,890 千位分隔的形式。

(3) 编写程序,实现字符串的翻转功能。

第7章 PHP面向对象编程

学习要点：通过本章学习，读者可以理解面向对象程序设计的思想，掌握面向对象程序设计的特征，掌握类与对象的概念及类与对象的关系；掌握面向对象中常用的关键字，并能合理使用这些常用关键字；掌握类的抽象与接口技术。

7.1 面向对象技术概述

面向对象是在面向过程的结构化设计方法出现了很多问题的情况下应运而生的。已经被证实的是，面向对象程序设计推广了程序的灵活性和可维护性，并且在大型项目设计中广为应用。

7.1.1 面向对象程序设计的思想

数据的处理是程序设计的核心。基于数据处理方式的不同，可将程序设计过程分为面向过程的程序设计和面向对象的程序设计。其中，传统的面向过程的编程设计思路是先设计一组函数，用来解决一个问题，然后再确定函数中需要处理的数据的相应存储位置，即“算法＋数据结构＝程序”。而面向对象编程(Object Oriented Programming，OOP)的思路恰好相反，是先确定要处理的数据，然后再设计处理数据的算法，最后将数据和算法封装在一起，构成类与对象。

面向对象技术是一种设计和构造软件的全新技术，它使计算机解决问题的方式更符合人类的思维方式，更直接地描述客观世界，通过增加代码的可重用性、可扩充性和程序自动生成功能来提高编程效率，并且能够大大减少软件维护的开销，所以被越来越多的软件设计人员接受。

面向对象技术还是一种以对象为基础、以事件或消息来驱动对象执行处理的程序设计技术。它以数据为中心，而不是以功能为中心来描述系统，数据相对于功能而言，具有更强的稳定性。它将数据和对数据的操作封装在一起，作为一个整体来处理，采用数据抽象和信息隐蔽技术，将这个整体抽象成一种新的数据类型，称为类，并且考虑不同类之间的联系和类的重用性。类的集成度越高，就越适合大型应用程序的开发。另外，面向对象程序的控制流程由运行时各种事件的实际发生来触发，而不再由预定顺序来决定，这更符合实际。事件驱动程序的执行围绕消息的产生与处理，靠消息循环机制来实现。在实际编程时可以采用搭积木的方式来组织程序，站在“巨人”肩上实现自己的愿望。面向对象的程序设计方法使得程序结构清晰、简单，提高了代码的可重用性，有效地减少了程序的维护工作量，提高了软件的开发效率。

例如，在教务管理系统中，重点要了解在系统中学生的属性（如学号、姓名等）以及需要对学生做哪些操作等，并且把它们作为一个整体来对待，形成一个类，称为学生类。作为学生类的实例，可以建立许多具体的学生，而每一个具体的学生就是学生类的一个对象。学生类中的数据和操作可以提供给相应的应用程序共享，还可以在学生类的基础上派生出大学生类、中学生类或小学生类等，实现代码的高度重用。

7.1.2 面向对象程序设计的特征

面向对象技术强调在软件开发过程中面向客观世界或问题域中的事物，采用人类在认识客观世界的过程中普遍运用的思维方法，直观、自然地描述客观世界中的有关事物。

面向对象技术的基本特征主要有封装性、继承性和多态性。

1. 封装性

封装（encapsulation）就是把对象的属性和行为结合成一个独立的单位，并尽可能隐蔽对象的内部细节。

封装有两个含义：一是把对象的全部属性和行为结合在一起，形成一个不可分割的独立单位，对象的属性值（除了公有的属性值）只能由这个对象的行为来读取和修改；二是尽可能隐蔽对象的内部细节，对外形成一道屏障，与外部的联系只能通过外部接口实现。

封装的信息隐蔽作用反映了事物的相对独立性，可以只关心它对外所提供的接口，即能做什么，而不注意其内部细节，即如何提供这些服务等。

例如，使用手机时，并不需要将手机后盖拆开，了解每个部件的具体用法，用户只需要长按开机按钮就可以启动手机，但对于手机内部的构造，用户不必了解，这就是封装的具体表现。

封装机制将对象的使用者与设计者分开，使用者不必知道对象行为实现的细节，只需要用设计者提供的外部接口，让对象去做。封装的结果实际上隐蔽了复杂性，并提高了代码的可重用性，从而降低了软件开发的难度。

2. 继承性

客观事物既有共性，也有特性。如果只考虑事物的共性，而不考虑事物的特性，就不能反映出客观世界中事物之间的层次关系，不能完整、正确地对客观世界进行抽象描述。

继承（inheritance）是一种联结类与类的层次模型。继承性是指特殊类的对象拥有其一般类的属性和行为。继承意味着“自动地拥有”，即特殊类中不必重新定义已在一般类中定义过的属性和行为，而是自动地、隐含地拥有其一般类的属性与行为。继承允许和鼓励类的重用，提供了一种明确表述共性的方法。一个特殊类既有自己新定义的属性和行为，又有继承下来的属性和行为。尽管继承下来的属性和行为是隐式的，但无论在概念上还是在实际效果上，都是这个类的属性及行为。当这个特殊类又被它更下层的特殊类继承时，它继承来的和自己定义的属性及行为又被下一层的特殊类继承下去。因此，继承是传递的，体现了大自然中特殊与一般的关系。

例如，所有的 Windows 应用程序都有一个窗口，它们可以看作都是从一个窗口类派生出来的。但是有的应用程序用于文字处理，有的应用程序用于绘图，这是由于派生出了不同的子类，各个子类添加了不同的特性。

在软件开发过程中,继承性实现了软件模块的可重用性、独立性,缩短了开发周期,提高了软件开发的效率,同时使软件易于维护和修改。

3. 多态性

面向对象设计借鉴了客观世界的多态性,体现在不同的对象收到相同的消息时会产生多种不同的行为方式。例如,在一般类“几何图形”中定义了一个行为“绘图”,但并不确定执行时到底画什么图形。特殊类“椭圆”和“多边形”都继承了几何图形类的绘图行为,但其功能却不同,一个是要画出一个椭圆,另一个是要画出一个多边形。这样,一个绘图消息发出后,椭圆、多边形等类的对象接收到这个消息后,各自执行不同的绘图方法。

具体地说,多态性(polymorphism)是指类中同一方法名对应多个具有相似功能的不同方法,可以使用相同的调用方式来调用这些具有不同功能的同名方法。通过类的继承,子类可以使用父类的成员变量和成员方法。但当子类重新定义了与父类同名的方法时,子类方法的功能将会覆盖父类同名方法的功能,这称作方法“重写”。同样,当子类的成员变量与父类的成员变量同名时,在子类中将隐藏父类同名变量的值,这称作变量覆盖。另外,还须注意下面的两条限制。

(1) 重写的方法不能比被重写的方法拥有更严格的访问权限。

(2) 重写的方法不能比被重写的方法产生更多的异常。

继承性和多态性相结合,可以生成一系列虽类似但又独一无二的对象。由于继承性,这些对象共享许多相似的特征;由于多态性,针对相同的消息,不同对象可以有独特的表现方式,实现个性化的设计。

面向对象技术三大特征的充分运用,对提高软件开发效率起着重要的作用。面向对象技术可使程序员不必反复地编写类似的程序,通过继承机制进行特殊类化的过程,使得程序设计变成仅对特殊类与一般类的差异进行编程的过程。当高质量的代码可重复使用时,复杂性就得以降低,效率则得到提高。不断扩充的 MFC 类库和继承机制能很大程度地提高开发人员建立、扩充和维护系统的能力。面向对象技术将数据与操作封装在一起,简化了调用过程,方便维护,并减少了程序设计过程中出错的可能性。继承性和封装性使得应用程序的修改带来的影响更加局部化,而且类中的操作是易于修改的,因为它们被放在唯一的地方。因此,采用面向对象技术进行程序设计具有开发时间短、效率高、可靠性好、健壮性强等优点。

7.2 类和对象

7.2 节

与人们认识客观世界的规律一样,面向对象思想认为,客观世界是由各种各样的对象组成的,每种对象都有各自的内部状态和运动规律,不同对象间的相互作用和联系就构成了各种不同的系统,构成了客观世界。在面向对象程序中,客观世界被描绘成一系列完全自治的、封装的对象,这些对象通过外部接口访问其他对象。可见,对象是组成一个系统的基本逻辑单元,是一个有组织形式的含有信息的实体;而类是创建对象的样板,在整体上代表一组对象。编程时设计类而不是设计对象,这样可以避免重复编码,因为类只需要编码一次,就可以创建本类的所有对象。

7.2.1 类和对象的关系

对象(object)由属性(attribute)和行为(action)两部分组成,对象只有在具有属性和行为的情况下才有意义。属性是用来描述对象静态特征的一个数据项,行为是用来描述对象动态特征的一个操作。对象是包含客观事物特征的抽象实体,是属性和行为的封装体,在程序设计领域,可以用"对象=数据+作用于这些数据上的操作"这一公式来表达。

类(class)是具有相同属性和行为的一组对象的集合,它为属于该类的全部对象提供了统一的抽象描述,其内部包括属性和行为两个主要部分。类是对象集合的再抽象。

类与对象的关系如同一个模具与用这个模具铸造出来的铸件之间的关系。类给出了属于该类的全部对象的抽象定义,而对象则是符合这种定义的一个实体。所以,一个对象又称作类的一个实例(instance)。

在面向对象程序设计中,类的确定与划分非常重要,是软件开发中关键的一步。划分的结果会直接影响到软件系统的质量。如果划分得当,既有利于程序进行扩充,又可以提高代码的可重用性。因此,在解决实际问题时,需要正确地进行分"类"。理解一个类究竟表示哪一组对象,如何把实际问题中的事物汇聚成一个个"类",而不是一组数据,这是面向对象程序设计中的一个难点。类的确定和划分并没有统一的标准和固定的方法,基本上依赖设计人员的经验、技巧以及对实际问题的把握。但有一个基本原则:寻求一个大系统中事物的共性,将具有共性的系统成分确定为一个类。确定类的步骤如下:第一步,要判断该事物是否有多个实例,如果有,则它是一个类;第二步,要判断类的实例中有没有绝对的不同点,如果没有,则它是一个类。

另外,还要知道什么事物不能被划分为类。不能把一组函数组合在一起构成类,也就是说,不能把一个面向过程的模块直接变成类。

类和对象是 OOP 中最基本的两个概念。其实它们是比较容易理解的,简而言之,类是对象的模板,对象是类的具体实现。

对象的创建即是实例化,是将类的属性设定为确定值的过程,是"一般"到"具体"的过程;类的定义即是抽象,是从特定的实例中抽取共同的性质以形成一般化概念的过程,是"具体"到"一般"的过程。

7.2.2 类的声明

在 PHP 中,类是由 class 关键字、类名和成员组成。成员包括(成员)属性和(成员)方法,属性用于描述对象的特征,方法用于描述对象的行为。定义类的基本语法格式如下:

```
[权限修饰符] class 类名{
    类体;
}
```

说明:

(1) 权限修饰符是可选项,可以是 public、protected、private。

(2) 类名是所要创建的类的名称。与变量名和函数名的命名规则类似,如果由多个单词组成,一般地,每个单词的首字母要大写,并且类名应该有一定的意义。在类的名称后面必须跟上一对大括号。

(3) 类体是类的成员,类体必须放在类名后面的一对大括号"{"和"}"之间。

(4) 在创建类时,在 class 关键字前除可以加权限修饰符外,还可以加其他关键字如 static、abstract 等。

例 7.1 创建一个 Student(学生)类,并声明其成员属性和成员方法。代码如下:

```
<?php
    class Student{                          //学生类
        private $ id;                       //成员属性:学号
        private $ name;                     //成员属性:姓名
        public $ specialty;                 //成员属性:专业
        function getInfo(){                 //成员方法,返回成员属性 name 的值
            return $ this -> name;
        }
    }
?>
```

7.2.3 类的成员

1. 成员属性

在类中直接声明的变量称为成员属性(也可以称为成员变量),可以在类中声明多个变量,即对象中有多个成员属性,每个变量都存储对象不同的属性信息。

成员属性的类型可以是 PHP 中的标量类型和复合类型,但是使用资源和空类型是没有意义的。

成员属性的声明必须有关键字来修饰,例如 public、protected、private 等,这是一些具有特定意义的关键字。如果不需要有特定的意义,那么可以使用 var 关键字来修饰。在声明成员属性时没有必要赋初始值。

例 7.2 创建 Student 类,并在类中声明成员属性。代码如下:

```
<?php
    class Student{                          //学生类
        var $ id;                           //成员属性:学号
        var $ name;                         //成员属性:姓名
        var $ specialty;                    //成员属性:专业
    }
?>
```

2. 成员方法

在类中声明的函数称为成员方法。一个类中可以声明多个函数,即对象中可以有多个成员方法。成员方法的声明和函数的声明是相同的,唯一特殊之处是成员方法可以有关键字来对它进行修饰,设置成员方法的权限。

例 7.3 创建 Student 类,并在类中声明成员方法。代码如下:

```
<?php
    class Student{                          //学生类
```

```
        var $name;                          //成员属性: 姓名
        function getInfo(){                 //成员方法,返回成员属性 name 的值
            return $this->name;
        }
        function setInfo($name){            //成员方法,为成员属性 name 赋值
            $this->name = $name;
        }
    }
?>
```

在类中成员属性和成员方法的声明都是可选的,可以同时存在,也可以单独存在。具体应该根据实际的需求而定。

7.2.4 类的实例化

面向对象程序的最终操作者是对象,而对象是类实例化的产物。定义好一个类之后,就可以使用 new 关键字来创建一个基于该类的对象。类的实例化基本语法格式如下:

```
$变量名 = new 类名称([参数]);
```

说明:new 为创建对象的关键字,$变量名返回对象的名称,用于引用类中的方法。参数是可选的,如果有参数,则用于指定类的构造方法或用于初始化对象的值;如果没有参数,PHP 会自动创建一个不带参数的默认构造方法。

例 7.4 对 Student 类进行实例化。代码如下:

```
<?php
    class Student{                          //学生类
        var $name;                          //成员属性: 姓名
        function getInfo(){                 //成员方法,返回成员属性 name 的值
            return $this->name;
        }
        function setInfo($name){            //成员方法,为成员属性 name 赋值
            $this->name = $name;
        }
    }
    $name1 = new Student();                 //类的实例化
    $name2 = new Student();                 //类的实例化
    $name3 = new Student();                 //类的实例化
    $name1->setInfo('张丹');                //调用 setInfo()方法,为对象属性赋值
    $name = $name1->getInfo();              //调用 getInfo()方法,返回对象属性值
    echo $name;
?>
```

一个类可以实例化多个对象,每个对象都是独立的。例如,上面的 Student 类实例化了 3 个对象,就相当于在内存中开辟了 3 个空间存放对象。同一个类声明的多个对象之间没有任何联系,只能说明它们是同一个类型。

7.2.5 类中成员的访问

在类中包括成员属性和成员方法，访问类中的成员包括成员属性和方法的访问。访问方法与访问数组中的元素类似，需要通过对象的引用来访问类中的每个成员，其中还要应用到一个特殊的运算符号“->”。访问类中成员的语法格式如下：

```
$变量名 = new 类名称([参数]);            //类的实例化
$变量名->成员属性 = 值;                  //为成员属性赋值
$变量名->成员属性;                       //直接获取成员属性值
$变量名->成员方法;                       //访问对象中指定的方法
```

例 7.5 创建 Student 类，对类进行实例化，并访问类中的成员属性和成员方法。代码如下：

```
<?php
    class Student{                                   //学生类
        public $id;                                  //定义类的成员属性
        public $name;
        public $specialty;
        public function getIdNameAndSpecialty(){ //定义类的成员方法
            return $this->id." ".$this->name." ".$this->specialty;
        }
    }
    $student_1 = new Student();                      //类的实例化
    $student_1->id = "201707001";
    $student_1->name = "张丹";
    $student_1->specialty = "网站规划与开发技术";
    //调用类的成员属性
    echo $student_1->id. " ". $student_1->name. " ". $student_1->specialty;
    echo "<br>";
    echo $student_1->getIdNameAndSpecialty(); //调用类的成员方法
?>
```

程序运行结果如图 7.1 所示。

图 7.1 访问类中成员的结果

7.2.6 特殊的对象引用

1. $this

在例 7.5 中，使用了一个特殊的对象引用方法“$this”。那么它表示什么意义呢？

$this 存在于类的每个成员方法中，它是一个特殊的对象引用方法。成员方法属于哪个对象，$ this 引用就代表哪个对象，其作用就是专门完成对象内部成员之间的访问。

正如在例 7.5 中定义的那样，在 getIdNameAndSpecialty()方法中，直接通过 $ this→id、$ this→name 和 $ this→specialty 获取学号、姓名和专业属性。

2. 操作符“::”

$ this 引用只能在类的内部使用，与之相比，操作符“::”的功能更加强大。操作符“::”可以在没有声明任何实例的情况下访问类中的成员。例如，在子类的重载方法中调用父类中被覆盖的方法。操作符“::”的语法格式如下：

```
关键字::变量名/常量名/方法名
```

说明：这里的关键字分为以下三种情况。

parent 关键字：可以调用父类中的成员属性、成员方法和常量。

self 关键字：可以调用当前类中的静态成员和常量。

类名：可以调用本类中的变量、常量和方法。

例 7.6 使用类名、parent 关键字和 self 关键字来调用变量和方法，输出结果。代码如下：

```
<?php
    class Biological{
        const NAME = "生物";
        public function __construct(){                    //定义构造方法
            echo "父类: ".Biological::NAME;                //类名引用
        }
    }
    class Animal extends Biological{                      //继承
        const NAME = "动物";
        public function __construct(){                    //定义构造方法
            echo parent::__construct()."\t";              //应用父类构造方法
            echo "子类: ".self::NAME;
        }
    }
    new Animal();                                         //实例化对象
?>
```

程序运行结果如图 7.2 所示。

图 7.2 操作符“::”的使用

课堂实践 7-1

课堂实践 7-1：访问类中的成员

创建 Student 类，对类进行实例化，并访问类中的成员属性和成员方法。代码如下：

```
<?php
    class Student{
        public $type = "大学生";                          //定义类的属性
```

```
        public $ name = "张丹";
        public $ sex = "女";
        public function getNameAndSex(){                           //定义类的成员方法
            return $ this -> name."同学是". $ this -> sex."生";
        }
    }
    $ student = new Student();                                    //类的实例化
    echo $ student -> type;                                        //调用类的成员属性
    echo $ student -> getNameAndSex();                             //调用类的成员方法
?>
```

程序运行结果如图 7.3 所示。

图 7.3　类的实例化

7.3　构造方法和析构方法

7.3 节

类有一个特殊的成员方法称作构造方法，它的作用是创建对象并初始化成员属性。在创建对象时，会自动调用类的构造方法。析构方法的作用和构造方法的作用正好相反，是在对象被销毁时被调用，作用是释放内存。

7.3.1　构造方法

构造方法是对象创建完成后第一个被对象自动调用的方法。它存在于每个声明的类中，是一个特殊的成员方法。如果在类中没有直接声明构造方法，那么类中会默认生成一个没有任何参数且内容为空的构造方法。

构造方法多数是执行一些初始化的任务。例如，例 7.6 中通过构造方法为成员属性赋初始值。

在 PHP 中，构造方法的声明有两种情况：第一种在 PHP 5 以前的版本中，构造方法的名称必须与类名相同；第二种在 PHP 5 及之后的版本中，构造方法的方法名称必须是以连续两个下画线符号开始的"__construct()"。虽然在 PHP 5 中构造方法的声明方法发生了变化，但是以前的方法还是可用的。

PHP 5 中的这个变化是考虑到构造方法可以独立于类名，当类名发生变化时不需要修改相应的构造方法的名称。通过__construct()声明构造方法的基本语法格式如下：

```
function __construct([参数[, …]]){
    方法体;
}
```

在PHP中，一个类只能声明一个构造方法。在构造方法中可以使用默认参数，实现其他面向对象的编程语言中构造方法重载的功能。如果在构造方法中没有传入参数，那么将使用默认参数为成员属性进行初始化。

例7.7 在Student类中使用构造方法。代码如下：

```
<?php
    class Student{
        public $id;                                    //定义类的成员属性
        public $name;
        public $specialty;
        public function __construct(){                 //定义构造方法
            $this->id = "201707001";
            $this->name = "张丹";
            $this->specialty = "网站规划与开发技术";
        }
        function output(){
            echo $this->id . " ". $this->name . " ". $this->specialty;
        }
    }
    $student = new Student();
    $student->output();
?>
```

程序运行结果如图7.4所示。

图7.4 使用构造方法

例7.8 在Student类中使用带参数的构造方法。代码如下：

```
<?php
    class Student{
        public $id;
        public $name;
        public $specialty;
        public function __construct($id, $name, $specialty){          //定义构造方法
            $this->id = $id;
            $this->name = $name;
            $this->specialty = $specialty;
        }
        function output(){
            echo $this->id . " ". $this->name . " ". $this->specialty;
        }
    }
    $student = new Student("201707001","张丹","网站规划与开发技术");
    $student->output();
?>
```

程序运行结果与例 7.7 的结果相同。

7.3.2 析构方法

析构方法的作用和构造方法正好相反，是对象被销毁之前最后一个被对象自动调用的方法。它是 PHP 5 中新添加的内容，实现在销毁一个对象之前执行一些特定的操作，如关闭文件、释放内存等。

析构方法的声明格式与构造方法类似，都是以两个下画线开头的“__ destruct”。析构方法没有任何参数。其基本语法格式如下：

```
function __destruct(){
    方法体;
}
```

在 PHP 中，有一种“垃圾回收”机制，可以自动清除不再使用的对象，释放内存。而析构方法就是在这个垃圾回收程序执行之前被调用的方法，在 PHP 中它属于类中的可选内容。

例 7.9 在 Test 类中使用析构方法。代码如下：

```
<?php
    class Test{
        function __construct(){                    //定义构造方法
            echo "构造方法__construct()被执行!<br>";
        }
        function __destruct() {                    //定义析构方法
            echo "析构方法__destruct()被执行!<br>";
        }
    }
    $test = new Test();
?>
```

程序运行结果如图 7.5 所示。

图 7.5　使用析构方法

7.4 类的封装性

7.4 节

封装性是面向对象的特点之一，其目的是确保在类的外部不能访问类的内部数据，从而可以开发出一个可靠的面向对象的应用程序，并且构建可重用的面向对象类库。类的封装是通过访问修饰符 public、private 和 protected 实现的。

公有的访问修饰符 public 表示在任何地方都可以访问 public(公有成员)方法或属性。

私有的访问修饰符 private 表示只能在当前类中才能访问 private(私有成员)方法或属性,即使在子类中也不能访问。

保护的访问修饰符 protected 表示可以在当前类或子类中访问 protected(保护成员)方法或属性,其他外部代码无权访问。

7.4.1 设置私有成员

类的成员必须定义为 public、protected 或 private 之一。如果用 var 定义,则被视为 public。类的私有成员只能被其定义所在的类访问。

例 7.10 在 Student 类中设置私有成员。代码如下:

```
<?php
    class Student{
        private $name;                          //定义私有的成员属性,实现了对成员属性的封装
        private $sex;
        function __construct($name="陈天睿",$sex="男"){         //定义构造方法
            $this->name=$name;
            $this->sex=$sex;
        }
        function method(){                      //定义公有的成员方法,在类外部可以被调用
            echo $this->name."上课前习惯".$this->how();
        }
        private function how(){                 //定义私有的成员方法,实现了对成员方法的封装
            return "预习";
        }
    }
    $student=new Student("王浩");
    $student->method();                         //可以调用的成员方法
    $student->how();                            //不能调用封装后的成员方法
?>
```

程序运行结果如图 7.6 所示。

图 7.6 设置私有成员

7.4.2 私有成员的访问

被私有的访问修饰符 private 定义的成员属性和成员方法,只能在所属类的内部被调用和修改,不允许在类外被访问,即使是子类也不允许。

例 7.11　通过调用成员方法对私有属性 $bookName 进行修改和访问，并尝试直接调用私有属性，观察程序运行结果。代码如下：

```
<?php
    class Book{
        private $bookName = "PHP + MySQL 网站开发实践教程";      //定义私有的成员属性
        public function setName($bookName){                    //定义成员方法设置属性值
            $this->bookName = $bookName;
        }
        public function getName(){                             //定义成员方法返回属性值
            return $this->bookName;
        }
    }
    $book = new Book();                                        //类的实例化
    $book->setName("PHP 开发工具");                             //成员方法修改私有属性的值
    echo "正确操作私有变量：";
    echo $book->getName();                                     //调用成员方法输出属性的值
    echo "<br>错误操作私有变量：";
    echo Book::$bookName;                                      //直接访问私有属性出现错误
?>
```

程序运行结果如图 7.7 所示。

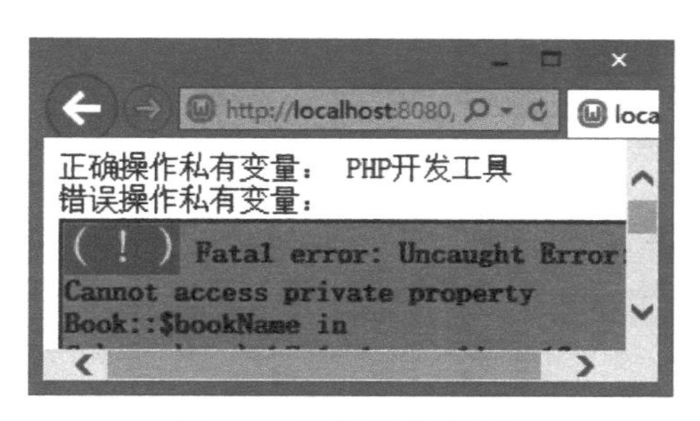

图 7.7　私有成员的访问

7.5　类的继承性

7.5 节

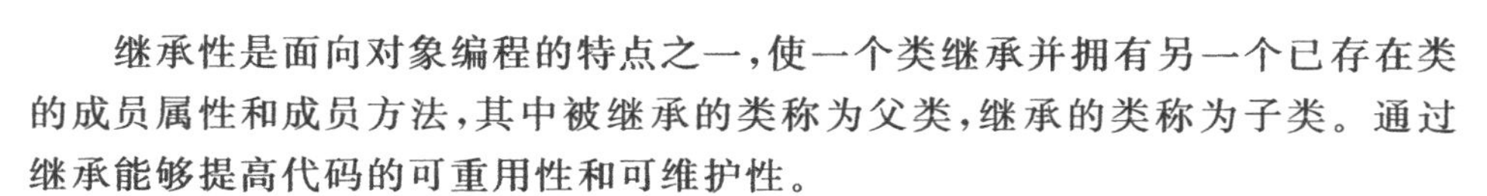

继承性是面向对象编程的特点之一，使一个类继承并拥有另一个已存在类的成员属性和成员方法，其中被继承的类称为父类，继承的类称为子类。通过继承能够提高代码的可重用性和可维护性。

7.5.1　类继承的定义

类的继承是类与类之间的一种关系的体现。子类不仅有自己的属性和方法，而且还拥有父类的所有属性和方法。

在 PHP 中，类的继承通过关键字 extends 实现，其基本语法格式如下：

```
class 子类名称 extends 父类名称{
    子类成员属性列表;
    function 子类成员方法(){
        方法体;
    }
}
```

例 7.12 创建一个父类 Person,在另一个子类 Student 中通过 extends 关键字来继承父类 Person 中的成员属性和方法,最后对子类 Student 进行实例化操作。代码如下:

```
<?php
    class Person{                                                    //定义父类
        var $name;                                                   //定义成员属性:姓名
        var $sex;                                                    //定义成员属性:性别
        var $age;                                                    //定义成员属性:年龄
        function __construct($name="张丹",$sex="女",$age=18){    //定义构造方法
            $this->name = $name;
            $this->sex = $sex;
            $this->age = $age;
        }
    }
    class Student extends Person{                                    //子类继承父类
        var $name="秦明明";                                          //定义子类成员属性:姓名
        var $sex="男";                                               //定义子类成员属性:性别
        var $age=19;                                                 //定义子类成员属性:年龄
    }
    $student=new Student();                                          //实例化对象
    echo $student->name.",".$student->sex.",".$student->age;
?>
```

程序运行结果如图 7.8 所示。

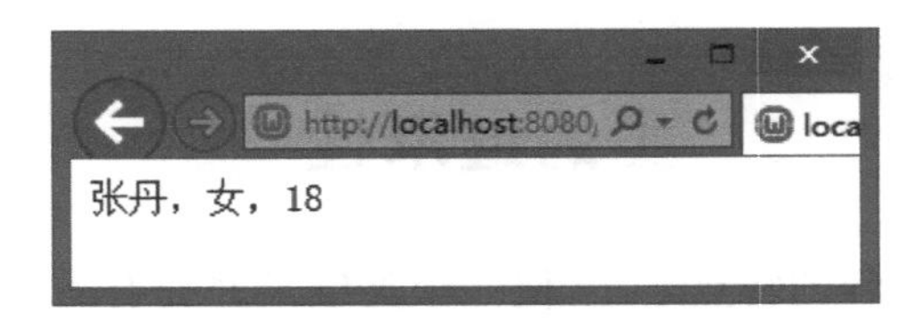

图 7.8 类的继承示例

7.5.2 访问类型的控制

类型的访问控制是通过使用修饰符限制开发人员对类中成员的访问。PHP 5 支持 public(公有的、默认的)、private(私有的)和 protected(受保护的)三种访问控制修饰符。访问控制修饰符的类型与范围如表 7.1 所示。

表 7.1 访问控制修饰符的类型与范围

修饰符	同一个类内	子类	类外
public	√	√	√
protected	√	√	
private	√		

1. 公有的访问修饰符 public

所有的外部成员都可以访问类的这个成员。如果类的成员没有指定访问修饰符,则默认为 public。

2. 私有的访问修饰符 private

被定义为 private 的成员对于同一个类里的所有成员是可见的,即没有访问限制,但不允许该类外部的代码访问,该类的子类同样也不能访问 private 修饰的成员。

例 7.13 访问修饰符 private 的示例。代码如下:

```
<?php
    class ParentsClass {                        //定义父类
        private $var = 12;                      //定义成员属性为私有的
        private function output(){              //定义成员方法为私有的
            echo "这是私有的成员内容<br>";
        }
    }
    class MyClass extends ParentsClass {   //子类继承父类
        function useroutput(){
            echo "继承的成员属性值". $this->var."<br>";
            $this->output();
        }
    }
    $userObj = new MyClass();
    $userObj->useroutput();                     //调用子类对象中的方法实现对父类私有成员的访问
?>
```

在上面的代码中,定义了一个父类 ParentsClass,在父类中定义了一个私有的成员属性和一个私有的成员方法。又定义了一个子类 MyClass 继承父类 ParentsClass,并在子类 MyClass 中试图访问父类中的私有成员。因为父类中的私有成员只能在该类中使用,所以访问被拒绝,程序运行出错。

3. 保护的访问修饰符 protected

被修饰为 protected 的成员,对于该类的子类及子类的子类都有访问权限,可以对其进行访问、读写操作。但不能被该类的外部代码访问,该子类的外部代码也不具有额外的属性和方法的访问权限。将例 7.13 中父类成员的访问权限改用 protected 修饰,就可以在子类中访问这些成员了。但是,在类的外部同样是不能访问的。

例 7.14 访问修饰符 protected 的示例。代码如下:

```
<?php
    class ParentsClass {
        protected $var = 12;                    //定义成员属性为受保护的
```

```
        protected function output(){      //定义成员方法为受保护的
            echo "这是受保护的成员内容<br>";
        }
    }
    class MyClass extends ParentsClass {  //子类继承父类
        function useroutput(){
            echo "继承的成员属性值". $this->var."<br>";
            $this->output();
        }
    }
    $userObj = new MyClass();
    $userObj->useroutput();              //调用子类对象中的方法实现对父类受保护成员的访问
    echo $userObj->var;                  //试图从子类外部访问父类受保护的成员,结果出错
?>
```

程序运行结果如图 7.9 所示。

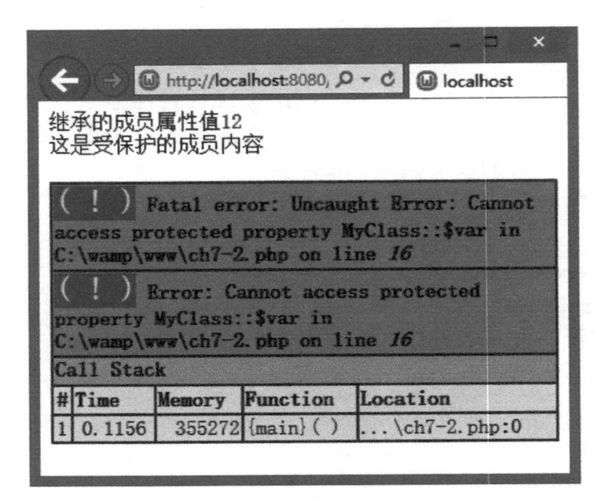

图 7.9 修饰符 protected 的使用

在例 7.14 中,将父类 ParentsClass 中的成员使用 protected 修饰符设置为受保护的,就可以在子类中直接访问,但在子类外部去访问 protected 修饰的成员则出错。

7.5.3 重载父类中的方法

所谓重载父类中的方法,就是使用子类中的方法将从父类中继承的方法进行替换,也叫方法的重写。

重载父类中的方法的关键就是在子类中创建与父类中相同的方法,包括方法名称、参数和返回值类型。

例 7.15 在子类 universityStudent 中创建一个与父类 Student 方法 info()同名的方法,实现方法的重写。代码如下:

```
<?php
    class Student{                                    //定义父类
```

```
        protected $ id;                                              //定义保护变量
        protected $ name;
        protected $ sex;
        public function info(){                                      //定义学生信息方法
            $ this -> id = "201707001";                              //定义学号
            $ this -> name = "张丹";                                 //定义姓名
            $ this -> sex = "女";                                    //定义性别
        }
    }
    class universityStudent extends Student{                         //子类继承父类
        public function info(){                                      //定义与父类方法同名的方法
            $ this -> id = "201707101";                              //定义学号
            $ this -> name = "秦明明";                               //定义姓名
            $ this -> sex = "男";                                    //定义性别
        }
        public function output(){                                    //定义输出方法
            $ this -> info();                                        //调用本类中的方法
            echo "大学生的学号: ". $ this -> id."<br>";              //输出本类中定义的学号
            echo "大学生的姓名: ". $ this -> name."<br>";            //输出本类中定义的姓名
            echo "大学生的性别: ". $ this -> sex;                    //输出本类中定义的性别
        }
    }
    $ student = new universityStudent();                             //实例化子类
    $ student -> output();                                           //调用 output()方法
?>
```

程序运行结果如图 7.10 所示。

图 7.10 方法的重写示例

另外，通过 parent::关键字也可以在子类中调用父类中的成员方法，其基本语法格式如下：

```
parents::父类的成员方法(参数);
```

例 7.16 通过 parent::关键字重新设计例 7.15 中的继承方法。在子类的 info()方法中，直接通过 parent::关键字调用父类中的 info()方法。代码如下：

```
<?php
    class Student{                                                   //定义父类
        protected $ id;                                              //定义保护变量
        protected $ name;
        protected $ sex;
```

```
        public function info(){                          //定义学生信息方法
            $this->id ="201707001";                      //定义学号
            $this->name ="张丹";                         //定义姓名
            $this->sex ="女";                            //定义性别
        }
    }
    class universityStudent extends Student{             //子类继承父类
        public function info(){                          //定义与父类方法同名的方法
            $this->id ="201707101";                      //定义学号
            $this->name ="秦明明";                       //定义姓名
            $this->sex ="男";                            //定义性别
        }
        public function output(){                        //定义输出方法
            parent::info();                              //调用父类中被本类重写的方法
            echo "大学生的学号: ".$this->id."<br>";      //输出本类中定义的学号
            echo "大学生的姓名: ".$this->name."<br>";    //输出本类中定义的姓名
            echo "大学生的性别: ".$this->sex;           //输出本类中定义的性别
        }
    }
    $student = new universityStudent();                  //实例化对象
    $student->output();                                  //调用 output()方法
?>
```

程序运行结果如图 7.11 所示。

图 7.11 parent::关键字的使用

课堂实践 7-2

课堂实践 7-2：简易学生信息管理

(1) 定义学生信息类 Student，为类声明 3 个私有属性 id、name、specialty，分别保存学号、姓名和专业。使用__set()和__get()设置和读取 3 个私有属性。

(2) 定义信息查询类 InfoInquiry，为类声明一个私有属性 info，用于保存学生对象数组。定义三个方法 additem()、removeItem()和 getItems()，分别实现添加学生信息、删除学生信息和读取学生信息功能。

(3) 创建信息查询对象，测试添加学生信息、删除学生信息和读取学生信息功能。代码如下：

```
<?php
    class Student{
        private $id;                                     //学生学号
        private $name;                                   //学生姓名
        private $specialty;                              //学生专业
        public function __construct($id, $name, $specialty){
```

```
            $this->id = $id;
            $this->name = $name;
            $this->specialty = $specialty;
        }
        public function __set($id, $value){            //设置学生属性值
            if ($id=='id')
            $this->id = $value;
        else if ($id=='name')
            $this->name = $value;
        else if ($id=='specialty')
            $this->specialty = $value;
    }
    public function __get($id){                        //获取学生属性值
        if ($id=='id')
            return $this->id;
        else if ($id=='name')
            return $this->name;
        else if ($id=='specialty')
            return $this->specialty;
        else
            return NULL;
        }
    }
    class InfoInquiry{
        private $allstudent;                           //学生对象数组
        public function __construct(){
            $this->allstudent=array();
        }
        public function additem($id, $name, $specialty){
            $n=count($this->allstudent);              //获取学生对象数组的元素个数
            for($i=0; $i<$n; $i++){
                $a= $this->allstudent[$i];
                if($a->id== $id){
                    $a->name= $name;
                    $a->specialty= $specialty;
                    break;
                }
            }
            if($i== $n)
                $this->allstudent[]=new Student($id, $name, $specialty);
        }
        public function removeItem($id){              //删除指定学号的学生信息
            $n=count($this->allstudent);              //获取学生对象数组的元素个数
            for($i=0; $i<$n; $i++){
                $a= $this->allstudent[$i];
                if($a->id== $id){
                    unset($this->allstudent[$i]); //删除数组元素
                    $this->allstudent =array_values($this->allstudent);
                    return true;
                }
            }
            if($i== $n) return false;
        }
```

```
        public function getItems(){                    //显示学生信息
            $n= count($this->allstudent);
            if($n==0) return "没有学生信息! ";
            $s='<table border="1"><thead><tr><th>学号</th>'
                .'<th>姓名</th><th>专业</th></tr></thead><tbody>';
            for($i=0;$i<$n;$i++){
                $a=$this->allstudent[$i];
                $s=$s.'<tr><td>';
                $s.=$a->id.'</td><td>'.$a->name.'</td><td>'.$a->specialty
                    .'</td></tr>';
            }
            $s.='</tbody></table>';
            return $s;
        }
    }
    $info=new InfoInquiry();
    echo $info->getItems(),'<br>';
    $info->addItem("201707001","张丹","网站规划与开发技术");
    $info->addItem("201707101","秦明明","计算机应用技术");
    $info->addItem("201707201","陈天睿","移动互联应用技术");
    echo "当前的学生信息! <br>";
    echo $info->getItems(),'<br>';
    $info->addItem("201707002","王浩","网站规划与开发技术");
    echo "添加学生信息! <br>";
    echo $info->getItems(),'<br>';
    if($info->removeItem('201707002'))
        echo "学号 201707002 删除成功! <br>";
    else
        echo "学号 201707002 删除失败! <br>";
    echo $info->getItems(),'<br>';
?>
```

程序运行结果如图 7.12 所示。

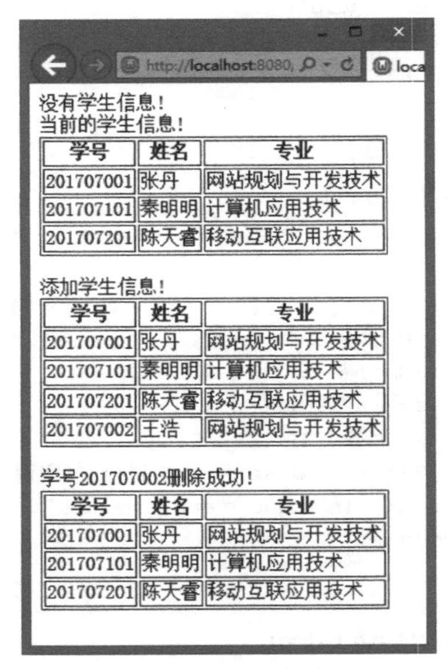

图 7.12　简易学生信息管理

7.6 抽象类与接口

7.6节

在面向对象的概念中，所有的对象都是通过类来描绘的，但是，并不是所有的类都是用来描绘对象的，有一种类，它没有包含足够的信息来描绘一个具体的对象，这样的类就是抽象类。抽象类主要用来进行类型隐藏。

简而言之，抽象类是一种功能不全的类，而接口只是一个抽象方法声明和静态不能被修改的数据的集合，两者都不能被实例化。从某种意义上说，接口是一种特殊形式的抽象类。在许多情况下，如果不需要刻意表达属性上的继承的话，接口确实可以代替抽象类。

7.6.1 抽象类

抽象类是一种不能被实例化的类，只能作为其他类的父类来使用。抽象类使用abstract关键字来声明，其基本语法格式如下：

```
abstract class 抽象类名称{
    抽象类成员属性列表;
    abstract function 抽象类成员方法( 参数 );
    function 成员方法( 参数 ){
        方法体;
    }
}
```

抽象类和普通类相似，包含成员属性和成员方法。两者的区别在于，抽象类至少要包含一个抽象方法。抽象方法没有方法体，其功能的实现只能在子类中完成。抽象方法也是使用abstract关键字来修饰。

注意：*在抽象方法后面要有分号";"。*

抽象类和抽象方法主要应用于复杂的层次关系中，这种层次关系要求每一个子类都包含并重写某些特定的方法。

例7.17 创建一个抽象类Student，在抽象类中定义抽象方法getStudent()。创建universityStudent子类，继承Student类。实例化universityStudent子类，调用子类中方法输出数据。代码如下：

```
<?php
    abstract class Student{                          //定义抽象类
        abstract protected function getStudent();    //定义抽象方法
        public function output_content(){
            echo $this->getStudent();
        }
    }
    class universityStudent extends Student{
        protected function getStudent(){
            return "抽象类与抽象方法示例";
        }
    }
    $student = new universityStudent();              //实例化子类
    $student->output_content();                      //抽象类与抽象方法
?>
```

程序运行结果如图 7.13 所示。

图 7.13 抽象类与抽象方法示例

7.6.2 接口

继承特性简化了对象、类的创建，提高了代码的可重用性。但 PHP 只支持单继承，如果想实现多重继承，就要使用接口。PHP 可以实现多个接口。

1. 接口的声明

接口类通过 interface 关键字来声明，接口中声明的方法必须是抽象方法，接口中不能声明变量，只能使用 const 关键字声明为常量的成员属性，并且接口中所有成员都必须具备 public 的访问权限。接口声明的基本语法格式如下：

```
interface 接口名称{
    常量成员;
    抽象方法;
}
```

接口和抽象类一样，不能进行实例化的操作，也需要通过子类来实现。但是接口可以直接使用接口名称在接口外去获取常量成员的值。

例如，声明一个接口 Intf1，代码如下：

```
interface Intf1{                           //声明接口
    const CONSTANT = 'Constant value';     //声明常量成员属性
    function FunIntf1();                   //声明抽象方法
}
```

接口之间也可以实现继承，同样需要使用 extends 关键字。

例如，声明一个接口 Intf2，通过 extends 关键字继承 Intf1。代码如下：

```
interface Intf2 extends Intf1{             //声明接口,并实现接口之间的继承
    function FunIntf2();                   //声明抽象方法
}
```

2. 接口的应用

因为接口不能进行实例化的操作，如果要使用接口中的成员，那么就必须借助子类。在子类中继承接口使用 implements 关键字。如果要实现多个接口的继承，那么每个接口之间使用逗号“,”连接。

注意：如果通过子类继承了接口中的方法，那么接口中的所有方法必须都在子类中实现，否则 PHP 将抛出错误信息。

例 7.18 接口的实现。首先声明两个接口 Inter1 和 Inter2，然后在子类 Sub 中继承接

口并声明在接口中定义的方法，最后实例化子类，调用子类中方法输出数据。代码如下：

```
<?php
    interface Inter1{                                           //定义 Inter1 接口
        public function fun1();                                 //定义接口方法
    }
    interface Inter2{                                           //定义 Inter2 接口
        public function fun2();                                 //定义接口方法
    }
    class Sub implements Inter1,Inter2{                         //类 Sub 实现接口 Inter1 和 Inter2
        public function fun1(){                                 //定义 fun1 方法
            echo "网站规划与开发技术专业的培养目标,";            //输出信息
        }
        public function fun2(){                                 //定义方法 fun2
            echo "网站规划与开发技术专业的主干课程.";            //输出信息
        }
    }
    $sub1 = new Sub();                                          //实例化对象
    $sub1->fun1();                                              //调用 fun1 方法
    $sub1->fun2();                                              //调用 fun2 方法
?>
```

程序运行结果如图 7.14 所示。

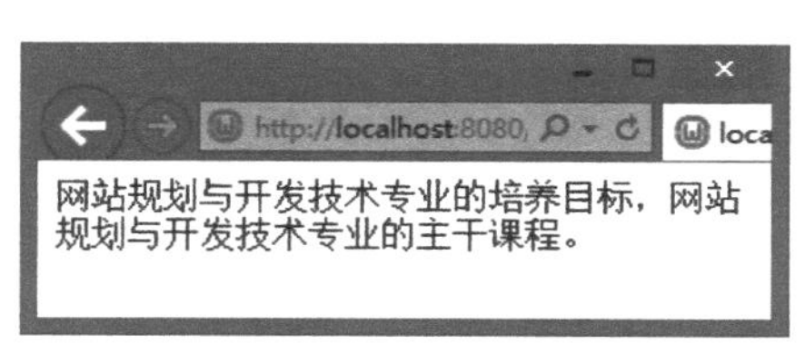

图 7.14　接口的实现

7.7　本章小结

本章主要学习了面向对象程序设计的思想、面向对象程序设计的特征，包括封装性、继承性和多态性。类是属性和方法的集合，是面向对象编程方法的核心和基础，通过类对零散的、用于实现某项功能的代码进行有效管理。一个类可以实例化多个对象，每个对象都是独立的。因此，掌握类与对象的概念及类与对象的关系是本章学习的重点。抽象类是一种不能被实例化的类，只能作为其他类的父类来使用。实现多重继承需要使用接口。掌握类的抽象与接口技术是本章学习的难点。

7.8　思考与实践

1. 选择题

(1) 在类的继承中，对同一功能而言，子类相对于父类往往有一些特殊性，这种特殊功能的实现依赖于(　　)。

A. 类的多态性　　　　B. 类的对象

C. 方法　　　　　　　D. 变量

(2) 下列运算符可以用来访问对象成员的是(　　)。

A. ::　　B. =>　　C. ->　　D. .

(3) 下列运算符可以直接访问类内的方法或常量,而无须创建对象的是(　　)。

A. ::　　B. =>　　C. ->　　D. .

(4) 下列语句可以在子类中调用父类的构造方法的是(　　)。

A. base::__construct()　　B. this::__construct()

C. parent::__destruct()　　D. parent::__construct()

(5) 如果一个对象的实例要调用该对象自身的方法"mymeth",则应使用(　　)。

A. $self->mymeth()　　B. $this->mymeth()

C. $current->mymeth()　　D. $this::mymeth()

(6) 下列关于构造方法的说法中,错误的是(　　)。

A. 使用 new 创建对象时会自动运行构造方法

B. 名称只能为_construct

C. 子类会继承父类的构造方法

D. 不可以有参数

(7) 如果类中的成员声明没有使用访问修饰符,则成员属性的默认值是(　　)。

A. private　　B. protected　　C. public　　D. final

(8) 在类中定义的析构方法是在(　　)被调用的。

A. 类创建时　　B. 创建对象时

C. 删除对象时　　D. 不会自动调用

(9) PHP 中调用类文件中的 this 表示(　　)。

A. 用本类生成的对象变量　　B. 本页面

C. 本方法　　D. 本变量

(10) 下列关于类的说法中,错误的是(　　)。

A. 父类的构造方法与析构方法不会被自动调用

B. 成员变量需要用 public、protected、private 修饰,在定义变量时不再需要 var 关键字

C. 父类中定义的静态成员不可以在子类中直接调用

D. 包含抽象方法的类必须为抽象类,抽象类不能被实例化

2. 填空题

(1) 具有相同数据(　　)和操作(　　)的对象可归纳成类。

(2) PHP 系统构造方法为(　　),系统析构方法为(　　)。

(3) (　　)是面向对象程序设计语言不同于其他语言的最主要的特点。

(4) 在类里面定义的没有方法体的方法就是(　　)。

(5) 在声明抽象方法时还要加一个关键字(　　)来修饰。

(6) PHP 5 引入了接口,是(　　)问题的解决方法。

(7) PHP 规定用(　　)来定义一个接口,然后用(　　)让类执行一个接口。

(8) 可以使用(　　)关键字让一个接口去继承另一个接口。

(9) 被(　　)标记了的属性和方法均无法(　　)。如果把(　　)放在 class 前面,那么

整个类将无法被(　　)。

(10) 被(　　)关键字修饰的类成员,可以在本类和子类中被调用,在其他地方则不可以被调用。

3. 实践题

(1) 编写 PHP 的构造方法和析构方法。

(2) 编写 PHP 程序,设计一个购物车类,实现购物车的添加商品、删除商品和读取购物车清单等功能。

(3) 编写 PHP 的方法的重写。

第8章　MySQL 数据库技术基础

学习要点：通过本章的学习，读者可以了解数据库原理的基本理论和相关概念，了解MySQL的功能和特点；理解MySQL数据库对象，掌握MySQL数据库的创建、修改、删除；理解数据表的基本概念，掌握数据表的创建与维护以及表中数据的添加、修改与删除管理；掌握分组与排序的使用方法，掌握单表查询，灵活运用连接查询，理解子查询的使用规则；掌握视图的创建和管理；掌握存储过程、触发器的创建方法，存储过程、触发器的修改及删除方法。

8.1　数据库技术基础

随着计算机技术的发展，计算机的主要应用已从传统的科学计算转变为事务数据处理，如教学管理、人事管理、财务管理等。在计算机技术应用于数据管理工作的过程中，诞生和发展了数据库技术。

8.1.1　数据库系统概述

1. 数据库概念

1）信息和数据

信息泛指通过各种方式传播、可被感受的声音、文字、图像、符号等所表示的某一特定事物的消息、情报或知识。

数据是描述客观事物及其活动并存储在某一种媒体上能够识别的物理符号。数据可以是数字、字母、声音、文字、图形、图像、绘画、视频等多种形式。

信息是以数据的形式表示的，即数据是信息的载体。另一方面，信息是抽象的，不随数据设备所决定的数据形式而改变；而数据的表示方式却具有可选择性。

在计算机中，主要使用磁盘、光盘等外部存储器来存储数据，通过计算机软件和应用程序来管理和处理数据。

2）数据处理

数据处理是人们直接或间接地利用机器对数据进行加工的过程，对数据进行的查找、统计、分类、修改、变换等运算都属于加工。数据处理的目的是为了从大量的、原始的数据中抽取对人们有价值的信息，并以此作为行为和决策的依据。

数据处理一般不涉及复杂的数学计算，但要求处理的数据量很大，因此，进行数据处理时需要考虑以下几个问题：数据以何种方式存储在计算机中；采用何种数据结构能有利于数据的存储和取用；采用何种方法从已组织好的数据中检索数据。

3）数据库

数据库(DataBase,DB)是以一定的组织方式将相关的数据组织在一起,存放在计算机外存储器上,并能为多个用户共享的、与应用程序彼此独立的、一组相关数据的集合。它不仅包括描述事物的数据本身,而且包括相关事物之间的联系。对数据库中数据的增加、删除、修改和检索等操作,由数据库管理系统进行统一控制。

4）数据库管理系统

数据库管理系统(DataBase Management System,DBMS)是为数据库的建立、使用和维护而配置的软件,它提供了安全性和完整性等统一控制机制,方便用户管理和存取大量的数据资源。例如,MySQL 就是计算机上使用的一种数据库管理系统。

数据库管理系统的主要功能包括以下几个方面：

- 数据定义功能(Data Definition Language,DDL)；
- 数据操纵功能(Data Manipulation Language,DML)；
- 数据库的运行管理；
- 数据库的建立和维护功能。

5）数据库系统

数据库系统(DataBase System,DBS)是指引进数据库技术后的计算机系统,能实现有组织地、动态地存储大量相关数据,提供数据处理和信息资源共享的便利手段。数据库系统由五部分组成：硬件系统、数据库集合、数据库管理系统及相关软件、数据库管理员(DataBase Administrator,DBA)和用户。其中,数据库管理系统是数据库系统的核心。

6）数据库应用系统

数据库应用系统(DataBase Application System,DBAS)是指系统开发人员利用数据库系统资源开发出来的,面向某一类信息处理问题而建立的软件系统,例如以数据库为基础的学籍管理系统等。

2. 数据库系统的特点

数据库系统的主要特点如下。

1）数据结构化

为了实现整体数据的系统结构化,在描述数据本身的同时,进一步描述数据间的联系,比如一个学校的信息管理系统中不仅要考虑学生的信息管理,还要考虑学籍管理、选课管理等。需要对整个应用的数据统一考虑,建立它们之间的联系,面向整个组织,实现整体的结构化。

2）数据的共享性高、冗余度低,易于扩充

数据库系统从整体的观点出发组织和描述数据,数据不再面向某个应用而是面向整个系统,因此数据可以提供给多个用户、多个应用系统共享使用。数据共享减少了数据冗余,而且解决了重复存储时经常发生的、因不同应用修改数据的不同副本而造成的数据不一致问题。另外,数据库系统的弹性大、易于扩充,可以抽取整体数据的各种子集用于不同的应用系统,当需求改变时,只要重新抽取不同的子集或增加一部分数据便可满足新的需求。

3）数据独立性强

数据库独立性包括物理独立性和逻辑独立性两个方面。

(1) 物理独立性指用户的应用程序与存储在磁盘上的数据库中的数据是相互独立的。

用户(应用程序)需要处理的只是数据的逻辑结构,数据的物理存储形式的改变不影响用户(应用程序)的使用。

(2) 逻辑独立性指用户的应用程序与数据库的逻辑结构是相互独立的,也就是说,数据的逻辑结构的改变不影响用户程序。

4) 数据由 DBMS 统一管理和控制

数据库为多个用户所共享,当多个用户同时存取数据库中的数据时,为保证数据库数据的正确性和有效性,数据库系统提供了四个方面的数据控制功能。

- 数据的安全性控制;
- 数据的完整性控制;
- 并发性控制;
- 数据库恢复。

8.1.2 数据模型

数据模型是数据库系统的核心,它规范了数据库中数据的组织形式,表示了数据与数据之间的联系。数据模型是数据库管理系统用来表示实体及实体间联系的方法。一个具体的数据模型应当正确地反映出数据之间存在的整体逻辑关系。任何一个数据库管理系统都是基于某种数据模型的。

1. 数据处理的三个世界

1) 现实世界

现实世界是指客观存在的世界中的事物及其联系。在目前的数据库方法中,把客观事物抽象成信息世界的实体,然后再将实体描述成数据世界的记录,也就是说,现实世界中的一切信息都可以用数据来表示。

2) 信息世界

信息世界是现实世界的事物在人们头脑中的反映。客观事物在信息世界中称为实体,实体是彼此可以明确识别的对象。实体可分成“对象”与“属性”两大类。例如“学生”属于对象,而表示对象的“学生”的属性有学号、姓名、性别、政治面貌、出生日期等多方面的特征,属性是客观事物的性质的抽象描述。

3) 数据世界

数据世界可称作计算机世界,是在信息世界基础上的进一步抽象。现实世界中的事物及其联系,在数据世界中用数据模型描述。

从现实世界、信息世界到数据世界是一个认识的过程,也是抽象和映射的过程。与此相对应,设计数据库也要经历类似的过程,即数据库设计的步骤包括用户需求分析、概念结构设计、逻辑结构设计和物理结构设计 4 个阶段,其中,概念结构设计是根据用户需求设计数据库模型,所以称为概念模型。概念模型可用实体联系模型(E-R 模型)表示。

逻辑结构设计是将概念模型转换成某种数据库管理系统(DBMS)支持的数据模型。

物理结构设计是为数据模型在设备上选定合适的存储结构和存储方法,以获得数据库的最佳存取效率。

2. 实体间的联系

现实世界中的事物都是彼此关联的,任何一个实体都不是独立存在的,因此描述实体的数据也是互相关联的。实体之间的对应关系称为联系，它反映现实世界事物之间的相互关联。

(1) 实体(entity,E)。实体是信息世界中描述客观事物的概念。实体可以是人，也可以是物或抽象的概念，可以指事物本身，也可以指事物之间的联系，如一个人、一件物品、一个部门都可以是实体。

(2) 属性(attribute)。属性是指实体具有的某种特性。属性用来描述一个实体，如学生实体可由学号、姓名、性别、出生日期等属性来刻画。

(3) 联系(relationship,R)。在信息世界中，事物之间的联系有两种：一种是实体内部的联系，反映在数据上是记录内部即字段间的联系；另一种是实体与实体间的联系，反映在数据上是记录间的联系。尽管实体间的联系很复杂，但经过抽象后，可把它们归结为三类：即一对一联系(简记为 1∶1)、一对多联系(简记为 1∶n)和多对多联系(简记为 m∶n)。

① 一对一联系。

例如，学校和校长之间就是一对一联系。每个学校只有一个校长，每个校长只允许在一个学校任职。

② 一对多联系。

例如，学校和教师之间就是一对多联系。每个学校包含多位教师，每位教师只能属于一个学校。

③ 多对多联系。

例如，学生与所选课程之间就是多对多联系。每个学生允许选修多门课程，每门课程允许由多个学生选修。

实体间的联系可用实体联系模型(E-R)来表示，这种模型直接从现实世界中抽象出实体及实体间的联系。在模型设计中，首先根据分析阶段收集到的材料，利用分类、聚集、概括等方法抽象出实体，并一一命名，再根据实体的属性描述其间的各种联系。图 8.1 是 E-R 图的表示。

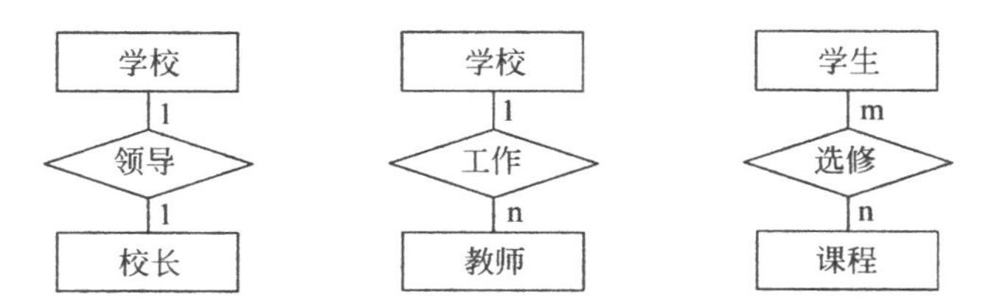

图 8.1　E-R 图表示的实体间三类联系

图 8.1 中用矩形表示实体。用菱形表示实体之间的关系，用无向边把菱形与有关实体相连接，在边上标明联系的类型。实体的属性可用椭圆表示，并用无向边把实体与属性联系起来。为了简明起见，图中未画属性。

E-R 模型是对现实世界的一种抽象，它抽取了客观事物中人们所关心的信息，并对这些信息进行了精确的描述，忽略了非本质的细节。E-R 图所表示的概念模型与具体的 DBMS 所支持的数据模型相独立，是各种数据模型的共同基础，因而是抽象和描述现实世界的有力工具。

3. 数据模型的分类

数据模型是对客观事物及其联系的数据化描述。在数据库系统中,对现实世界中数据的抽象、描述以及处理等都是通过数据模型来实现的。数据模型是数据库系统设计中用于提供信息表示和操作手段的形式构架,是数据库系统实现的基础。目前,在实际数据库系统中支持的数据模型主要有以下几种。

1) 层次模型

层次数据模型是数据库系统最早使用的一种数据模型,它的数据结构是一棵有向树,其特点如下。

(1) 有且仅有一个结点无父结点,这个结点为树的根,称为根结点。

(2) 其余的结点有且仅有一个父结点。

2) 网状模型

网状模型是用网状结构表示实体及其之间联系的一种模型,也称为网络模型。网中的每一个结点代表一个记录型。其特点如下。

(1) 可以有一个以上结点无父结点。

(2) 至少有一个结点有多于一个的父结点。

3) 关系模型

关系模型是把数据的逻辑结构归结为满足一定条件的二维表的模型。在关系模型中,每一个关系是一个二维表,用来描述实体与实体之间的联系(见表 8.1)。

表 8.1　关系 S(学生表)

学　　号	姓　　名	性　　别	出 生 日 期	政 治 面 貌
201007001	孙庆梅	女	1991-6-7	共青团员
201007002	李林桐	男	1990-12-20	共青团员
201007003	王立辉	男	1991-11-3	中共党员

如表 8.1 所示就是一个关系模型。

关系中的每一个数据都可看成独立的数据项,它们共同构成了该关系的全部内容。

关系中的每一行称为一个元组,它相当于一个记录值,用以描述一个个体。

关系中的每一列称为一个属性,其取值范围称为域。

关系模型中的关系具有如下性质:

- 在一个关系中,每一个数据项不可再分,它是最基本的数据单位;
- 在一个关系中,每一列数据项具有相同的数据类型;
- 在一个关系中,不允许有相同的属性名;
- 在一个关系中,不允许有相同的元组;
- 在一个关系中,行和列的次序可以任意调换,不影响它们的信息内容。

关系模型中的主要术语有以下几个。

(1) 关系。一个关系就是一张二维表。关系可以用关系模式来描述,其格式为关系名(属性 1,属性 2,…,属性 n)。例如,表 8.1 所示的“学生表”关系的关系模式可表示为“学生表(学号,姓名,性别,出生日期,政治面貌)”。

(2) 属性。二维表中垂直方向的列称为属性,每一列有一个属性名,是数据库中可以命名的最小逻辑数据单位。例如,学生有学号、姓名、性别、出生日期、政治面貌等属性。

(3) 元组。在一个二维表中,水平方向的行称为元组,每一行是一个元组。元组对应存储文件中的一个具体记录。例如,学生表关系包括多个元组。

(4) 域,属性的取值范围,即不同元组对同一个属性的取值所限定的范围。

(5) 主关键字,是能唯一标识关系中每一个元组的属性或属性集。例如,学生的学号可以作为学生关系的主关键字。

(6) 外部关键字,是用于连接另一个关系,并且在另一个关系中作为主关键字的属性。例如,"成绩"关系中的学号就可以看作是外部关键字。

4) 面向对象模型

面向对象模型是数据库系统中继层次、网状、关系等传统数据模型之后得到不断发展的一种新型的逻辑数据模型。它是数据库技术与面向对象程序设计方法相结合的产物。面向对象模型中表达信息的基本单位是对象,每个对象包含记录的概念,但比记录含义更广更复杂,它不仅要包含所描述对象(实体)的状态特征(属性),而且要包含所描述对象的行为特征。如对于描述学生实体的记录而言,只要包含学号、姓名、出生日期、专业等表示学生状态的属性特征即可;而对于描述学生实体的对象而言,不仅要包含表示学生状态的那些属性特征,而且还要包含诸如修改学生姓名、出生日期、专业,以及显示学生当前状态信息等行为特征。

对象具有封装性、继承性和多态性,这些特性都是传统数据模型中的记录所不具备的,也是面向对象模型区别于传统数据模型的本质特征。

4. 关系运算

对关系数据库进行查询时,要找到需要的数据,就要对关系进行一定的关系运算。关系的基本运算有两类:一类是传统的集合运算(并、交、差等);另一类是专门的关系运算(选择、投影、连接)。

1) 传统的集合运算

进行并、交、差集合运算的两个关系必须具有相同的关系模式,即相同结构。

2) 专门的关系运算

在 MySQL 中,查询是高度非过程化的,用户只需要明确提出"要干什么",而不需要指出"怎么去干",系统将自动对查询过程进行优化,可以实现对多个相关联的表的高速存取。然而,要正确表示复杂的查询并非是一件简单的事,了解专门的关系运算有利于给出正确的查询表达式。

(1) 选择。从关系中找出满足给定条件的元组的操作就称为选择。例如,要从"学生表"中找出姓张的学生,所进行的查询操作就属于选择运算。

(2) 投影。从关系模式中指定若干个属性组成新的关系称为投影。例如,从"学生表"中查询学生姓名及出生日期所进行的查询操作就属于投影运算。

(3) 连接。连接是关系的横向结合,连接运算将两个关系模式拼接成一个更宽的关系模式,生成的新关系中包含满足连接条件的元组。

总之,在对关系数据库的查询中,利用关系的投影、选择和连接运算可以方便地分解和构造新的关系。

课堂实践 8-1：教务管理系统的数据库设计

课堂实践 8-1

(1) 根据教务管理系统数据库的需求分析，规划出学生信息实体集、课程信息实体集和选课信息实体集，绘出各个实体集具体的 E-R 图。

① 学生信息实体集 E-R 图如图 8.2 所示。

② 课程信息实体集 E-R 图如图 8.3 所示。

③ 选课信息实体集 E-R 图如图 8.4 所示。

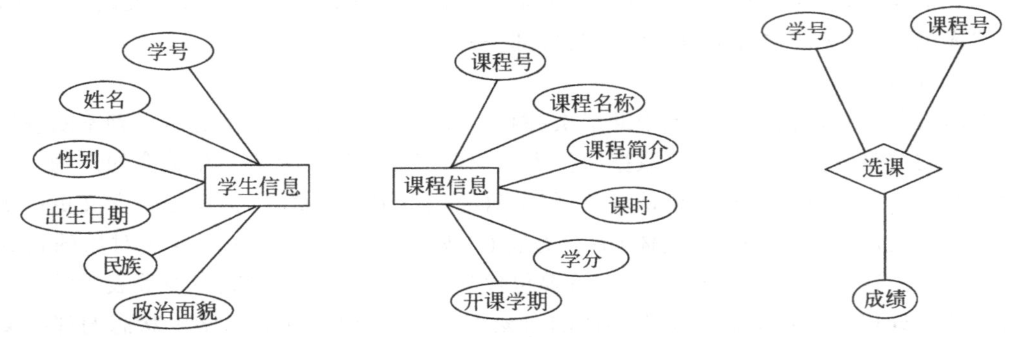

图 8.2 学生信息实体集 E-R 图　　图 8.3 课程信息实体集 E-R 图　　图 8.4 选课信息实体集 E-R 图

④ 实体集之间相互关系的 E-R 图如图 8.5 所示。

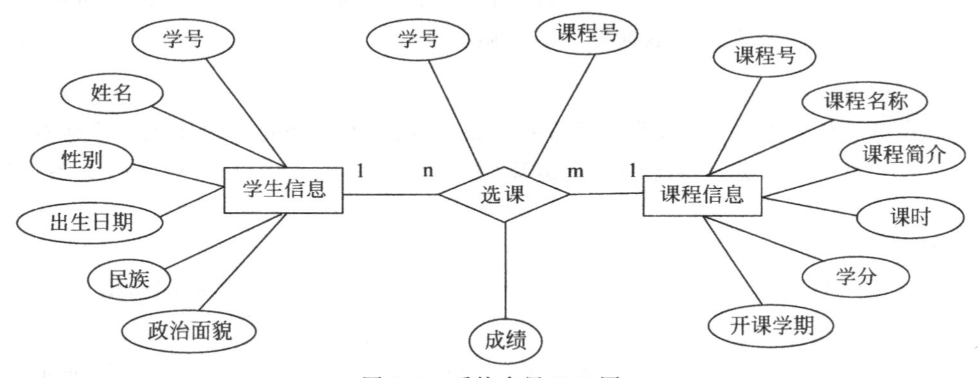

图 8.5 系统全局 E-R 图

(2) 把概念结构设计好的基本 E-R 图，转换为与数据模型相符合的逻辑结构。

① 学生信息实体集 E-R 图向关系模型转换的结果如下：

学生信息表(学号，姓名，性别，出生日期，民族，政治面貌)。

② 课程信息实体集 E-R 图向关系模型转换的结果如下：

课程信息表(课程号，课程名称，课程简介，课时，学分，开课学期)。

③ 选课信息实体集 E-R 图向关系模型转换的结果如下：

选课信息表(学号，课程号，成绩)。

8.2 MySQL 的功能及特点

MySQL 是世界上最流行的开源数据库。无论是一个快速成长的 Web 应用企业，还是独立软件开发商或是大型企业，MySQL 都能经济有效地帮助实现高性能、可扩展的数据库应用。

8.2.1 MySQL的版本

MySQL设计了多个不同的版本，不同的版本在性能、应用开发等方面均有一些差别，用户可以根据自己的实际情况进行选择。

(1) MySQL企业版。

(2) MySQL集群版。

(3) MySQL标准版。

(4) MySQL经典版。

(5) MySQL社区版。

8.2.2 MySQL的特性

1. MySQL企业版的特性

1) MySQL企业级备份

可为数据库提供联机“热”备份，从而降低数据丢失的风险。它支持完全、增量和部分备份以及时间点恢复和备份压缩。

2) MySQL企业级高可用性

MySQL提供了一些经过认证和广受支持的解决方案，包括MySQL复制、Oracle Solaris集群和适用于MySQL的Windows故障转移集群。有助于确保数据库基础架构的高可用性。

3) MySQL企业级可扩展性

可帮助客户满足不断增长的用户、查询和数据负载对性能和可扩展性的要求。MySQL线程池提供了一个高效的线程处理模型，旨在降低客户端连接和语句执行线程的管理开销。

4) MySQL企业级安全性

提供了一些随时可用的外部身份验证模块，可将MySQL轻松集成到现有安全基础架构中，包括LDAP和Windows Active Directory。使用可插入身份验证模块(“PAM”)或Windows OS原生服务对MySQL用户进行身份验证。

5) MySQL企业级审计

借助MySQL企业级审计，企业可以快速无缝地在新应用和现有应用中添加基于策略的审计合规性。可以动态启用用户级活动日志、实施基于活动的策略、管理审计日志文件以及将MySQL审计集成到Oracle和第三方解决方案中。

6) MySQL企业级监视

MySQL企业级监视和MySQL查询分析器，可持续监视数据库并且提醒用户注意可能会对系统产生影响的潜在问题。这就像是有一个“虚拟DBA助手”在为用户提供关于如何消除安全漏洞、改进复制和优化性能的最佳实践建议。这可以显著提高开发人员、DBA和系统管理员的工作效率。

7) Oracle Enterprise Manager for MySQL

让用户能够实时、全面地了解MySQL数据库的性能、可用性和配置信息。

8) MySQL Fabric

提供了一个用于管理MySQL服务器群的框架。通过在MySQL复制的基础上添加自动故障检测和故障切换来提供高可用性。通过表分片实现读取和写入的横向扩展。MySQL Fabric 确保查询和事务始终路由至正确的 MySQL 服务器。

9）MySQL Workbench

是专门为数据库架构师、开发人员和 DBA 打造的一个统一的可视化工具。它提供了数据建模工具、SQL 开发工具、数据库迁移工具和全面的管理工具(包括服务器配置、用户管理等)。

2. MySQL 集群版的特性

(1) 扩展能力。

(2) 高可用性。

(3) NoSQL 技术。

(4) 实时性能。

(5) 多站点集群。

(6) 联机扩展和模式升级。

(7) 自动安装程序。

(8) 自动执行常见管理任务。

3. MySQL 标准版的特性

(1) 降低用户的 MySQL 数据库总体拥有成本。

(2) MySQL 的性能可靠性和易用性已使其成为世界上最流行的开源数据库。

(3) MySQL 的工作台提供了一个集成开发、设计和管理的环境,提高了开发人员和数据库管理员的工作效率。

4. MySQL 经典版的特性

(1) 降低用户的 MySQL 数据库总体拥有成本。

(2) 从下载到安装只需“15 分钟”,易于使用。

(3) 易于管理,数据库管理员能够管理更多的服务器。

(4) 支持 20 多个平台和操作系统,包括 Linux、UNIX、Mac 和 Windows,在开发和部署上具有更大的灵活性。

5. MySQL 社区版的特性

(1) 拥有可插拔的存储引擎架构。

(2) 拥有多存储引擎,包括 InnoDB、MyISAM、NDB(MySQL 集群)、Memory、Merge、Archive、CSV。

(3) MySQL 复制可提高应用程序的性能和可扩展性。

(4) 表分区可提高大型数据库应用程序的性能和管理。

(5) 存储过程可提高开发效率。

(6) 触发器在数据库级执行复杂的业务规则。

(7) 视图确保敏感信息的安全。

(8) 性能模式可监控用户或应用的资源占用情况。

(9) 信息模式提供易于访问的元数据。

(10) MySQL Connectors 包括多种语言(ODBC、JDBC、.NET 等)来构建应用程序。

(11) MySQL Workbench 进行可视化建模、数据库开发与管理。

8.3 数据库的创建与管理

8.3.1 MySQL 数据库简介

数据库是数据库对象的容器。数据库不仅可以存储数据，而且能够使数据存储和检索以安全可靠的方式进行，并以操作系统文件的形式存储在磁盘上。数据库对象是存储、管理和使用数据的不同结构形式。

1. 数据库的构成

MySQL 数据库主要分为系统数据库、示例数据库和用户数据库。

1) 系统数据库

系统数据库是指随安装程序一起安装、用于协助 MySQL 系统共同完成管理操作的数据库，它们是 MySQL 运行的基础。这些数据库中记录了一些必需的信息，用户不能直接修改这些系统数据库，也不能在系统数据库表上定义触发器。系统数据库包括 sys 数据库、information_schema 数据库、performance_schema 数据库和 mysql 数据库。

2) 示例数据库

示例数据库是系统为了让用户学习和理解 MySQL 而设计的。sakila 和 world 示例数据库是完整的示例，具有更接近实际的数据容量、复杂的结构和部件，可以用来展示 MySQL 的功能。

3) 用户数据库

用户数据库是用户根据数据库设计创建的数据库，如教务管理系统数据库(D_eams)、图书管理系统数据库(D_lms)等。

2. 数据库文件

数据库管理的核心任务包括创建、操作和支持数据库。在 MySQL 中，每个数据库都对应存放在一个与数据库同名的文件夹中。MySQL 数据库文件有. frm、. myd 和. myi 三种文件，其中. frm 是描述表结构的文件，. myd 是表的数据文件，. myi 是表数据文件中的索引文件，它们都存放在与数据库同名的文件夹中。数据库的默认存放位置是\bin\mysql\mysql5. 7. 19\data，可以通过配置向导或手工配置修改数据库的默认存放位置。

3. 数据库对象

MySQL 数据库中的数据在逻辑上被组织成一系列数据库对象，这些数据库对象包括：表、视图、约束、索引、存储过程、触发器、用户定义函数、用户和角色。

4. 数据库对象的标识符

数据库对象的标识符指数据库中由用户定义的、可唯一标识数据库对象的有意义的字符序列。标识符必须遵守以下规则。

(1) 可以包含来自当前字符集的数字、字母、字符“_”和“$”。

(2) 可以以在一个标识符中合法的任何字符开头。标识符也可以以一个数字开头，但是不能全部由数字组成。

(3) 标识符最长可为 64 个字符，而别名最长可为 256 个字符。

(4) 数据库名和表名在 UNIX 操作系统上是区分大小写的，而在 Windows 操作系统上忽略大小写。

(5) 不能使用 MySQL 关键字作为数据库名、表名。

(6) 不允许包含特殊字符,如“.”“/”或“\”。

如果要使用的标识符是一个关键字或包含特殊字符,必须用反引号“\`”括起来(加以界定)。

例如:

```
create table `select`
(`char-colum` char(8),
 `my/score` int
);
```

8.3.2 管理数据库

1. 创建数据库

创建用户数据库的 SQL 语句是 CREATE DATABASE 语句,其语法格式如下:

```
CREATE {DATABASE|SCHEMA}[IF NOT EXISTS] <数据库文件名>
    [选项];
```

说明:

(1) 语句中“[]”内为可选项。

(2) IF NOT EXISTS 在创建数据库前加上一个判断,只有该数据库目前尚不存在时才执行 CREATE DATABASE 操作。

(3) 选项用于描述如字符集和校对规则等。

设置字符集或校对规则,语法格式如下:

```
[DEFAULT] CHARACTER SET [ = ] 字符集
|[DEFAULT] COLLATE [ = ] 校对规则名
```

例 8.1 创建名为 D_sample 的数据库,SQL 语句如下:

```
create database D_sample;
```

在 MySQL 命令行工具中输入以上 SQL 语句,执行结果如图 8.6 所示。

例 8.2 为避免重复创建时系统显示的错误信息,使用 IF NOT EXISTS 选项创建名为 D_sample 的数据库。SQL 语句如下:

```
create database if not exists D_sample;
```

在 MySQL 命令行工具中输入以上 SQL 语句,执行结果如图 8.7 所示。

```
mysql> create database D_sample;
Query OK, 1 row affected (0.03 sec)
```

图 8.6 创建数据库 D_sample

```
mysql> create database if not exists D_sample;
Query OK, 1 row affected, 1 warning (0.00 sec)
```

图 8.7 使用 IF NOT EXISTS 选项创建数据库

2. 查看已有的数据库

对于已有的数据库,可以使用 SQL 语句查看。

使用 SHOW DATABASES 语句显示服务器中所有可以使用的数据库的信息，其语法格式如下：

```
SHOW DATABASES;
```

例 8.3 查看所有可以使用的数据库的信息，SQL 语句如下：

```
show databases;
```

如图 8.8 所示，显示所有数据库的信息。

3. 打开数据库

当用户登录 MySQL 服务器、连接 MySQL 后，用户需要连接 MySQL 服务器中的一个数据库，才能使用该数据库中的数据，对该数据库进行操作。一般地，用户需要指定连接 MySQL 服务器中的哪个数据库，或者从一个数据库切换至另一个数据库，这时可以利用 USE 语句来打开或切换至指定的数据库。其语法格式如下：

```
USE <数据库文件名>;
```

例 8.4 打开 D_sample 数据库，SQL 语句如下：

```
use D_sample;
```

在 MySQL 命令行工具中输入以上 SQL 语句，执行结果如图 8.9 所示。

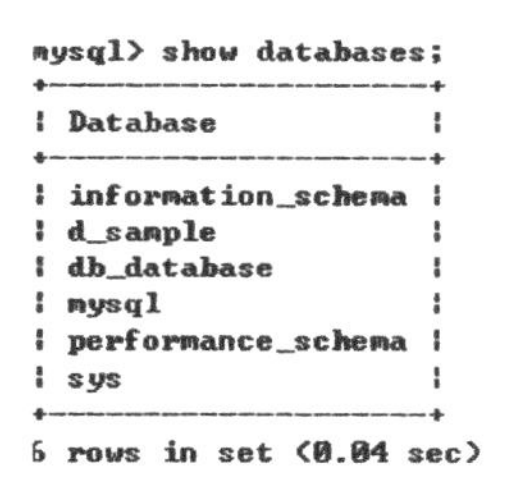
mysql> show databases;
Database
information_schema
d_sample
db_database
mysql
performance_schema
sys
6 rows in set (0.04 sec)

图 8.8 查看已有数据库的信息

```
mysql> use D_sample;
Database changed
```

图 8.9 打开数据库 D_sample

4. 修改数据库

修改数据库主要是修改数据库参数，使用 ALTER DATABASE 语句来实现修改数据库。其语法格式如下：

```
ALTER {DATABASE|SCHEMA} [数据库文件名]
    [选项];
```

说明：

(1) 数据库文件名为可选项，当不指定数据库文件名时，则修改当前数据库。

(2) 修改数据库的选项和创建数据库的选项相同。

例 8.5 修改数据库 D_sample 的默认字符集和校对规则。SQL 语句如下：

```
alter database D_sample
    default character set = gbk
    default collate = gbk_chinese_ci;
```

执行结果如图 8.10 所示。

5. 删除数据库

有时需要删除已经创建的数据库,来释放被占用的磁盘空间和系统资源消耗。使用 DROP DATABASE 语句删除数据库,其语法格式如下:

```
DROP DATABASE [IF EXISTS] <数据库文件名>;
```

例 8.6 删除 D_sample1 数据库。SQL 语句如下:

```
drop database D_sample1;
```

执行结果如图 8.11 所示。

```
mysql> alter database D_sample
    ->      default character set=gbk
    ->      default collate=gbk_chinese_ci;
Query OK, 1 row affected (0.06 sec)
```

图 8.10 修改数据库 D_sample

```
mysql> drop database D_sample1;
Query OK, 0 rows affected (0.04 sec)
```

图 8.11 删除数据库 D_sample1

使用 DROP DATABASE 语句时,还可以使用 IF EXISTS 子句,避免删除不存在的数据库时出现 MySQL 错误提示信息。

课堂实践 8-2:创建和管理教务管理系统数据库

(1) 使用 SQL 语句,创建教务管理系统数据库 D_eams。SQL 语句如下:

```
create database D_eams;
```

(2) 修改数据库 D_eams 的默认字符集和校对规则。SQL 语句如下:

```
alter database D_eams
    default character set = gb2312
    default collate = gb2312_chinese_ci;
```

(3) 删除教务管理系统数据库 D_eams。SQL 语句如下:

```
drop database D_eams;
```

8.4 表的创建与管理

8.4.1 表概述

1. 表的概念

在 MySQL 中,表是一个重要的数据库对象,是组成数据库的基本元素,用于存储实体集和实体间联系的数据。一个表就是一个关系,表实质上就是行列的集合,每一行代表一条记录,每一列代表记录的一个字段。

在 MySQL 数据库中,表通常具有以下几个特点。

1）表通常代表一个实体

表是将关系模型转换为实体的一种表示方式，该实体具有唯一名称。

2）表由行和列组成

每一行代表一条完整的记录，例如，学号为201507001这一行记录就显示了该学生的完整信息。同时，每一行也代表了该表中的一个实例。列称为字段或域，每一列代表了具有相同属性的列值。例如，学号表示每个学生的学生编号，姓名则表示每个学生的姓名。

3）行值在同一个表中具有唯一性

在同一个表中不允许具有两行或两行以上的相同行值，这是由表中的主键约束所决定的。同时，在实际应用中，同一个表中两个相同的行值也无意义。

4）字段名在同一个表中具有唯一性

在同一个表中不允许有两个或两个以上的相同字段名。但是，在不同的两个表中可以具有相同的字段名，这两个相同的字段名之间不存在任何影响。

5）行和列的无序性

在同一个表中，行的顺序可以任意排列，通常按照数据插入的先后顺序存储。在使用过程中，经常对表中的行按照索引进行排序，或者在检索时使用排序语句。列的顺序也可以任意排列，但对于同一个数据表，最多可以定义1024列。

2. 表的类型

MySQL支持多个存储引擎，作为对不同表的类型的处理器。MySQL存储引擎包括处理事务安全表的引擎和处理非事务安全表的引擎。因为在关系数据库中数据是以表的形式存储的，所以存储引擎也可以称为表的类型，即存储和操作此表的类型。数据表类型包括MyISAM、InnoDB、BDB、MEMORY、MERGE、ARCHIVE、CSV、FEDERATED、BLACKHOLE、NDB Cluster和EXAMPLE等。每种类型的表都有其自身的作用和特点。

使用MySQL语句"show engines; "，即可查看MySQL服务实例支持的存储引擎，如图8.12所示。

```
mysql> show engines;
+--------------------+---------+----------------------------------------------------------------+--------------+------+------------+
| Engine             | Support | Comment                                                        | Transactions | XA   | Savepoints |
+--------------------+---------+----------------------------------------------------------------+--------------+------+------------+
| InnoDB             | DEFAULT | Supports transactions, row-level locking, and foreign keys     | YES          | YES  | YES        |
| MRG_MYISAM         | YES     | Collection of identical MyISAM tables                          | NO           | NO   | NO         |
| MEMORY             | YES     | Hash based, stored in memory, useful for temporary tables      | NO           | NO   | NO         |
| BLACKHOLE          | YES     | /dev/null storage engine (anything you write to it disappears) | NO           | NO   | NO         |
| MyISAM             | YES     | MyISAM storage engine                                          | NO           | NO   | NO         |
| CSV                | YES     | CSV storage engine                                             | NO           | NO   | NO         |
| ARCHIVE            | YES     | Archive storage engine                                         | NO           | NO   | NO         |
| PERFORMANCE_SCHEMA | YES     | Performance Schema                                             | NO           | NO   | NO         |
| FEDERATED          | NO      | Federated MySQL storage engine                                 | NULL         | NULL | NULL       |
+--------------------+---------+----------------------------------------------------------------+--------------+------+------------+
9 rows in set (0.00 sec)
```

图8.12　MySQL服务实例支持的存储引擎

3. 表的数据类型

确定表中每列的数据类型是设计表的重要步骤。列的数据类型就是定义该列所能存放的数据的值的类型。例如表的某一列存放姓名，则定义该列的数据类型为字符型；又如表的某一列存放出生日期，则定义该列为日期时间型。

MySQL的数据类型很丰富，这里仅给出几种常用的数据类型，见表8.2。

表 8.2　MySQL 常用的数据类型

数据类型	系统数据类型
整数型	TINYINT,SMALLINT,MEDIUMINT,INT,BIGINT
精确数值型	DECIMAL(M,D),NUMERIC(M,D)
浮点型	FLOAT, REAL,DOUBLE
位型	BIT
二进制型	BINARY,VARBINARY
字符型	CHAR,VARCHAR,BLOB,TEXT,ENUM,SET
Unicode 字符型	NCHAR,NVARCHAR
文本型	TINYTEXT,TEXT,MEDIUMTEXT,LONGTEXT
BLOB 类型	TINYBLOB,BLOB,MEDIUMBLOB,LONGBLOB
日期时间型	DATETIME,DATE,TIMESTAMP,TIME,YEAR

说明：

(1) 在使用某种整数数据类型时，如果提供的数据超出其允许的取值范围，将发生数据溢出错误。

(2) 在使用过程中，如果某些列中的数据或变量将参与科学计算，或者计算量过大，建议考虑将这些数据对象设置为 FLOAT 或 REAL 数据类型，否则会在运算过程中形成较大的误差。

(3) 使用字符型数据时，如果某个数据的值超过了数据定义时规定的最大长度，则多余的值会被服务器自动截取。

8.4.2 创建和管理表

在 MySQL 中，既可以创建表，还可以使用 SQL 语句查看所有表的信息和表结构信息、修改及删除表。

1. 创建表

使用 SQL 语句创建表，CREATE TABLE 为创建表语句，它为表定义各列的名字、数据类型和完整性约束。其语法格式如下：

```
CREATE [TEMPORARY] TABLE [IF NOT EXISTS] <表名>
    [(<字段名> <数据类型> [完整性约束条件][,…])]
    [表的选项];
```

说明：

在定义表结构的同时，还可以定义与该表相关的完整性约束条件(实体完整性、参照完整性和用户自定义完整性)，这些完整性约束条件被存入系统的数据字典中，当用户操作表中的数据时，由 DBMS 自动检查该操作是否违背这些完整性约束条件。

(1) TEMPORARY 表示新建的表为临时表。

(2) IF NOT EXISTS 在创建表前加上一个判断，只有该表目前尚不存在时才执行 CREATE TABLE 操作。

(3) 表的选项用于描述如存储引擎、字符集等选项。

① 设置表的存储引擎，语法格式如下：

```
ENGINE = 存储引擎类型
```

② 设置表的字符集，语法格式如下：

```
DEFAULT CHARSET = 字符集类型
```

2. 查看表的信息

1）查看数据库中所有表的信息

查看数据库中所有表的信息，语法格式如下：

```
SHOW TABLES;
```

例 8.7 查看 D_sample 数据库中所有表的信息，SQL 语句如下：

```
show tables;
```

从执行结果可看到 D_sample 数据库中所有表的信息，如图 8.13 所示。

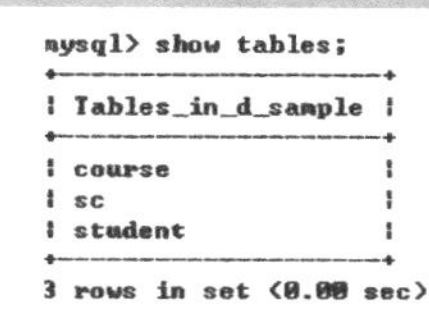

```
mysql> show tables;
+-------------------+
| Tables_in_d_sample |
+-------------------+
| course            |
| sc                |
| student           |
+-------------------+
3 rows in set (0.00 sec)
```

图 8.13 查看 D_sample 数据库中所有表的信息

2）查看表结构

使用 DESCRIBE 语句可以查看表结构的相关信息，语法格式如下：

```
{DESCRIBE |DESC}<表名> [字段名];
```

例 8.8 查看 D_sample 数据库中 student 表结构的详细信息，SQL 语句如下：

```
desc student;
```

从执行结果可看到 student 表结构的详细信息，如图 8.14 所示。

```
mysql> desc student;
+----------+-------------+------+-----+---------+-------+
| Field    | Type        | Null | Key | Default | Extra |
+----------+-------------+------+-----+---------+-------+
| 学号     | char(9)     | NO   | PRI | NULL    |       |
| 姓名     | varchar(10) | YES  |     | NULL    |       |
| 性别     | char(2)     | YES  |     | NULL    |       |
| 出生日期 | date        | YES  |     | NULL    |       |
| 民族     | varchar(10) | YES  |     | NULL    |       |
| 政治面貌 | varchar(8)  | YES  |     | NULL    |       |
+----------+-------------+------+-----+---------+-------+
6 rows in set (0.15 sec)
```

图 8.14 student 表结构的详细信息

3. 修改表结构

当数据库中的表创建完成后，在使用过程中可以根据需要改变表中原先定义的许多选项，如对表的结构、约束或字段的属性进行修改。表的修改与表的创建一样，可以通过 SQL 语句来实现，可进行的修改操作包括：更改表名、增加字段、删除字段、修改已有字段的属性（字段名、字段数据类型、字段长度、精度、小数位数、是否为空等）。

ALTER TABLE 语句是修改表结构语句，其语法格式如下：

```
ALTER TABLE <表名>
    {[ADD <新字段名> <数据类型> [<完整性约束条件>][,...]]
    |[ADD INDEX [索引名] (索引字段,...)]
    |[MODIFY <字段名> <新数据类型> [<完整性约束条件>]]
    |[DROP { <字段名>| <完整性约束名>}[,...]]
    |DROP INDEX <索引名>
    |RENAME <新表名>
    };
```

说明：

(1) [ADD(<新字段名><数据类型>[<完整性约束条件>][,…])]为指定的表添加一个新字段,它的数据类型由用户指定。

(2) [MODIFY(<字段名><新数据类型>[<完整性约束条件>])]对指定表中字段的数据类型或完整性约束条件进行修改。

(3) [DROP{<字段名>|<完整性约束名>}[,…]]对指定表中不需要的字段或完整性约束条件进行删除。

(4) [ADD INDEX[索引名](索引字段,…)]为指定的字段添加索引。

(5) DROP INDEX <索引名>对指定表中不需要的索引进行删除。

(6) RENAME <新表名>对指定表进行更名。

4. 删除表

使用 DROP TABLE 语句可以删除数据表,其语法格式如下：

```
DROP [TEMPORARY] TABLE [IF EXISTS] <表名> [,<表名>...];
```

例 8.9 删除 D_sample 数据库中的 sc 表,SQL 语句如下：

```
drop table sc;
```

8.4.3 表数据操作

创建表只是建立了表结构,还应该向表中添加数据。在添加数据时,对于不同的数据类型,插入数据的格式不一样,因此,应严格遵守它们各自的要求。添加数据时按输入顺序保存,条数不限,只受存储空间的限制。

1. 添加数据

使用 INSERT INTO 语句可以向表中添加数据。其语法格式如下：

```
INSERT INTO <表名> [<字段名>[,...]]
    VALUES (<常量>[,...]);
```

2. 更新数据

修改表中数据可用 UPDATE 语句完成,其语法格式如下：

```
UPDATE <表名>
    SET <字段名> = <表达式>[,...]
        [WHERE <条件>];
```

例 8.10 在 sc 表中，按原成绩的 60%计入成绩。SQL 语句如下：

```
update sc
    set 成绩 = 成绩 * 0.6;
```

3. 删除数据

删除表中数据用 DELETE 语句来完成。其语法格式如下：

```
DELETE FROM <表名>
    [WHERE <条件>];
```

删除表中所有记录也可以用 TRUNCATE TABLE 语句，其语法格式如下：

```
TRUNCATE TABLE <表名>;
```

例 8.11 删除 student 表中的所有记录，SQL 语句如下：

```
truncate table student;
```

或用以下 SQL 语句：

```
delete from student;
```

课堂实践 8-3：创建教务管理系统数据表

课堂实践 8-3

1. 设计教务管理系统数据表的表结构

在第 7 章设计教务管理系统数据库的基础上，现在实现数据库中各表的表结构的设计。在这一步要确定数据表的详细信息，包括表名、表中各列名称、数据类型、数据长度、列是否允许空值、表的主键、外键、索引、对数据的限制（约束）等内容。设计的表结构如表 8.3 至表 8.8 所示。

表 8.3 T_student 表的表结构

字段名	数据类型	是否空	长度	备注
学号	char	否	9	主键
姓名	varchar	否	10	
性别	char	是	2	
出生日期	date	是		
民族	varchar	是	10	
政治面貌	varchar	是	8	

表 8.4 T_student 表的数据

学号	姓名	性别	出生日期	民族	政治面貌
201507001	张文静	女	1996-02-01	汉族	共青团员
201507002	刘海燕	女	1996-10-18	汉族	共青团员
201507003	宋志强	男	1996-05-23	汉族	中共党员
201507004	马媛	女	1997-04-06	回族	共青团员

续表

学　　号	姓　　名	性　　别	出生日期	民　　族	政治面貌
201507005	李立波	男	1996-11-06	汉族	共青团员
201507006	高峰	男	1997-01-12	汉族	共青团员
201507007	梁雅婷	女	1997-12-28	汉族	共青团员
201507008	包晓娅	女	1996-06-17	蒙古族	共青团员
201507009	黄岩松	男	1996-09-23	汉族	中共党员
201507010	王丹丹	女	1997-11-25	汉族	共青团员

表 8.5　T_course 表的表结构

字段名	数据类型	是否空	长　度	备　注
课程号	char	否	5	主键
课程名称	varchar	否	30	
课程简介	text	是		
课时	int	是		
学分	int	是		
开课学期	varchar	是	8	

表 8.6　T_course 表的数据

课程号	课程名称	课程简介	课时	学分	开课学期
07001	计算机应用基础	掌握计算机基本操作	4	4	1
07002	计算机网络技术基础	掌握计算机网络应用	4	4	1
07003	数据库技术基础	掌握数据库系统设计	4	4	2
07004	程序设计基础	掌握编程思想与方法	4	4	2
07005	数据结构	掌握基本概念算法描述	4	4	4
07006	网页设计	掌握 DIV+CSS 网页布局	4	4	3

表 8.7　T_sc 表的表结构

字段名	数据类型	是否空	长　度	小数位	备　注
学号	char	否	9		外键
课程号	char	否	5		外键
成绩	decimal	是	4	1	

表 8.8　T_sc 表的数据

学　　号	课程号	成　　绩
201507001	07001	89
201507001	07003	78
201507002	07003	92
201507003	07002	81
201507003	07005	85
201507006	07004	91

2. 使用SQL语句完成以下操作

(1) 创建D_eams数据库中的学生信息表T_student、课程信息表T_course和成绩表T_sc。

① 创建D_eams数据库中的学生信息表T_student。SQL语句如下：

```
use D_eams;
create table T_student
    (
    学号 char(9) primary key,
    姓名 char(10) not null,
    性别 char(2),
    出生日期 date,
    民族 varchar(10),
    政治面貌 varchar(8)
    );
```

② 创建D_eams数据库中的课程信息表T_course。SQL语句如下：

```
create table T_course
    (
    课程号 char(5) primary key,
    课程名称 varchar(30) not null,
    课程简介 text,
    课时 int,
    学分 int,
    开课学期 varchar(8)
    );
```

③ 创建D_eams数据库中的成绩表T_sc,并创建表间关系。SQL语句如下：

```
create table T_sc
    (
    学号 char(9) not null,
    课程号 char(5) not null,
    成绩 decimal(4,1),
    constraint pxh primary key(学号, 课程号),
    constraint fxh foreign key(学号) references T_student(学号),
    constraint fkch foreign key(课程号) references T_course(课程号) ,
    constraint ccj check(成绩 between 0 and 100)
    );
```

(2) 为创建的表添加数据。

① 添加T_student表的数据。SQL语句如下：

```
insert into T_student
    values('201507001','张文静','女','1996-2-1','汉族','共青团员');
insert into T_student
    values('201507002','刘海燕','女','1996-10-18','汉族','共青团员');
insert into T_student
    values('201507003','宋志强','男','1996-05-23','汉族','中共党员');
```

② 添加 T_course 表的数据。SQL 语句如下：

```
insert into T_course
    values('07001','计算机应用基础','掌握计算机基本操作',4,4,'1');
insert into T_course
    values('07002','计算机网络技术基础','掌握计算机网络应用',4,4,'1');
insert into T_course
    values('07003','数据库技术基础','掌握数据库系统设计',4,4,'2');
```

③ 添加 T_sc 表的数据。SQL 语句如下：

```
insert into T_sc
    values('201507001','07001',89);
insert into T_sc
    values('201507001','07003',78);
insert into T_sc
    values('201507002','07003',92);
```

(3) 在 T_student 表中添加一个名为“专业”的字段，数据类型为 char，长度为 30。SQL 语句如下：

```
alter table T_student
    add 专业 char(30);
```

(4) 将 T_course 表中的“学分”字段的数据类型改为 smallint。SQL 语句如下：

```
alter table T_course
    modify 学分 smallint;
```

(5) 将 T_student 表中的“政治面貌”字段删除。SQL 语句如下：

```
alter table T_student
    drop column 政治面貌;
```

(6) 将 T_sc 表更名为“学生成绩表”。SQL 语句如下：

```
alter table T_sc
    rename as 学生成绩表;
```

(7) 将 T_student 表中姓名为“乔雨”的学生性别改为“男”。SQL 语句如下：

```
update T_student
    set 性别 = '男'
        where 姓名 = '乔雨';
```

(8) 删除 T_student 表中姓名为“孙倩”的记录。SQL 语句如下：

```
delete from T_student
    where 姓名 = '孙倩';
```

(9) 向 T_course 表中添加数据，课程号、课程名称、课时、学分、开课学期的值分别是"07012""软件工程""4""4"和"4"。SQL 语句如下：

```
insert into T_course
    values('07012','软件工程',null,4,4,'4');
```

(10) 删除 D_eams 数据库中的 T_sc 表。SQL 语句如下：

```
drop table T_sc;
```

8.4.4 创建和管理索引

1. 索引概述

为了提高检索数据的能力，数据库引入了索引机制。索引是一个列表，这个列表中包含了某个表中一列或若干列的集合以及这些值的记录在数据表中存储位置的物理地址。索引是依赖于表建立的，提供了数据库中编排表中数据的内部方法。表的存储由两部分组成，一部分是表的数据页面，另一部分是索引页面。索引就存放在索引页面上。在编写 SQL 查询语句时，具有索引的表与不具有索引的表没有任何区别，索引只是提供一种快速访问指定记录的方法。

创建索引可以极大地提高系统的性能，索引的作用体现在以下几个方面。

(1) 可以加快数据的检索速度，这也是创建索引的最主要原因。

(2) 通过创建唯一性索引，可以确保表中每一行数据的唯一性。

(3) 可以加速表和表之间的连接，特别有利于实现数据的参照完整性。

(4) 在使用分组和排序子句进行数据检索时，可以显著减少查询中分组和排序的时间。

建立索引的一般原则如下。

(1) 对经常用来查询数据记录的字段建立索引。

(2) 对表中的主键字段建立索引。

(3) 对表中的外键字段建立索引。

(4) 对在查询中用来连接表的字段建立索引。

(5) 对经常用来作为排序基准的字段建立索引。

(6) 对查询中很少涉及的字段、重复值比较多的字段不建立索引。

MySQL 的索引包括普通索引、唯一性索引、主键索引和全文索引，它们存储于 B 树中，只有空间索引使用 R 树，同时 MEMORY 表还支持哈希索引。

2. 创建索引

使用 CREATE INDEX 语句可以在一个已经存在的表上创建索引，其语法格式如下：

```
CREATE [UNIQUE|FULLTEXT|SPATIAL] INDEX <索引名称>
    [USING index_type]
        ON <表名> (索引字段[ASC|DESC][,...]);
```

说明：

(1) UNIQUE、FULLTEXT 和 SPATIAL 选项指定所创建索引的类型，分别为唯一性索引、全文索引和空间索引。默认情况下，MySQL 所创建的是普通索引。

(2) ASC|DESC 指定索引列的排序方式是升序还是降序，默认为升序(ASC)。

例 8.12 为数据库 D_sample 中的 student 表的学号创建一个唯一性索引，索引排列顺序为降序。SQL 语句如下：

```
use D_sample;
create unique index istudent
    on student(学号 desc);
```

例 8.13 为数据库 D_sample 中的 course 表的课程号创建普通索引。SQL 语句如下：

```
create index icourse on course(课程号);
```

3. 查看索引

创建好索引后，可以通过 SHOW CREATE TABLE 语句查看数据表的索引信息，其语法格式如下：

```
SHOW CREATE TABLE <表名>;
```

例 8.14 查看 D_sample 数据库中 student 表的索引信息，SQL 语句如下：

```
show create table student;
```

从执行结果可看到 student 表的索引信息，如图 8.15 所示。

```
mysql> show create table student;
+---------+--------------------------------
| Table   | Create Table
+---------+--------------------------------
| student | CREATE TABLE `student` (
  `学号` char(9) NOT NULL,
  `姓名` varchar(10) DEFAULT NULL,
  `性别` char(2) DEFAULT NULL,
  `出生日期` date DEFAULT NULL,
  `民族` varchar(10) DEFAULT NULL,
  `政治面貌` varchar(8) DEFAULT NULL,
  PRIMARY KEY (`学号`)
) ENGINE=MyISAM DEFAULT CHARSET=gbk |
+---------+--------------------------------
1 row in set (0.00 sec)
```

图 8.15 student 表的索引信息

4. 删除索引

使用 DROP INDEX 语句删除索引，其语法格式如下：

```
DROP INDEX <索引名> ON <表名>;
```

例 8.15 删除 student 表上的 istudent 索引。SQL 语句如下：

```
drop index istudent on student;
```

8.4.5 数据完整性

1. 数据完整性的分类

在 MySQL 中，可以通过实体完整性、域完整性、参照完整性和用户自定义完整性保证数据的完整性。

2. 数据完整性的实现

MySQL 提供的实现数据完整性的途径主要包括：约束、触发器、存储过程、标识列、数据类型和索引等。其中，MySQL 提供的约束机制又包括主键约束、外键约束、唯一性约束、检查约束、非空约束和默认值定义几种常用的约束类型。

下面是每一类数据完整性实现的基本途径。

1) 实体完整性

实体完整性的实现途径主要包括：PRIMARY KEY(主键约束)、UNIQUE(唯一性约束)和 UNIQUE INDEX(唯一索引)。

2) 域完整性

域完整性的实现途径主要包括：DEFAUL(默认值)、CHECK(检查约束)、FOREIGN KEY(外键约束)和 DATA TYPE(数据类型)。

3) 参照完整性

参照完整性的实现途径主要包括：FOREIGN KEY(外键约束)、CHECK(检查约束)、TRIGERS(触发器)和 STORED PROCEDURE(存储过程)。

4) 用户定义完整性

用户定义完整性的实现途径主要包括：CHECK(检查约束)、TRIGERS(触发器)和 STORED PROCEDURE(存储过程)等。

在完整性的实现途径中，数据类型和索引的知识在前面的章节中已经介绍，触发器和存储过程将在后面详细介绍。下面主要介绍约束的相关知识。

3. 使用约束

约束是 MySQL 提供的自动保持数据完整性的一种机制，是数据库服务器强制用户必须遵从的业务逻辑。它通过限制字段中的数据、记录中数据和表之间的数据来保证数据的完整性。

1) PRIMARY KEY 约束

PRIMARY KEY 约束是通过定义表的主键来实现实体完整性约束的。为了能唯一地表示表中的数据行，通常将某一列或多列的组合定义为主键。一个表只能有一个主键，而且主键约束中的列不能为空值，且唯一地标识表中的每一行。如果主键不止一列，则一列中的值可以重复，但主键定义的所有列的组合值必须唯一。

(1) 创建 PRIMARY KEY 约束。

创建 PRIMARY KEY 约束的语法格式如下：

```
[CONSTRAINT <约束名>]
    PRIMARY KEY (字段名[,…]);
```

上述创建 PRIMARY KEY 约束的语句不能独立使用，通常放在 CREATE TABLE 语句或 ALTER TABLE 语句中使用。在 CREATE TABLE 语句中使用上述 SQL 语句，表示在定义表结构的同时指定主键；在 ALTER TABLE…ADD…语句中使用上述 SQL 语句，表示为已存在的表创建主键。

例 8.16 为 student 表中的学号添加的 PRIMARY KEY 约束。SQL 语句如下：

```
create table student
    (
    学号 char(9) not null,
    姓名 varchar(10),
    性别 char(2),
    出生日期 date,
    民族 varchar(10),
    政治面貌 varchar(8),
    constraint pxh
        primary key (学号)
    );
```

(2) 删除 PRIMARY KEY 约束。

删除 PRIMARY KEY 约束，其语法格式如下：

```
ALTER TABLE <表名>
    DROP PRIMARY KEY;
```

例 8.17 删除 student 表中的 PRIMARY KEY 约束。SQL 语句如下：

```
alter table student
    drop primary key;
```

2) UNIQUE 约束

UNIQUE 约束确保表中一列或多列的组合值具有唯一性，防止输入重复值，主要用于保证非主键列的实体完整性。例如，在 student 表中增加身份证号一列，由于不同人的身份证号不可能重复，所以在该列上可以设置 UNIQUE 约束，以确保不会输入重复的身份证号码。

UNIQUE 约束与 PRIMARY KEY 约束类似，对每个 UNIQUE 约束 MySQL 也会为其创建一个唯一索引，强制唯一性。与 PRIMARY KEY 约束不同的是，UNIQUE 约束用于非主键的一列或多列组合，允许为一个表创建多个 UNIQUE 约束，且可以用于定义允许空值的列。

创建 UNIQUE 约束的语法格式如下：

```
[CONSTRAINT <约束名>]
    UNIQUE (字段名[,…]);
```

UNIQUE 约束与 PRIMARY KEY 约束类似，UNIQUE 约束的语句也不能独立使用，通常放在 CREATE TABLE 语句或 ALTER TABLE 语句中使用。在 CREATE TABLE 语句中使用上述 SQL 语句，表示在定义表结构的同时指定唯一键约束；在 ALTER TABLE…ADD…语句中使用上述 SQL 语句，表示为已存在的表创建唯一键约束。

例 8.18 在 student 表中添加身份证号字段，设置为 UNIQUE 约束。SQL 语句如下：

```
create table student
    (
    学号 char(9) not null,
```

```
姓名 varchar(10),
性别 char(2),
出生日期 date,
民族 varchar(10),
政治面貌 varchar(8),
身份证号 char(18),
constraint usfz
    unique (身份证号)
);
```

3) CHECK 约束

CHECK 约束用于限制一个或多个属性值的范围。使用一个逻辑表达式来检查要输入数据的有效性,如果输入内容满足 CHECK 约束的条件,则将数据写入到表中,否则,数据无法输入,从而保证 MySQL 数据库中数据的域完整性。一个数据表可以定义多个 CHECK 约束。

创建 CHECK 约束的语法格式为:

```
[CONSTRAINT <约束名>]
    CHECK (逻辑表达式);
```

例 8.19 在 sc 表中设置 CHECK 约束,成绩取值在 0～100 之间。SQL 语句如下:

```
alter table sc
    add constraint cscore
        check(成绩 between 0 and 100);
```

说明:CHECK 约束会被 MySQL 的存储引擎分析,但是会被忽略,即 CHECK 约束不会起任何作用。

4) FOREIGN KEY 约束

FOREIGN KEY 约束将表中一列或多列的组合定义为外键。其主要目的是建立和加强表与表之间的数据联系,确保数据的参照完整性。在创建和修改表时可通过定义 FOREIGN KEY 约束来建立外键。外键的取值只能是被参照表中对应字段已经存在的值,或者是 NULL 值。FOREIGN KEY 约束只能参照本身所在数据库中的某个表,包括参照自身表,但不能参照其他数据库中的表。

创建 FOREIGN KEY 约束的语法格式为:

```
[CONSTRAINT <约束名>]
    FOREIGN KEY (字段名[,…])
        REFERENCES 引用表名(引用表字段名[,…]);
```

说明:

(1) 被参照字段必须是主键或具有 UNIQUE 约束。

(2) 外键不仅可以对输入自身表的数据进行限制,也可以对被参照表中的数据操作进行限制。

例 8.20 在 sc 表中,创建一个与 student 表关联的 FOREIGN KEY 约束。SQL 语句

如下：

```
create table sc
    (
    学号 char(9) not null,
    成绩 decimal(4,1),
    constraint fxh
        foreign key (学号)
            references student(学号)
    );
```

5) NOT NULL 约束

列的 NOT NULL 约束定义了表中的数据行的特定列是否可以指定为 NULL 值。NULL 值不同于零(0)或长度为零的字符串('')。在一般情况下，如果在插入数据时不输入该属性的值，则表示为 NULL 值。因此，出现 NULL 通常表示为未知或未定义。

指定某一属性不允许为 NULL 值有助于维护数据的完整性，如用户向表中输入数据必须在该属性上输入一个值，否则数据库将不接受该记录，从而确保了记录中该字段永远包含数据。在通常情况下，对一些主要字段建议不允许 NULL 值，因为 NULL 值会使查询和更新变得复杂，使用户在操作数据时变得更加困难。

在 MySQL 中，用 SQL 语句创建表的时候，在对属性的描述时附加 NULL、NOT NULL 来实现。

6) DEFAULT 约束

DEFAULT 约束是为属性定义默认值。若表中的某属性定义了 DEFAULT 约束，在插入新记录时，如果未指定在该属性的值，则系统将默认值置为该属性的内容。默认值可以是常量、函数或者 NULL 值等。

对于一个不允许接受 NULL 值的属性，默认值更显示出其重要性。最常见的情况是，当用户在添加数据记录时，在某属性上无法确定应该输入什么数据，而该属性又存在 NOT NULL 约束，这时与其让用户随便输入一个数据值，还不如由系统以默认值的方式指定一个值给该属性。例如，在 student 表中，不允许学生的专业属性的内容为 NULL 值，可以为该字段定义一个默认值“尚未确定”，在添加新生的数据时，如果还未确定其所学专业，操作人员先不输入该属性值，则系统自动将字符串“尚未确定”存入该属性中。

创建 DEFAULT 约束的语法格式为：

```
<字段名> <数据类型> [NOT NULL|NULL] DEFAULT 默认表达式
```

说明：

(1) 默认值的数据类型必须与字段的数据类型相同，且不能与 CHECK 约束相违背。

(2) DEFAULT 定义的默认值只有在添加数据记录时才会发生作用。

例 8.21 在 student 表中，为政治面貌字段设置默认值为“共青团员”。SQL 语句如下：

```
create table student
    (
    学号 char(9) primary key,
    姓名 varchar(10) not null,
```

```
    性别 char(2),
    出生日期 date,
    民族 varchar(10),
    政治面貌 varchar(8) default '共青团员'
    );
```

课堂实践 8-4：教务管理系统中表的约束管理

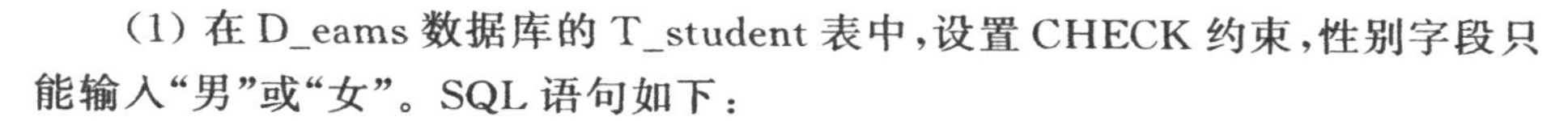

课堂实践 8-4

(1) 在 D_eams 数据库的 T_student 表中，设置 CHECK 约束，性别字段只能输入“男”或“女”。SQL 语句如下：

```
use D_eams;
alter table T_student
    add constraint csex
        check(性别 in ('男','女'));
```

(2) 在 D_eams 数据库的 T_student 表中，设置政治面貌的默认值为“共青团员”。SQL 语句如下：

```
alter table T_student
    alter 政治面貌
        set default '共青团员';
```

(3) 在 D_eams 数据库的 T_student 表中，设置 CHECK 约束，出生日期不晚于入学日期值(假设入学日期为 2015 年 9 月 1 日)。SQL 语句如下：

```
alter table T_student
    add constraint cdate
        check(出生日期<'2015-09-01');
```

(4) 在 D_eams 数据库的 T_sc 表中，设置 CHECK 约束，限制成绩取值在 0～100 之间。SQL 语句如下：

```
alter table T_sc
    add constraint cscore
        check(成绩>=0 and 成绩<=100);
```

(5) 在 D_eams 数据库的 T_student 表中，添加身份证号字段，设置 UNIQUE 约束。SQL 语句如下：

```
alter table T_student
    add 身份证号 char(18) unique;
```

(6) 删除 T_student 表中 PRIMARY KEY 约束。SQL 语句如下：

```
alter table T_student
    drop primary key;
```

8.5 数据查询

8.5.1 简单查询

简单查询是按照一定的条件在单一的表上进行数据查询，还包括查询结果的排序与利用查询结构生成新表。

使用 SQL 语言中的 SELECT 子句来实现对数据库的查询。SELECT 语句的作用是让服务器从数据库中按用户要求检索数据，并将结果以表格的形式返回给用户。

1. SELECT 语句结构

完整的 SELECT 语句非常复杂，为了更加清楚地理解 SELECT 语句，从下面几个成分来描述。数据查询 SELECT 语句的语法格式如下：

```
SELECT <子句 1>
    FROM <子句 2>
        [WHERE <表达式 1>]
        [GROUP BY <子句 3>]
        [HAVING <表达式 2>]
        [ORDER BY <子句 4>]
        [LIMIT <子句 5>]
        [UNION <运算符>];
```

说明：

(1) SELECT 子句指定查询结果中需要返回的值。

(2) FROM 子句指定从其中检索行的表或视图。

(3) WHERE 表达式指定查询的搜索条件。

(4) GROUP BY 子句指定查询结果的分组条件。

(5) HAVING 表达式指定分组或集合的查询条件。

(6) ORDER BY 子句指定查询结果的排序方法。

(7) LIMIT 子句可以用于限制被 SELECT 语句返回的行数。

(8) UNION 操作符将多个 SELECT 语句的查询结果组合为一个结果集，该结果集包含联合查询中的所有查询的全部行。

2. SELECT 子句

SELECT 子句的语法格式如下：

```
SELECT [ALL|DISTINCT] <目标表达式>[,<目标表达式>][,...]
    FROM <表或视图名>[,<表或视图名>][,...] [LIMIT n1[,n2]];
```

说明：

(1) ALL 指定显示结果集的所有行，可以显示重复行，ALL 是默认选项。

(2) DISTINCT 指定在结果集显示唯一行，空值被认为相等，用于消除取值重复的行。ALL 与 DISTINCT 不能同时使用。

(3) LIMIT n1 表示返回最前面的 n1 行数据，n1 表示返回的行数。

(4) LIMIT n1,n2 表示从 n1 行开始,返回 n2 行数据。初始行为 0(从 0 行开始)。n1,n2 必须是非负的整型常量。

(5) 目标表达式为结果集所选择的要查询的特定表中的列,它可以是星号(*)、表达式、列表、变量等。其中,星号(*)用于返回表或视图的所有列,列表用"表名.列名"来表示,如 student.学号,若只有一个表或多个表中没有相同的列时,表名可以省略。

例 8.22 在数据库 D_sample 中查询 student 表中学生的学号、姓名和性别。SQL 语句如下:

```
use D_sample;
select 学号,姓名,性别 from student;
```

查询结果如图 8.16 所示。

```
mysql> select 学号,姓名,性别 from student;
+-----------+--------+------+
| 学号      | 姓名   | 性别 |
+-----------+--------+------+
| 201507001 | 张文静 | 女   |
| 201507002 | 刘海燕 | 女   |
| 201507003 | 宋志强 | 男   |
| 201507004 | 马媛   | 女   |
| 201507005 | 李立波 | 男   |
| 201507006 | 高峰   | 男   |
| 201507007 | 梁雅婷 | 女   |
| 201507008 | 包晓娅 | 女   |
| 201507009 | 黄岩松 | 男   |
| 201507010 | 王丹丹 | 女   |
| 201507011 | 孙倩   | 女   |
| 201507012 | 乔雨   | 女   |
+-----------+--------+------+
12 rows in set (0.00 sec)
```

图 8.16 对 student 表的投影查询

例 8.23 在数据库 D_sample 中查询 student 表中全部的学生信息。SQL 语句如下:

```
select * from student;
```

查询结果如图 8.17 所示。

```
mysql> select * from student;
+-----------+--------+------+------------+--------+----------+
| 学号      | 姓名   | 性别 | 出生日期   | 民族   | 政治面貌 |
+-----------+--------+------+------------+--------+----------+
| 201507001 | 张文静 | 女   | 1996-02-01 | 汉族   | 共青团员 |
| 201507002 | 刘海燕 | 女   | 1991-10-18 | 汉族   | 共青团员 |
| 201507003 | 宋志强 | 男   | 1991-05-23 | 汉族   | 中共党员 |
| 201507004 | 马媛   | 女   | 1997-04-06 | 回族   | 共青团员 |
| 201507005 | 李立波 | 男   | 1996-11-06 | 汉族   | 共青团员 |
| 201507006 | 高峰   | 男   | 1997-01-12 | 汉族   | 共青团员 |
| 201507007 | 梁雅婷 | 女   | 1997-12-28 | 汉族   | 共青团员 |
| 201507008 | 包晓娅 | 女   | 1996-06-17 | 蒙古族 | 共青团员 |
| 201507009 | 黄岩松 | 男   | 1996-09-23 | 汉族   | 中共党员 |
| 201507010 | 王丹丹 | 女   | 1997-11-25 | 汉族   | 共青团员 |
| 201507011 | 孙倩   | 女   | 1997-03-02 | 汉族   | 共青团员 |
| 201507012 | 乔雨   | 女   | 1996-07-23 | 汉族   | 共青团员 |
+-----------+--------+------+------------+--------+----------+
12 rows in set (0.00 sec)
```

图 8.17 对 student 表全部信息的查询

例 8.24 在数据库 D_sample 中查询 student 表所有学生的民族信息,要求输出的信息不重复。SQL 语句如下:

```
select distinct 民族 from student;
```

查询结果如图 8.18 所示。

3. WHERE 子句

使用 SELECT 进行查询时，如果希望设置查询条件来限制返回的数据行，可以通过在 SELECT 语句后使用 WHERE 子句来实现。

WHERE 子句的语法格式如下：

```
WHERE <表达式>;
```

使用 WHERE 子句可以限制查询的范围，提高查询的效率。使用时，WHERE 子句必须紧跟在 FROM 子句之后。WHERE 子句中的查询条件或限定条件可以是比较运算符、模式匹配、范围说明、是否为空值、逻辑运算符。

1）比较查询

比较查询条件由两个表达式和比较运算符组成，系统将根据该查询条件的真假来决定某一条记录是否满足该查询条件，只有满足该查询条件的记录才会出现在最终结果集中。

例 8.25 在数据库 D_sample 中查询 student 表中姓名为“李立波”的学号、姓名和性别的信息。SQL 语句如下：

```
select 学号,姓名,性别 from student
    where 姓名 = '李立波';
```

查询结果如图 8.19 所示。

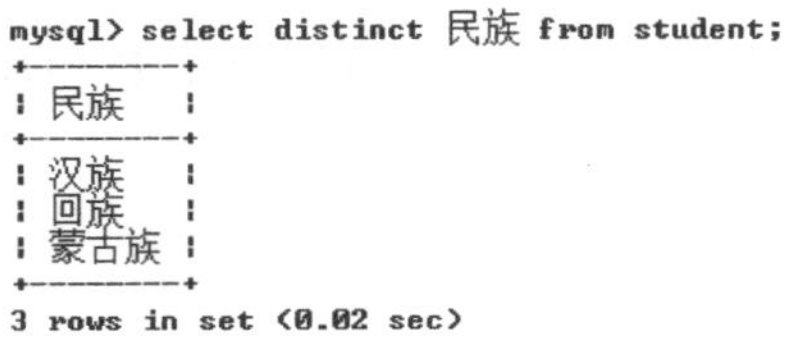

```
mysql> select distinct 民族 from student;
+--------+
| 民族   |
+--------+
| 汉族   |
| 回族   |
| 蒙古族 |
+--------+
3 rows in set (0.02 sec)
```

图 8.18 对 student 表不重复数据的查询

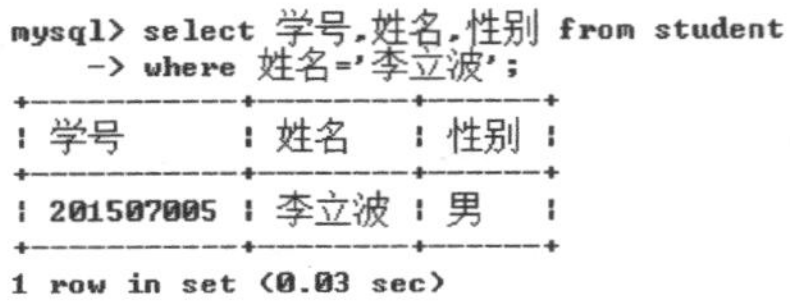

```
mysql> select 学号,姓名,性别 from student
    -> where 姓名='李立波';
+-----------+--------+------+
| 学号      | 姓名   | 性别 |
+-----------+--------+------+
| 201507005 | 李立波 | 男   |
+-----------+--------+------+
1 row in set (0.03 sec)
```

图 8.19 对 student 表的比较查询结果

2）模式匹配

模式匹配常用来返回匹配某种格式的所有记录，通常使用 LIKE 或用 REGEXP 关键字来指定模式匹配条件。

例 8.26 在数据库 D_sample 中查询 student 表中少数民族的学生信息。SQL 语句如下：

```
select * from student
    where 民族 not like '汉%';
```

查询结果如图 8.20 所示。

3）范围查询

如果需要返回某一字段的值介于两个指定值之间的所有记录，那么可以使用范围查询条件进行检索。范围查询条件主要有两种情况。

```
mysql> select * from student
    -> where 民族 not like '汉%';
+-----------+--------+------+------------+--------+----------+
| 学号      | 姓名   | 性别 | 出生日期   | 民族   | 政治面貌 |
+-----------+--------+------+------------+--------+----------+
| 201507004 | 马媛   | 女   | 1997-04-06 | 回族   | 共青团员 |
| 201507008 | 包晓娅 | 女   | 1996-06-17 | 蒙古族 | 共青团员 |
+-----------+--------+------+------------+--------+----------+
2 rows in set (0.00 sec)
```

图 8.20　对 student 表的 LIKE 查询

(1) 使用 BETWEEN…AND…语句指定内含范围条件。

要求返回记录某个字段的值在两个指定值范围以内,同时包括这两个指定的值,通常使用 BETWEEN…AND…语句来指定内含范围条件。

(2) 使用 IN 语句指定列表查询条件。

包含列表查询条件的查询将返回所有与列表中的任意一个值匹配的记录,通常使用 IN 语句指定列表查询条件。对于查询条件表达式中出现多个条件相同的情况,也可以用 IN 语句来简化。

例 8.27　在数据库 D_sample 中查询 course 表中开课学期为第 1 学期和第 2 学期的课程信息。SQL 语句如下:

```
select * from course
    where 开课学期 in('1','2');
```

查询结果如图 8.21 所示。

```
mysql> select * from course
    -> where 开课学期 in('1','2');
+--------+------------------+------------------+------+------+----------+
| 课程号 | 课程名称         | 课程简介         | 课时 | 学分 | 开课学期 |
+--------+------------------+------------------+------+------+----------+
| 07001  | 计算机应用基础   | 掌握计算机基本操作 |    4 |    4 | 1        |
| 07002  | 计算机网络技术基础 | 掌握计算机网络应用 |    4 |    4 | 1        |
| 07003  | 数据库技术基础   | 掌握数据库系统设计 |    4 |    4 | 2        |
| 07004  | 程序设计基础     | 掌握编程思想与方法 |    4 |    4 | 2        |
+--------+------------------+------------------+------+------+----------+
4 rows in set (0.00 sec)
```

图 8.21　对 course 表的范围查询

4) 空值判断查询条件

空值判断查询条件主要用来搜索某一字段为空值的记录,可以使用 IS NULL 或 IS NOT NULL 关键字来指定查询条件。

注意:IS NULL 不能用"=NULL"代替。

例 8.28　在数据库 D_sample 中查询 course 表中所有课程简介为空的课程信息。SQL 语句如下:

```
select * from course
    where 课程简介 is null;
```

查询结果如图 8.22 所示。

5) 逻辑运算符查询

逻辑运算符有 4 个,分别是:NOT、AND、OR 和 XOR。其中,NOT 表示对条件的否定;AND 用于连接两个条件,当两个条件都满足时才返回 TRUE,否则返回 FALSE;OR

```
mysql> select * from course
    -> where 课程简介 is null;
+--------+--------------+----------+------+------+----------+
| 课程号 | 课程名称     | 课程简介 | 课时 | 学分 | 开课学期 |
+--------+--------------+----------+------+------+----------+
| 07007  | Java程序设计 | NULL     |    4 |    4 | 4        |
+--------+--------------+----------+------+------+----------+
1 row in set (0.04 sec)
```

图 8.22　对 course 表的空值判断查询

也用于连接两个条件，只要有一个条件满足时就返回 TRUE；XOR 同样也用于连接两个条件，只有一个条件满足时才返回 TRUE，当两个条件都满足或都不满足时返回 FALSE。

例 8.29　在数据库 D_sample 中查询 sc 表中成绩在 80 到 100 分之间的学号和成绩信息。SQL 语句如下：

```
select 学号,成绩 from sc
    where 成绩> = 80 and 成绩< = 100;
```

查询结果如图 8.23 所示。

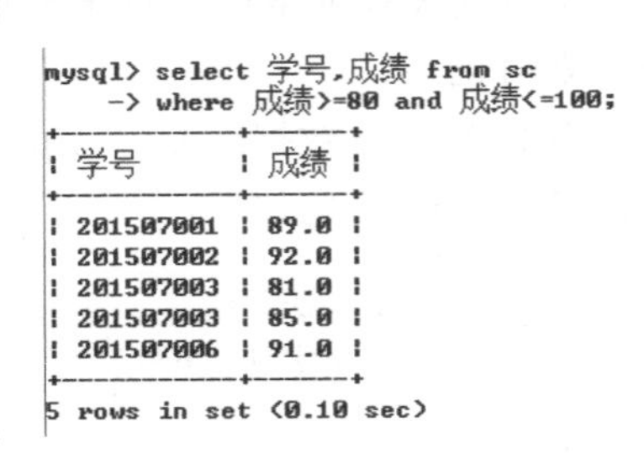

```
mysql> select 学号,成绩 from sc
    -> where 成绩>=80 and 成绩<=100;
+-----------+------+
| 学号      | 成绩 |
+-----------+------+
| 201507001 | 89.0 |
| 201507002 | 92.0 |
| 201507003 | 81.0 |
| 201507003 | 85.0 |
| 201507006 | 91.0 |
+-----------+------+
5 rows in set (0.10 sec)
```

图 8.23　对 sc 表的逻辑运算符查询

4. ORDER BY 子句

当使用 SELECT 语句查询时，如果希望查询结果能够按照其中的一个或多个字段进行排序，可以通过在 SELECT 语句后跟一个 ORDER BY 子句来实现。排序有两种方式：一种是升序，使用 ASC 关键字来指定；一种是降序，使用 DESC 关键字来指定。如果没有指定顺序，系统将默认为升序。

ORDER BY 子句的语法格式如下：

```
ORDER BY <字段名> [ASC|DESC][,…];
```

例 8.30　在数据库 D_sample 中查询 course 表中开课学期按照升序排列的课程信息。SQL 语句如下：

```
select * from course
    order by 开课学期;
```

查询结果如图 8.24 所示。

```
mysql> select * from course
    -> order by 开课学期;
+--------+--------------------+--------------------+------+------+----------+
| 课程号 | 课程名称           | 课程简介           | 课时 | 学分 | 开课学期 |
+--------+--------------------+--------------------+------+------+----------+
| 07001  | 计算机应用基础     | 掌握计算机基本操作 |    4 |    4 | 1        |
| 07002  | 计算机网络技术基础 | 掌握计算机网络应用 |    4 |    4 | 1        |
| 07003  | 数据库技术基础     | 掌握数据库系统设计 |    4 |    4 | 2        |
| 07004  | 程序设计基础       | 掌握编程思想与方法 |    4 |    4 | 2        |
| 07006  | 网页设计           | 掌握DIV+CSS网页布  |    4 |    4 | 3        |
| 07005  | 数据结构           | 掌握基本概念算法描 |    4 |    4 | 4        |
| 07007  | Java程序设计       | NULL               |    4 |    4 | 4        |
+--------+--------------------+--------------------+------+------+----------+
7 rows in set (0.04 sec)
```

图 8.24　对 course 表的排序

例 8.31　在数据库 D_sample 中查询 sc 表中选修了 07003 号课程的学生成绩，成绩按降序进行排序。SQL 语句如下：

```
select * from sc
    where 课程号 = '07003'
        order by 成绩 desc;
```

查询结果如图 8.25 所示。

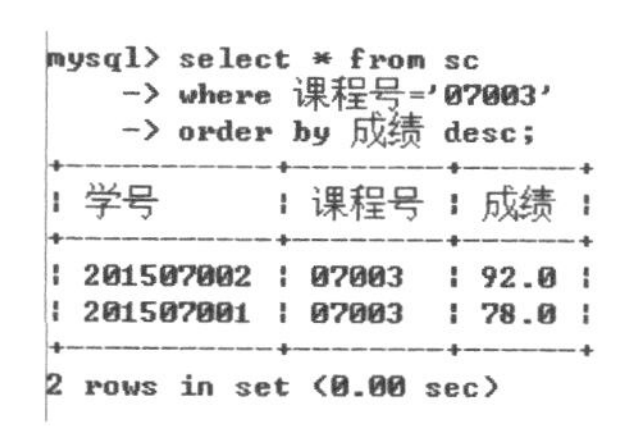

图 8.25 对 sc 表的排序

5. GROUP BY 子句

使用 SELECT 进行查询时，如果用户希望将数据记录依据设置的条件分成多个组，可以通过在 SELECT 语句后使用 GROUP BY 子句来实现。如果 SELECT 子句的<目标表达式>中包含聚合函数，则 GROUP BY 将计算每组的汇总值。指定 GROUP BY 时，选择列表中任意非聚合表达式内的所有列都应包含在 GROUP BY 列表中，或者 GROUP BY 表达式必须与选择列表的表达式完全匹配。GROUP BY 子句可以将查询结果按字段或字段组合在行的方向上进行分组，每组在字段或字段组合上具有相同的聚合值。如果聚合函数没有使用 GROUP BY 子句，则只为 SELECT 语句报告一个聚合值。常用的聚合函数见表 8.9。

表 8.9 常用聚合函数

函 数 名	功 能
SUM()	返回一个数值列或计算列的总和
AVG()	返回一个数值列或计算列的平均值
MIN()	返回一个数值列或计算列的最小值
MAX()	返回一个数值列或计算列的最大值
COUNT()	返回满足 SELECT 语句中指定条件的记录数
COUNT(*)	返回找到的行数

GROUP BY 子句的语法格式如下：

```
GROUP BY {字段名|表达式}[ASC|DESC][,…]
    [WITH ROLLUP];
```

说明：

(1) 与 ORDER BY 子句中的 ASC 或 DESC 关键字相同，这里的 ASC 关键字用来指定升序，DESC 关键字用来指定降序。

(2) ROLLUP 指定在结果集内不仅包含由 GROUP BY 提供的行，还包含汇总行。汇总行在结果集中显示为 NULL，用于表示所有值。按层次结构顺序，从组内的最低级别到最高级别汇总组。组的层次结构取分组时指定使用的顺序。更改列分级的顺序会影响在结果集内生成的行数。

例 8.32 在数据库 D_sample 中统计 student 表中学生的男女人数。SQL 语句如下：

```
select 性别,count(性别) as 人数 from student
    group by 性别;
```

查询结果如图 8.26 所示。

```
mysql> select 性别,count(性别) as 人数 from student
    -> group by 性别;
+------+------+
| 性别 | 人数 |
+------+------+
| 男   |    4 |
| 女   |    8 |
+------+------+
2 rows in set (0.35 sec)
```

图 8.26　对 student 表的分组查询

6. HAVING 子句

当完成数据结果的查询和统计后，若希望对查询和计算后的结果进行进一步的筛选，可以通过在 SELECT 语句后使用 GROUP BY 子句配合 HAVING 子句来实现。

HAVING 子句的语法格式如下：

```
HAVING <表达式>;
```

可以在包含 GROUP BY 子句的查询中使用 WHERE 子句。WHERE 与 HAVING 子句的根本区别在于作用对象不同。WHERE 子句作用于基本表或视图，从中选择满足条件的记录；HAVING 子句作用于组，选择满足条件的组，必须用于 GROUP BY 子句之后，但 GROUP BY 子句可以没有 HAVING 子句。HAVING 与 WHERE 语法类似，但 HAVING 可以包含聚合函数。

例 8.33　在数据库 D_sample 中查询 sc 表中平均成绩在 85 分以上的课程号。SQL 语句如下：

```
select 课程号, avg(成绩) as 平均成绩 from sc
    group by 课程号
        having avg(成绩)>= 85;
```

查询结果如图 8.27 所示。

```
mysql> select 课程号, avg(成绩) as 平均成绩 from sc
    -> group by 课程号
    -> having  avg(成绩)>=85;
+--------+----------+
| 课程号 | 平均成绩 |
+--------+----------+
| 07001  | 89.00000 |
| 07003  | 85.00000 |
| 07004  | 91.00000 |
| 07005  | 85.00000 |
+--------+----------+
4 rows in set (0.60 sec)
```

图 8.27　对 sc 表的限定查询

课堂实践 8-5

课堂实践 8-5：简单查询的应用

(1) 查询学生信息表 T_student 中姓李的男生的学生信息。SQL 语句如下：

```
select * from T_student
    where 姓名 like '李%' and 性别 = '男';
```

查询结果如图 8.28 所示。

(2) 查询学生信息表 T_student 中年龄在 20 到 25 岁之间的学生信息。SQL 语句如下：

```
mysql> select * from T_student
    -> where 姓名 like '李%' and 性别='男';
+-----------+--------+------+------------+------+----------+
| 学号      | 姓名   | 性别 | 出生日期   | 民族 | 政治面貌 |
+-----------+--------+------+------------+------+----------+
| 201507005 | 李立波 | 男   | 1996-11-06 | 汉族 | 共青团员 |
+-----------+--------+------+------------+------+----------+
1 row in set (0.04 sec)
```

图 8.28　对 T_student 表的选择查询

```
select * from T_student
    where year(now()) - year(出生日期) between 20 and 25;
```

查询结果如图 8.29 所示。

```
mysql> select * from T_student
    -> where year(now())-year(出生日期) between 20 and 25;
+-----------+--------+------+------------+--------+----------+
| 学号      | 姓名   | 性别 | 出生日期   | 民族   | 政治面貌 |
+-----------+--------+------+------------+--------+----------+
| 201507001 | 张文静 | 女   | 1996-02-01 | 汉族   | 共青团员 |
| 201507002 | 刘海燕 | 女   | 1996-10-18 | 汉族   | 共青团员 |
| 201507003 | 宋志强 | 男   | 1996-05-23 | 汉族   | 中共党员 |
| 201507005 | 李立波 | 男   | 1996-11-06 | 汉族   | 共青团员 |
| 201507008 | 包晓娅 | 女   | 1996-06-17 | 蒙古族 | 共青团员 |
| 201507009 | 黄岩松 | 男   | 1996-09-23 | 汉族   | 中共党员 |
+-----------+--------+------+------------+--------+----------+
6 rows in set (0.00 sec)
```

图 8.29　对 T_student 表的范围查询

(3) 统计成绩表 T_sc 中选修了课程的学生人数。SQL 语句如下：

```
select count(distinct 学号) as 人数
    from T_sc;
```

查询结果如图 8.30 所示。

(4) 计算成绩表 T_sc 中 07003 号课程的学生平均成绩。SQL 语句如下：

```
select avg(成绩) as 平均成绩 from T_sc
    where 课程号 = '07003';
```

查询结果如图 8.31 所示。

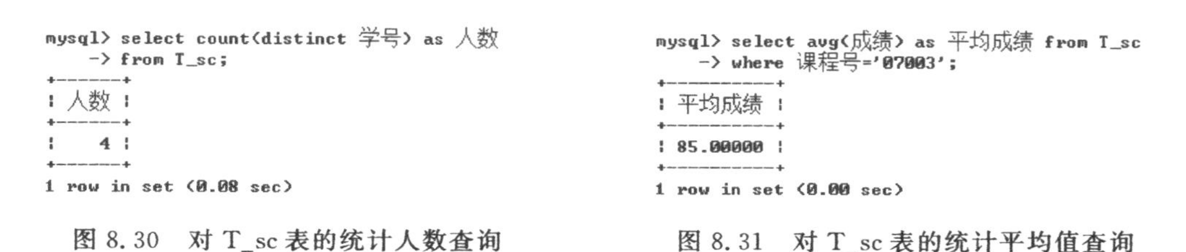

```
mysql> select count(distinct 学号) as 人数
    -> from T_sc;
+------+
| 人数 |
+------+
|    4 |
+------+
1 row in set (0.08 sec)
```

图 8.30　对 T_sc 表的统计人数查询

```
mysql> select avg(成绩) as 平均成绩 from T_sc
    -> where 课程号='07003';
+----------+
| 平均成绩 |
+----------+
| 85.00000 |
+----------+
1 row in set (0.00 sec)
```

图 8.31　对 T_sc 表的统计平均值查询

(5) 统计党团员中的男女人数。SQL 语句如下：

```
select 政治面貌,性别,count( * ) as 人数 from T_student
    group by 政治面貌,性别;
```

查询结果如图 8.32 所示。

```
mysql> select 政治面貌,性别,count(*) as 人数 from T_student
    -> group by 政治面貌,性别;
+----------+------+------+
| 政治面貌 | 性别 | 人数 |
+----------+------+------+
| 共青团员 | 男   |    2 |
| 共青团员 | 女   |    6 |
| 中共党员 | 男   |    2 |
+----------+------+------+
3 rows in set (0.02 sec)
```

图 8.32 对 T_student 表的分组统计查询

8.5.2 连接查询

连接查询是关系数据库中最主要的查询，主要包括内连接、外连接和交叉连接等。通过连接运算符可以实现多表查询。当检索数据时，通过连接操作查询出存放在多个表中的不同实体的信息。连接操作有很大的灵活性，可以在任何时候增加新的数据类型。为不同实体创建新的表，然后通过连接进行查询。

1. 内连接

内连接的连接查询结果集中仅包含满足条件的行。内连接是 MySQL 默认的连接方式，可以把 INNER JOIN 简写成 JOIN，根据所使用的比较方式不同，内连接又分为等值连接、自然连接和不等连接三种。

内连接语句的语法格式如下：

```
FROM <表名 1> [别名 1], <表名 2> [别名 2] [,…]
    WHERE <连接条件表达式> [AND <条件表达式>];
```

或者

```
FROM <表名 1> [别名 1] INNER JOIN <表名 2> [别名 2] ON <连接条件表达式>
    [WHERE <条件表达式>];
```

其中，第一种语句格式的连接类型在 WHERE 子句中指定，第二种语句格式的连接类型在 FROM 子句中指定。

另外，连接条件是指在连接查询中连接两个表的条件。连接条件表达式的一般格式如下：

```
[<表名 1>]<别名 1.列名> <比较运算符> [<表名 2>]<别名 2.列名>
```

比较运算符可以使用等号“＝”，此时称作等值连接；也可以使用不等比较运算符，包括＞、＜、＞＝、＜＝、！＝、＜＞等，此时为不等值连接。

说明：

(1) FROM 后可跟多个表名，表名与别名之间用空格间隔。

(2) 当连接类型在 WHERE 子句中指定时，WHERE 后一定要有连接条件表达式，即两个表的公共字段相等。

(3) 若不定义别名，表的别名默认为表名。

(4) 若在输出列或条件表达式中出现两个表的公共字段,则在公共字段名前必须加别名。

若在等值连接中把目标列中的重复字段去掉,则称为自然连接。

注意:在学号前的表名不能省略,因为学号是 student 表和 sc 表共有的属性,所以必须加上表名前缀。

例 8.34 查询学生的姓名、课程名称和成绩信息。SQL 语句如下:

```
select 姓名,课程名称,成绩
    from student a,course b,sc c
        where a.学号 = c.学号 and b.课程号 = c.课程号;
```

其中,3 个表进行两两连接,"a.学号=c.学号"和"b.课程号=c.课程号"是两个连接条件。若 n 个表连接,需要 n-1 个连接条件。

2. 外连接

外连接的连接查询结果集中既包含那些满足条件的行,还包含其中某个表的全部行,有 3 种形式的外连接:左外连接、右外连接、全外连接。

3. 交叉连接

交叉连接又称笛卡儿连接,是指两个表之间做笛卡儿积操作,得到结果集的行数是两个表的行数的乘积。

4. 自连接

连接操作不只是在不同的表之间进行,一张表内还可以进行自身连接操作,即将同一个表的不同行连接起来。自连接可以看作一张表的两个副本之间的连接。在自连接中,必须为表指定两个别名,使之在逻辑上成为两张表。

自连接语句的语法格式如下:

```
FROM <表名 1> [别名 1],<表名 1> [别名 2][,…]
    WHERE <连接条件表达式> [AND <条件表达式>];
```

例 8.35 在数据库 D_sample 中查询同时选修了 07001 和 07003 课程的学生学号。SQL 语句如下:

```
select a.学号
    from sc a,sc b
        where a.学号 = b.学号
            and a.课程号 = '07001'
            and b.课程号 = '07003';
```

查询结果如图 8.33 所示。

```
mysql> select a.学号
    -> from sc a,sc b
    -> where a.学号=b.学号
    -> and a.课程号='07001'
    -> and b.课程号='07003';
+-----------+
| 学号      |
+-----------+
| 201507001 |
+-----------+
1 row in set (0.00 sec)
```

图 8.33 对 sc 表的自连接

5. 多表连接

在进行内连接时,有时候出于某种特殊需要,可能涉及三张表甚至更多表进行连接。三张表甚至更多表进行连接和两张表连接的操作基本是相同的,先把两张表连接成一个大表,再将其和第三张表进行连接,以此类推。

课堂实践 8-6：连接查询的应用

(1) 在教务管理系统数据库 D_eams 中，查询“宋志强”同学所选课程的成绩。SQL 语句如下：

```
use D_eams;
select 成绩
    from T_student a,T_sc b
        where a.学号 = b.学号 and a.姓名 = '宋志强';
```

查询结果如图 8.34 所示。

```
mysql> select 成绩
    -> from T_student a,T_sc b
    -> where a.学号=b.学号 and a.姓名='宋志强';
+------+
| 成绩 |
+------+
| 81.0 |
| 85.0 |
+------+
2 rows in set (0.04 sec)
```

图 8.34　对 T_student 和 T_sc 表的连接查询

(2) 查询选修了“数据库技术基础”课程且成绩在 80 分以上的学生的学号、姓名、课程名称及成绩。SQL 语句如下：

```
select a.学号,姓名,课程名称,成绩
    from T_student a,T_course b,T_sc c
        where a.学号 = c.学号 and b.课程号 = c.课程号
            and 课程名称 = '数据库技术基础' and 成绩> = 80;
```

查询结果如图 8.35 所示。

```
mysql> select a.学号,姓名,课程名称,成绩
    -> from T_student a,T_course b,T_sc c
    -> where a.学号=c.学号 and b.课程号=c.课程号
    -> and 课程名称='数据库技术基础' and 成绩>=80;
+-----------+--------+----------------+------+
| 学号      | 姓名   | 课程名称       | 成绩 |
+-----------+--------+----------------+------+
| 201507002 | 刘海燕 | 数据库技术基础 | 92.0 |
+-----------+--------+----------------+------+
1 row in set (0.02 sec)
```

图 8.35　对 3 个表连接的选择查询

8.5.3　子查询

子查询指在一个 SELECT 查询语句的 WHERE 子句中包含另一个 SELCET 查询语句，或者将一个 SELECT 查询语句嵌入在另一个语句中成为其一部分。在外层的 SELECT 查询语句称为主查询，WHERE 子句中的 SELECT 查询语句称为子查询。

子查询可描述复杂的查询条件，也称为嵌套查询。嵌套查询一般会涉及两个以上的表，所做的查询有的也可以采用连接查询或者用几个查询语句完成。

在子查询中可以使用 IN 关键字、EXISTS 关键字和比较操作符(ALL 与 ANY)等来连接表数据信息。

1. IN 子查询

IN 子查询可以用来确定指定的值是否与子查询或列表中的值相匹配。通过 IN(或 NOT IN)引入的子查询结果是一列值。子查询返回结果之后,外部查询将利用这些结果。

IN 子查询的语法格式如下:

```
<字段名> [NOT]IN(子查询)
```

例 8.36 查询所有成绩大于 80 分的学生的学号和姓名。SQL 语句如下:

```
select 学号,姓名 from student
    where 学号 in
        (select 学号 from sc where 成绩> 80);
```

查询结果如图 8.36 所示。

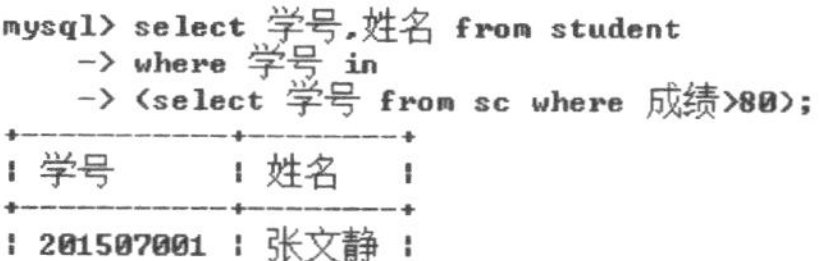

```
mysql> select 学号,姓名 from student
    -> where 学号 in
    -> (select 学号 from sc where 成绩>80);
```

学号	姓名
201507001	张文静
201507002	刘海燕
201507003	宋志强
201507006	高峰

4 rows in set (0.00 sec)

图 8.36 IN 子查询

2. 比较运算符子查询

带有比较运算符的子查询是指主查询与子查询之间用比较运算符进行连接。当用户能确切知道内层查询返回的是单值时,可以用>、<、=、>=、<=、!=或<>等比较运算符。

比较运算符子查询的语法格式如下:

```
<字段名> <比较运算符> <子查询>
```

例 8.37 在数据库 D_sample 中查询超过平均年龄的学生的信息。SQL 语句如下:

```
select * from student
    where year(now()) - year(出生日期)>
        (select avg(year(now()) - year(出生日期)) from student);
```

查询结果如图 8.37 所示。

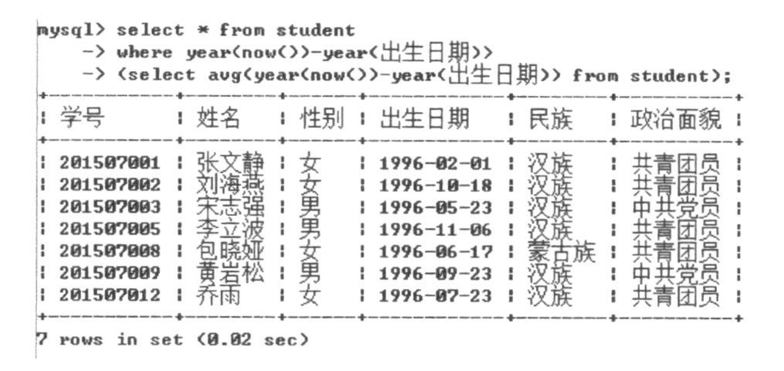

```
mysql> select * from student
    -> where year(now())-year(出生日期)>
    -> (select avg(year(now())-year(出生日期)) from student);
```

学号	姓名	性别	出生日期	民族	政治面貌
201507001	张文静	女	1996-02-01	汉族	共青团员
201507002	刘海燕	女	1996-10-18	汉族	共青团员
201507003	宋志强	男	1996-05-23	汉族	中共党员
201507005	李立波	男	1996-11-06	汉族	共青团员
201507008	包晓娅	女	1996-06-17	蒙古族	共青团员
201507009	黄岩松	男	1996-09-23	汉族	中共党员
201507012	乔雨	女	1996-07-23	汉族	共青团员

7 rows in set (0.02 sec)

图 8.37 比较运算符子查询

3. ANY 或 ALL 子查询

子查询返回单值时,可以用比较运算符,但返回多值时,要用 ANY 或 ALL 谓词修饰符。而使用 ANY 或 ALL 谓词时,必须同时使用比较运算符。子查询由一个比较运算符引入,后面跟 ANY 或 ALL 的比较运算符,ANY 和 ALL 用于一个值与一组值的比较,以“>”为例,ANY 表示大于一组值中的任意一个,ALL 表示大于一组值中的每一个。

ANY 或 ALL 子查询的语法格式如下：

```
<字段名> <比较运算符>[ANY|ALL] <子查询>
```

例 8.38　查询选修 07002 号课程的成绩高于 07003 号课程的成绩的学生的学号。SQL 语句如下：

```
select 学号 from sc
    where 课程号 = '07002' and 成绩> any
        (select 成绩 from sc
            where 课程号 = '07003');
```

查询结果如图 8.38 所示。

课堂实践 8-7

课堂实践 8-7：子查询的应用

(1) 查询出生日期晚于所有男同学出生日期的女同学的姓名。SQL 语句如下：

```
select 姓名 from T_student
    where 出生日期> all
        (select 出生日期 from T_student
            where 性别 = '男');
```

查询结果如图 8.39 所示。

```
mysql> select 学号  from sc
    -> where  课程号='07002' and 成绩>any
    -> (select 成绩 from sc
    ->  where 课程号='07003');
+-----------+
| 学号      |
+-----------+
| 201507003 |
+-----------+
1 row in set (0.00 sec)
```

图 8.38　ANY 子查询

```
mysql> select 姓名 from T_student
    -> where 出生日期>all
    -> (select 出生日期 from T_student
    -> where 性别='男');
+--------+
| 姓名   |
+--------+
| 马媛   |
| 梁雅婷 |
| 王丹丹 |
+--------+
3 rows in set (0.02 sec)
```

图 8.39　ALL 子查询

(2) 查询成绩高于该课程平均成绩的学生的学号及成绩。SQL 语句如下：

```
select 学号,成绩 from T_sc
    where 成绩> =
        (select avg(成绩) from T_sc);
```

查询结果如图 8.40 所示。

(3) 查询所有与张文静选修了至少一门相同课程的学生的学号、课程号和成绩。SQL 语句如下：

```
select * from T_sc
    where 课程号 in
        (select 课程号 from T_sc
            where 学号 =
                (select 学号 from T_student
                    where 姓名 = '张文静'));
```

查询结果如图 8.41 所示。

```
mysql> select 学号,成绩 from T_sc
    -> where 成绩>=
    -> (select avg(成绩) from T_sc);
+-----------+------+
| 学号      | 成绩 |
+-----------+------+
| 201507001 | 89.0 |
| 201507002 | 92.0 |
| 201507006 | 91.0 |
+-----------+------+
3 rows in set (0.00 sec)
```

图 8.40 比较运算符子查询

```
mysql> select * from T_sc
    -> where 课程号 in
    -> (select 课程号 from T_sc
    -> where 学号=
    -> (select 学号 from T_student
    -> where 姓名='张文静'));
+-----------+--------+------+
| 学号      | 课程号 | 成绩 |
+-----------+--------+------+
| 201507001 | 07001  | 89.0 |
| 201507001 | 07003  | 78.0 |
| 201507002 | 07003  | 92.0 |
+-----------+--------+------+
3 rows in set (0.00 sec)
```

图 8.41 IN 子查询

8.5.4 联合查询

不同的查询操作会生成不同的查询结果集,但在实际应用中会希望这些查询结果集连接到一起,从而组成符合实际需要的数据,此时就可以使用联合查询。使用联合查询可以将两个或更多的结果集组合到一个结果集中,新结果集则包含了所有查询结果集中的全部数据。

SELECT 的查询结果是记录的集合,所以可以对 SELECT 的结果进行集合操作。SQL 语言提供的集合操作主要包括 3 个: UNION(并操作)、INTERSECT(交操作)、MINUS(差操作)。下面对并操作举一个实例,另外两个集合操作的方法类似。

查询的并操作称为"并集运算",是将两个或两个以上的查询结果合并,形成一个具有综合信息的查询结果。使用 UNION 语句可以把两个或两个以上的查询结果集合并为一个结果集。

联合查询的语法格式如下:

```
SELECT <子句 1 > UNION [ALL] SELECT <子句 2 >;
```

说明: ALL 关键字为可选项。如果在 UNION 子句中使用 ALL 关键字,则返回全部满足匹配的结果; 如果不使 ALL 关键字,则返回结果中删除满足匹配的重复行。在进行联合查询时,查询结果的列标题为第一个查询语句的列标题。因此,必须在第一个查询语句中定义列标题。

例 8.39 在数据库 D_sample 中查询选修课程 07002 或者 07003 的成绩信息。SQL 语句如下:

```
select * from sc
    where 课程号 = '07002'
union
select * from sc
    where 课程号 = '07003';
```

查询结果如图 8.42 所示。

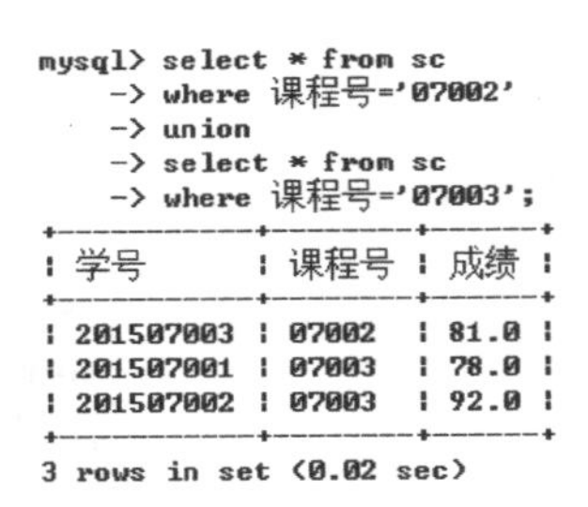

```
mysql> select * from sc
    -> where 课程号='07002'
    -> union
    -> select * from sc
    -> where 课程号='07003';
+-----------+--------+------+
| 学号      | 课程号 | 成绩 |
+-----------+--------+------+
| 201507003 | 07002  | 81.0 |
| 201507001 | 07003  | 78.0 |
| 201507002 | 07003  | 92.0 |
+-----------+--------+------+
3 rows in set (0.02 sec)
```

图 8.42　联合查询

8.6　视图管理

视图是由一个或多个数据表或视图导出的虚拟表或查询表组成的，是关系数据库系统提供给用户以多种角度观察数据库中数据的重要机制。

8.6.1　视图概述

视图是从一个或者几个基本表或者视图中导出的虚拟表，是从现有基表中抽取若干子集组成的“专用表”，这种构造方式必须使用 SQL 中的 SELECT 语句来实现。在定义一个视图时，只是把其定义存放在数据库中，并不直接存储视图对应的数据，直到使用视图时才去查找对应的数据。

使用视图具有如下优点。

(1) 简化对数据的操作。视图可以简化操作数据的方式。可将经常使用的连接、投影、联合查询和选择查询定义为视图，这样在每次执行相同的查询时，不必重写这些复杂的语句，只要一条简单的查询视图语句即可。视图可向用户隐藏表与表之间复杂的连接操作。

(2) 自定义数据。视图能够让不同用户以不同方式看到不同或相同的数据集，即使不同水平的用户共用同一数据库时也是如此。

(3) 数据集中显示。视图使用户着重于其感兴趣的某些特定数据或所负责的特定任务，可以提高数据操作效率，同时增强数据的安全性，因为用户只能看到视图中所定义的数据，而不是基本表中的数据。

(4) 导入和导出数据。可以使用视图将数据导入或导出。

(5) 合并已分割的数据。在某些情况下，由于表中数据量太大，在表的设计过程中可能需要经常对表进行水平分割或垂直分割，然而，表结构这样的变化会对应用程序产生不良的影响。使用视图就可以重新保持原有的结构关系，从而使外模式保持不变，原有的应用程序仍可以通过视图来重载数据。

(6) 安全机制。视图可以作为一种安全机制。通过视图，只能查看和修改它们能看到的数据。其他数据库或表既不可见，也不可访问。

8.6.2　创建视图

在 SQL 中，使用 CREATE VIEW 语句创建视图，其语法格式如下：

```
CREATE [OR REPLACE] VIEW <视图名> [(字段名[,…])]
    AS SELECT 语句
    [WITH CHECK OPTION];
```

说明：

(1) OR REPLACE 允许在同名的视图中，用新的语句替换旧的语句。

(2) SELECT 语句定义视图的 SELECT 语句。

(3) WITH CHECK OPTION 强制所有通过视图修改的数据满足 SELECT 语句中指定的选择条件。

(4) 视图中的 SELECT 语句不能包含 FROM 子句中的子查询，不能引用系统变量或局部变量。

(5) 在视图定义中命名的表必须已存在，不能引用 TEMPORARY 表，不能创建 TEMPORARY 视图，不能将触发程序与视图关联在一起。

例 8.40 在数据库 D_sample 中定义视图，查询学生的姓名、课程名称和成绩。SQL 语句如下：

```
use D_sample;
create view v1
    as
    select 姓名,课程名称,成绩
        from student a,course b,sc c
            where a.学号 = c.学号 and b.课程号 = c.课程号;
```

视图定义后，可以像基本表一样进行查询。例如，若要查询以上定义的视图 v1，可以使用如下 SQL 语句。

```
select * from v1;
```

在安装系统和创建数据库之后，只有系统管理员和数据库所有者具有创建视图的权限，此后他们可以使用 GRANT CREATE VIEW 语句将这个权限授予其他用户。此外，视图创建者必须具有在视图查询中包括的每一列的访问权。

8.6.3 更新视图

在 SQL 语句中，使用 ALTER VIEW 语句修改视图，其语法格式如下：

```
ALTER VIEW <视图名> [(字段名[,...])]
    AS SELECT 语句
    [WITH CHECK OPTION];
```

说明：如果在创建视图时使用了 WITH CHECK OPTION 选项，则在使用 ALTER VIEW 语句时，也必须包括该选项。

例 8.41 修改例 8.40 中的视图 v1。SQL 语句如下：

```
alter view v1
    as
    select 学号,姓名 from student;
```

8.6.4 删除视图

在 SQL 中，使用 DROP VIEW 语句删除视图，其语法格式如下：

```
DROP VIEW {视图名}[,...];
```

DROP VIEW 语句可以删除多个视图，各视图名之间用逗号分隔。

例 8.42 删除视图 v1。SQL 语句如下：

```
drop view v1;
```

说明：

(1) 删除视图时，将从系统目录中删除视图的定义和有关视图的其他信息，还将删除视图的所有权限。

(2) 在使用 DROP TABLE 删除的表上的任何视图都必须用 DROP VIEW 语句删除。

课堂实践 8-8：教务管理系统中视图管理的应用

(1) 在 D_eams 数据库中创建视图 V_sc，查询成绩大于 90 分的所有学生选修成绩的信息。SQL 语句如下：

```
use D_eams;
create view V_sc
    as
    select * from T_sc
        where 成绩> 90;
```

(2) 创建视图 V_student，查询学生姓名、课程名称、成绩等信息。SQL 语句如下：

```
create view V_student
    as
    select 姓名,课程名称,成绩 from T_student a,T_sc b,T_course c
        where a.学号 = b.学号 and b.课程号 = c.课程号;
```

(3) 修改视图 V_sc，查询成绩大于 90 分且开课学期为第 3 学期的所有学生选修成绩的信息。SQL 语句如下：

```
alter view V_sc
    as
    select 成绩 from T_sc a,T_course b
        where a.课程号 = b.课程号 and 成绩> 90 and 开课学期 = '3';
```

(4) 将视图 V_student 删除。SQL 语句如下：

```
drop view V_student;
```

8.7 存储过程和触发器

8.7.1 存储过程

1. 存储过程概述

1）什么是存储过程

存储过程(Stored Procedure)是一组完成特定功能的 SQL 语句集，经编译后存储在数据库中。存储过程可包含程序流、编辑及对数据库的查询。它们可以接受参数、输出参数、返回单个或者多个结果集及返回值。

2）存储过程的优点

在 MySQL 中使用存储过程有以下优点。

(1) 存储过程在服务器端运行，执行速度快。

(2) 存储过程执行一次后，其执行规划就驻留在高速缓冲存储器，在以后的操作中，只需要从高速缓冲存储器中调用已编译好的二进制代码执行，提高了系统性能。

(3) 存储过程提供了安全机制。即使是没有访问存储过程引用的表或者视图权限的用户，也可以被授权执行该存储过程。

(4) 存储过程允许模块化程序设计。存储过程一旦创建，以后即可在程序中调用任意次。这可以改进应用程序的可维护性，并允许应用程序统一访问数据库。

(5) 存储过程可以减少网络通信流量。可以通过发送一个单独的语句实现一个复杂的操作，而不需要在网络上发送几百个 SQL 语句，这样减少了在服务器和客户机之间传递请求的数量。

2. 创建和调用存储过程

1）创建存储过程

在 MySQL 系统中，可以使用 CREATE PROCEDURE 语句创建存储过程。需要强调的是，必须具有 CREATE PROCEDURE 权限才能创建存储过程。存储过程是数据库作用域中对象，只能在本地数据库创建存储过程。其语法格式如下：

```
CREATE PROCEDURE <存储过程名称> ([IN|OUT|INOUT] 参数 数据类型[,...])
BEGIN
    过程体;
END
```

说明：

(1) 过程中的参数在 CREATE PROCEDURE 语句中声明，可以声明一个或者多个参数。

(2) 如果定义默认值，则无须指定此参数的值即可执行过程。默认值必须是常量或者 NULL。

(3) MySQL 存储过程支持三种类型的参数，即输入参数(IN)、输出参数(OUT)和输入或输出参数(INOUT)。

例 8.43 创建一个存储过程，在数据库 D_sample 的 student 表中查询政治面貌为“共青团员”的学生的学号、姓名、性别及政治面貌信息。SQL 语句如下：

```
use D_sample;
delimiter $ $
create procedure cp_student(in zzmm char(8))
begin
    select 学号,姓名,性别,政治面貌
        from student
            where 政治面貌 = zzmm
                order by 学号;
end$ $
delimiter;
```

2）调用存储过程

在 MySQL 系统中，因为存储过程是数据库对象之一，如果要调用和执行数据库中的存储过程，需要打开数据库或指定数据库名称。

可以利用 CALL 语句调用存储过程，其语法格式如下：

```
CALL [数据库名.]<存储过程名称>([参数[,…]]);
```

执行例 8.43 中 cp_student 存储过程的代码如下：

```
call cp_student('共青团员');
```

返回所有“共青团员”的学生信息，如图 8.43 所示。

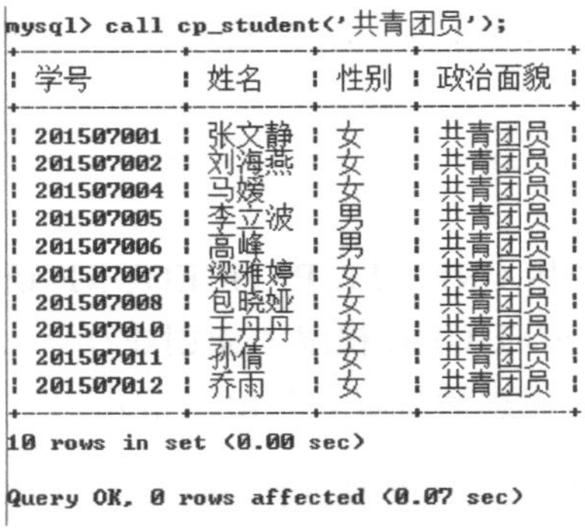

```
mysql> call cp_student('共青团员');
+-----------+--------+------+----------+
| 学号      | 姓名   | 性别 | 政治面貌 |
+-----------+--------+------+----------+
| 201507001 | 张文静 | 女   | 共青团员 |
| 201507002 | 刘海燕 | 女   | 共青团员 |
| 201507004 | 马媛   | 女   | 共青团员 |
| 201507005 | 李立波 | 男   | 共青团员 |
| 201507006 | 高峰   | 男   | 共青团员 |
| 201507007 | 梁雅婷 | 女   | 共青团员 |
| 201507008 | 包晓娅 | 女   | 共青团员 |
| 201507010 | 王丹丹 | 女   | 共青团员 |
| 201507011 | 孙倩   | 女   | 共青团员 |
| 201507012 | 乔雨   | 女   | 共青团员 |
+-----------+--------+------+----------+
10 rows in set (0.00 sec)

Query OK, 0 rows affected (0.07 sec)
```

图 8.43　执行 cp_student 存储过程

例 8.44　在 D_sample 数据库的 student 表中创建一个存储过程，通过建立一个性别参数为同一存储过程指定不同的性别，用于返回不同性别的学生信息，SQL 语句如下：

```
use D_sample;
delimiter @@
create procedure cp_sex(in xb char(2))
begin
    select * from student
        where 性别 = xb;
end@@
delimiter ;
```

执行带有输入参数的存储过程 cp_sex,代码如下：

```
call cp_sex('女');
```

执行存储过程具体的结果如图 8.44 所示。

```
mysql> call cp_sex('女');
+-----------+--------+------+------------+--------+----------+
| 学号      | 姓名   | 性别 | 出生日期   | 民族   | 政治面貌 |
+-----------+--------+------+------------+--------+----------+
| 201507001 | 张文静 | 女   | 1996-02-01 | 汉族   | 共青团员 |
| 201507002 | 刘海燕 | 女   | 1996-10-18 | 汉族   | 共青团员 |
| 201507004 | 马媛   | 女   | 1997-04-06 | 回族   | 共青团员 |
| 201507007 | 梁雅婷 | 女   | 1997-12-28 | 汉族   | 共青团员 |
| 201507008 | 包晓娅 | 女   | 1996-06-17 | 蒙古族 | 共青团员 |
| 201507010 | 王丹丹 | 女   | 1997-11-25 | 汉族   | 共青团员 |
| 201507011 | 孙倩   | 女   | 1997-03-02 | 汉族   | 共青团员 |
| 201507012 | 乔雨   | 女   | 1996-07-23 | 汉族   | 共青团员 |
+-----------+--------+------+------------+--------+----------+
8 rows in set (0.02 sec)

Query OK, 0 rows affected (0.13 sec)
```

图 8.44　执行带输入参数的存储过程

通过定义输出参数,可以从存储过程中返回一个或者多个值。为了使用输出参数,必须在 CREATE PROCEDURE 语句中指定关键字 OUT。

例 8.45　创建了一个名为 cp_score 的存储过程。它使用两个参数：p_name 为输入参数,用于指定要查询的学生姓名,p_score 为输出参数,用来返回学生的成绩。SQL 语句如下：

```
use D_sample;
delimiter $ $
create procedure cp_score(in p_name char(10),out p_score decimal(4,1))
begin
    select b.成绩 into p_score from student a,sc b
        where a.学号 = b.学号
            and 姓名 = p_name;
end$ $
delimiter;
```

以上代码为了接收某一存储过程的返回值,需要一个变量来存放返回参数的值,具体代码如下：

```
call cp_score('高峰',@p_score);
select concat('高峰','的成绩是：',@p_score) as 结果为:;
```

如果要使用带参数的存储过程,需要在执行过程中提供存储过程的参数值。可以使用两种方式来提供存储过程的参数值。

(1) 直接方式：该方式在 CALL 语句中直接为存储过程的参数提供数据值,并且这些数据值的数量和顺序与定义存储过程时参数的数量和顺序相同。如果参数是字符类型或者日期类型,还应该将这些参数值使用引号括起来。

例如,为执行例 8.44 中创建的存储过程 cp_sex,提供一个字符型数据为“女”,具体执行情况如图 8.44 所示。

(2) 间接方式：该方式是指在执行 CALL 语句之前，声明参数并且为这些参数赋值，然后在 CALL 语句中引用这些已经获取数据值的参数名称。

例如，上面的代码显示了如何调用 cp_score，并将得到的结果返回到@p_score 中，其运行效果如图 8.45 所示。

```
mysql> call cp_score('高峰',@p_score);
Query OK, 1 row affected (0.00 sec)

mysql> select concat('高峰','的成绩是：',@p_score) as 结果为：;
+----------------------+
| 结果为：             |
+----------------------+
| 高峰的成绩是：91.0   |
+----------------------+
1 row in set (0.00 sec)
```

图 8.45 执行带输出参数的存储过程

无论是直接方式，还是间接方式，都需要严格按照存储过程中定义的顺序提供数据值。

3. 管理存储过程

1) 修改存储过程

使用 ALTER PROCEDURE 语句来修改现有存储过程的特征。当使用 ALTER PROCEDURE 语句修改存储过程时，存储过程的特征发生变化。修改存储过程的基本语法格式如下：

```
ALTER PROCEDURE <存储过程名称>
[{{CONTAINS SQL|NO SQL|READS SQL DATA|MODIFIES SQL DATA}
|SQL SECURITY {DEFINER|INVOKER}
|COMMENT '注释内容'}];
```

说明：

(1) CONTAINS SQL 表示子程序包含 SQL 语句，但不包含读或写数据的语句；NO SQL 表示子程序中不包含 SQL 语句；READS SQL DATA 表示子程序中包含读数据的语句；MODIFIES SQL DATA 表示子程序中包含写数据的语句。默认为 CONTAINS SQL。

(2) SQL SECURITY { DEFINER | INVOKER }指明谁有权限来执行。DEFINER 表示只有定义者自己才能够执行；INVOKER 表示调用者可以执行。默认为 DEFINER。

(3) COMMENT '注释内容'表示为存储过程添加注释信息。

例 8.46 修改存储过程 cp_student 的定义，使其具有写数据权限，并且调用者可以执行。SQL 语句如下：

```
alter procedure cp_student
    modifies sql data
    sql security invoker;
```

执行上述语句，修改存储过程，执行结果如图 8.46 所示。

```
mysql> alter procedure cp_student
    -> modifies sql data
    -> sql security invoker;
Query OK, 0 rows affected (0.04 sec)
```

图 8.46 执行存储过程的修改

2) 删除存储过程

可使用 DROP PROCEDURE 语句从当前的数据库中删除用户定义的存储过程。删除存储过程的基本语法格式如下：

```
DROP PROCEDURE [IF EXISTS] <存储过程名称>
```

例 8.47 删除 cp_student 存储过程。SQL 语句如下：

```
drop procedure if exists cp_student;
```

如果删除一个不存在的存储过程，加上 IF EXISTS 子句可以防止 MySQL 在执行调用进程时显示错误消息。

在删除存储过程前，先查看存储过程是否存在以确定是否可删除此存储过程。

3) 查看存储过程

(1) 查看存储过程的定义信息。

查看存储过程的定义信息，可以使用 SHOW PROCEDURE STATUS 语句。基本语法格式如下：

```
SHOW PROCEDURE STATUS [LIKE '参数'];
```

说明：参数用来匹配存储过程的名称。

例 8.48 查看 cp_score 存储过程的定义文本信息。SQL 语句如下：

```
show procedure status like 'cp_score';
```

执行结果如图 8.47 所示。

```
mysql> show procedure status like 'cp_score';
+----------+----------+-----------+----------------+---------------------+---------------------+---------------+---------+---------------------
| Db       | Name     | Type      | Definer        | Modified            | Created             | Security_type | Comment | character_set_clien
+----------+----------+-----------+----------------+---------------------+---------------------+---------------+---------+---------------------
| d_sample | cp_score | PROCEDURE | root@localhost | 2016-07-23 10:42:35 | 2016-07-23 10:42:35 | DEFINER       |         | gbk
+----------+----------+-----------+----------------+---------------------+---------------------+---------------+---------+---------------------
1 row in set (0.07 sec)
```

图 8.47 查看存储过程定义信息

(2) 查看存储过程的详细信息。

查看存储过程的详细信息，可以使用 SHOW CREATE PROCEDURE 语句。基本语法格式如下：

```
SHOW CREATE PROCEDURE <存储过程的名称>;
```

例 8.49 查看 cp_score 存储过程的详细文本信息。SQL 语句如下：

```
show create procedure cp_score;
```

执行结果如图 8.48 所示。

4. 存储过程中的异常处理

在存储过程中处理 SQL 语句时可能导致一条错误消息，同时 MySQL 立即停止对存储过程的处理。例如，向一个表中插入新的记录而该主键值已经存在，这条 INSERT 语句会导致一个出错消息。存储过程发生错误时，数据库开发人员并不希望 MySQL 自动终止存储过程的执行，而是通过 MySQL 的错误处理机制帮助数据库开发人员控制程序流程。

存储过程中的异常处理是通过 DECLARE HANDLER 语句实现的。DECLARE

```
mysql> show create procedure cp_score;
+-------------+----------------------------------------------------------------+-------------------------------
---------------------------------------------+--------------------------+--------------------------+
| Procedure | sql_mode                                                        | Create Procedure
                                             | character_set_client | collation_connection | Database Collation |
+-------------+----------------------------------------------------------------+-------------------------------
---------------------------------------------+--------------------------+--------------------------+
| cp_score  | STRICT_TRANS_TABLES,NO_AUTO_CREATE_USER,NO_ENGINE_SUBSTITUTION | CREATE DEFINER=`root`@`localhost` PROCEDURE `cp_score`(in
begin
select b.成绩 into p_score from student a,sc b
where a.学号=b.学号
and 姓名=p_name;
end | gbk                  | gbk_chinese_ci       | gbk_chinese_ci     |
+-------------+----------------------------------------------------------------+-------------------------------
---------------------------------------------+--------------------------+--------------------------+
1 row in set (0.00 sec)
```

图 8.48　查看存储过程详细信息

HANDLER 语句的基本语法格式如下：

```
DECLARE 错误处理类型 HANDLER FOR 错误触发条件[,...] 存储过程语句;
```

说明：

1）错误处理类型

错误处理类型有 CONTINUE 和 EXIT。当错误处理类型是 CONTINUE 时，表示错误发生后，MySQL 立即执行自定义错误处理程序，然后忽略该错误，继续执行其他 MySQL 语句。当错误处理类型是 EXIT 时，表示错误发生后，MySQL 立即执行自定义错误处理程序，同时停止其他 MySQL 语句的执行。

2）错误触发条件

错误触发条件的格式如下：

```
SQLSTATE [VALUE] SQLSTATE 值
|错误触发条件名称
|SQLWARNING
|NOT FOUND
|SQLEXCEPTION
|MySQL 错误代码
```

错误触发条件支持标准的 SQLSTATE 定义；SQLWARNING 表示对所有以 01 开头的 SQLSTATE 代码的速记；NOT FOUND 表示对所有以 02 开头的 SQLSTATE 代码的速记；SQLEXCEPTION 表示对所有没有被 SQLWARNING 或 NOT FOUND 捕获的 SQLSTATE 代码的速记。除了 SQLSTATE 值，MySQL 错误代码也被支持。

例 8.50　在 D_sample 数据库中，创建一个存储过程 p_insert，向 student 表插入一条记录('201507001','张文静','女','1996-2-1','汉族','共青团员')，已知学号 201507001 已存在于 student 表中。SQL 语句如下：

```
use D_sample;
delimiter $ $
create procedure p_insert()
begin
    declare info int default 0;
    declare continue handler for sqlstate '23000' set @info = 1;
    insert into student
        values('201507001','张文静','女','1996 - 2 - 1','汉族','共青团员');
end $ $
delimiter ;
```

调用存储过程查看结果，具体代码为：

```
call p_insert();
select @info;
```

执行结果如图 8.49 所示。

在调用存储过程中，当执行 insert 语句出现错误消息时，MySQL 错误触发条件被激活，对应于 SQLSTATE 代码 23000 中的一条，执行错误触发程序(set @info=1)。如果未遇到错误消息，错误触发条件不会被激活。

课堂实践 8-9：创建查询选课记录的存储过程

创建一个存储过程 P_score，在 D_eams 数据库的 T_sc 成绩表中查询成绩为 60 分以上的学生的学号、课程号和成绩信息。SQL 语句如下：

```
use D_eams;
delimiter $ $
create procedure P_score()
begin
    select 学号,课程号,成绩
        from T_sc
            where 成绩> = 60
                order by 学号;
end $ $
delimiter ;
```

执行 P_score 存储过程如下，返回所有成绩在 60 分以上的成绩信息，如图 8.50 所示。

```
call P_score();
```

```
mysql> call p_insert();
Query OK, 0 rows affected (0.00 sec)

mysql> select @info;
+-------+
| @info |
+-------+
|     1 |
+-------+
1 row in set (0.02 sec)
```

图 8.49 查看存储过程的错误处理

```
mysql> call P_score();
+-----------+--------+------+
| 学号      | 课程号 | 成绩 |
+-----------+--------+------+
| 201507001 | 07001  | 89.0 |
| 201507001 | 07003  | 78.0 |
| 201507002 | 07003  | 92.0 |
+-----------+--------+------+
3 rows in set (0.00 sec)
```

图 8.50 执行存储过程结果

8.7.2 触发器

触发器是一种特殊的存储过程，它与表紧密相连，可以是表定义的一部分。当用户修改指定表或者视图中的数据时，触发器将会自动执行。

1. 触发器概述

1) 触发器的概念

触发器是数据库服务器中发生事件时自动执行的一种特殊的存储过程，为数据库提供了有效的监控和处理机制，确保了数据的完整性。触发器基于一个表创建，但可以针对多个表进行操作，所以触发器常被用来实现复杂的商业规则。

2）触发器的优点

触发器能够实现由主键和外键所不能保证的复杂的数据完整性和一致性，可以解决高级形式的业务规则、复杂的行为限制以及实现定制记录等方面的问题。触发器具有如下的优点。

(1) 触发器自动执行，在对表的数据做了任何修改（比如手工输入或者应用程序的操作）之后立即激活。

(2) 触发器可以通过数据库中的相关表进行层叠更改，这比直接把代码写在前台的做法更安全合理。

(3) 触发器可以强制限制，这些限制比用 CHECK 约束所定义的更复杂。与 CHECK 约束不同的是，触发器可以引用其他表中的列。

3）触发器的分类

在 MySQL 系统中，按照触发事件的不同，可以把提供的触发器分成 3 种：INSERT 触发器、UPDATE 触发器和 DELETE 触发器。

INSERT 触发器可以在插入某一行时激活触发器，可通过 INSERT、LOAD DATA、REPLACE 语句触发。

UPDATE 触发器可在更改某一行时激活触发器，可通过 UPDATE 语句触发。

DELETE 触发器可在删除某一行时激活触发器，可通过 DELETE、REPLACE 语句触发。

触发器可以查询其他表，还可以包含复杂的 SQL 语句。将触发器和触发它的语句作为可在触发器内回滚的单个事务对待。如果检测到错误，则整个事务自动回滚。

2. 创建触发器

在 MySQL 中可以使用 SQL 语句创建触发器。在创建触发器前需要注意以下几个问题。

(1) CREATE TRIGGER 语句必须是批处理的第一个语句，并且只能应用在一张表上。

(2) 创建触发器的权限默认分配给表的所有者，且不能把该权限传给其他用户。

(3) 触发器只能在当前的数据库中创建，但是可以引用当前数据库的外部对象。

(4) 在同一条 CREATE TRIGGER 语句中，可以为多种用户操作（如 INSERT 和 UPDATE）定义相同的触发器操作。

(5) 如果一个表的外键设置为 DELETE 或 UPDATE 的级联操作，则不能再为该表定义 DELETE 或 UPDATE 触发器。

使用 CREATE TRIGGER 语句创建触发器。创建触发器的基本语法格式如下：

```
CREATE TRIGGER <触发器名> <触发时间> <触发事件>
    ON <表> FOR EACH ROW
        < SQL 语句>;
```

说明：

(1) 触发器的名字在当前数据库中必须是唯一的。

(2) 触发时间包括 BEFORE 和 AFTER。BEFORE 表示在触发事件发生之前执行触发程序,AFTER 表示在触发事件发生之后执行触发程序。

(3) 触发事件包括 INSERT、UPDATE 和 DELETE,表示激活触发程序的触发类型。

(4) FOR EACH ROW 表示操作影响的每一条记录都会执行一次触发程序。

(5) SQL 语句指定触发器被触发后将执行的操作,它包括触发器执行的条件和动作。触发器条件是指除了引起触发器执行的操作外的附加条件;触发器动作是指当用户执行激发触发器的某种操作并满足触发器的附加条件时触发器所执行的操作。

例 8.51 在 D_sample 数据库的 student 表中创建一个名为 ct_update 的触发器,该触发器将不允许用户修改表中的记录(本例通过用 ROLLBACK WORK 子句恢复原来数据的方法,来实现记录不被修改)。SQL 语句如下:

```
use D_sample;
delimiter $ $
create trigger ct_update after update
    on student for each row
    begin
        set @inf = '你不能做任何更改!';
    end$ $
delimiter ;
```

创建好触发器后执行 UPDATE 操作,有以下 SQL 语句:

```
begin work;
update student
    set 民族 = '蒙古族'
        where 学号 = '201507001';
rollback work;
select @inf;
select * from student
    where 学号 = '201507001';
```

执行结果如图 8.51 所示,可以发现上述更新操作并未实现。

例 8.52 在 D_sample 数据库的 student 表中创建一个名为 ct_delete 的触发器,该触发器将对 student 表中删除记录的操作给出提示信息,并取消当前的删除操作(本例通过 ROLLBACK WORK 子句恢复原来数据的方法,来实现记录不被删除)。SQL 语句如下:

```
use D_sample;
delimiter $ $
create trigger ct_delete before delete
    on student for each row
    begin
        set @info1 = '你无权删除此记录!';
    end$ $
delimiter ;
```

```
mysql> begin work;
Query OK, 0 rows affected (0.00 sec)

mysql> update student
    -> set 民族='蒙古族'
    -> where 学号='201507001';
Query OK, 1 row affected (0.02 sec)
Rows matched: 1  Changed: 1  Warnings: 0

mysql> rollback work;
Query OK, 0 rows affected (0.03 sec)

mysql> select @inf;
+----------------------+
| @inf                 |
+----------------------+
| 你不能做任何更改!    |
+----------------------+
1 row in set (0.00 sec)

mysql> select * from student
    -> where 学号='201507001';
+-----------+--------+------+------------+------+----------+
| 学号      | 姓名   | 性别 | 出生日期   | 民族 | 政治面貌 |
+-----------+--------+------+------------+------+----------+
| 201507001 | 张文静 | 女   | 1996-02-01 | 汉族 | 共青团员 |
+-----------+--------+------+------------+------+----------+
1 row in set (0.00 sec)
```

图 8.51　UPDATE 触发结果

创建好触发器后执行 DELETE 操作，有以下 SQL 语句：

```
begin work;
delete from student
    where 学号 = '201507012';
rollback work;
select @info1;
select * from student
    where 学号 = '201507012';
```

执行结果如图 8.52 所示。

```
mysql> begin work;
Query OK, 0 rows affected (0.00 sec)

mysql> delete from student
    -> where 学号='201507012';
Query OK, 1 row affected (0.09 sec)

mysql> rollback work;
Query OK, 0 rows affected (0.05 sec)

mysql> select @info1;
+----------------------+
| @info1               |
+----------------------+
| 你无权删除此记录!    |
+----------------------+
1 row in set (0.00 sec)

mysql> select * from student
    -> where 学号='201507012';
+-----------+------+------+------------+------+----------+
| 学号      | 姓名 | 性别 | 出生日期   | 民族 | 政治面貌 |
+-----------+------+------+------------+------+----------+
| 201507012 | 乔雨 | 女   | 1996-07-23 | 汉族 | 共青团员 |
+-----------+------+------+------------+------+----------+
1 row in set (0.00 sec)
```

图 8.52　DELETE 触发结果

3. 管理触发器

与存储过程一样，触发器创建后，MySQL 用户可以根据应用需要灵活管理触发器。

1）查看触发器

（1）使用 SHOW TRIGGERS 语句。

在 MySQL 中，可以执行 SHOW TRIGGERS 语句来查看触发器的基本信息。其基本语法格式如下：

```
SHOW TRIGGERS;
```

例 8.53 在 D_sample 数据库中查看触发器的信息。SQL 语句如下：

```
use D_sample;
show triggers;
```

执行结果如图 8.53 所示。

```
mysql> show triggers;
+-------------+--------+---------+------------------------------------------------+--------+------------------------+------------------
------------+----------------------+----------------------+
| Trigger     | Event  | Table   | Statement                                      | Timing | Created                | sql_mode
set_client | collation_connection | Database Collation |
+-------------+--------+---------+------------------------------------------------+--------+------------------------+------------------
------------+----------------------+----------------------+
| ct_student | INSERT | student | set @info='添加成功，欢迎新同学！'             | AFTER  | 2016-08-15 21:48:45.99 | STRICT_TRANS_TAE
            | gbk_chinese_ci       | gbk_chinese_ci       |
| ct_update  | UPDATE | student | begin
set @inf='你不能做任何更改！';
end    | AFTER  | 2016-08-16 22:06:16.69 | STRICT_TRANS_TABLES,NO_AUTO_CREATE_USER,NO_ENGINE_SUBSTITUTION | root@localhost | gbk
| ct_delete  | DELETE | student | begin
set @info1='你无权删除此记录！';
end | BEFORE | 2016-08-16 22:21:44.20 | STRICT_TRANS_TABLES,NO_AUTO_CREATE_USER,NO_ENGINE_SUBSTITUTION | root@localhost | gbk
+-------------+--------+---------+------------------------------------------------+--------+------------------------+------------------
------------+----------------------+----------------------+
3 rows in set (0.03 sec)
```

图 8.53　使用 SHOW TRIGGERS 语句查看触发器

（2）使用 SHOW CREATE TRIGGER 语句。

在 MySQL 中，可以执行 SHOW CREATE TRIGGER 语句来查看触发器的基本信息。其基本语法格式如下：

```
SHOW CREATE TRIGGER <触发器名>;
```

例 8.54 在 D_sample 数据库中查看触发器 ct_student 的信息。SQL 语句如下：

```
use D_sample;
show create trigger ct_student;
```

执行结果如图 8.54 所示。

```
mysql> show create trigger ct_student;
+------------+--------------------------------------------------------------+---------------------------------------------------
+----------------------+----------------------+--------------------+------------------------+
| Trigger    | sql_mode                                                     | SQL Original Statement
| character_set_client | collation_connection | Database Collation | Created                |
+------------+--------------------------------------------------------------+---------------------------------------------------
+----------------------+----------------------+--------------------+------------------------+
| ct_student | STRICT_TRANS_TABLES,NO_AUTO_CREATE_USER,NO_ENGINE_SUBSTITUTION | CREATE DEFINER=`root`@`localhost` trigger ct_student after
on student for each row
set @info='添加成功，欢迎新同学！' | gbk                  | gbk_chinese_ci       | gbk_chinese_ci     | 2016-08-15 21:48:45.99 |
+------------+--------------------------------------------------------------+---------------------------------------------------
+----------------------+----------------------+--------------------+------------------------+
1 row in set (0.00 sec)
```

图 8.54　使用 SHOW CREATE TRIGGER 语句查看触发器

(3) 查看 information_schema 数据库下的 triggers 表。

在 MySQL 中，所有触发器的定义都存储在 information_schema 数据库下的 triggers 表中。查询 triggers 表，可以查看到数据库中所有触发器的详细信息。SQL 语句如下：

```
select * from information_schema.triggers;
```

2) 删除触发器

触发器使用之后可以删除，但是只有触发器的所有者才有权删除触发器。

MySQL 中使用 DROP TRIGGER 语句来删除触发器。其语法格式如下：

```
DROP TRIGGER <触发器名>;
```

例 8.55 在 D_sample 数据库中删除 student 表的 ct_student 触发器。SQL 语句如下：

```
use D_sample;
drop trigger ct_student;
```

执行结果如图 8.55 所示。

课堂实践 8-10：创建一个插入事件触发器

在教务管理系统数据库 D_eams 的 T_course 表中，创建一个插入事件触发器 TR_course。添加一条课程信息时，显示提示信息。SQL 语句如下：

```
use D_eams;
delimiter %%
create trigger TR_course after insert
    on T_course for each row
    begin
        set @tr_i = '操作成功!';
    end %%
delimiter ;
```

假设添加一条课程记录，有以下 SQL 语句：

```
insert into T_course
    values('07013','UI 设计',null,4,4,'4');
select @tr_i;
```

执行结果如图 8.56 所示。

```
mysql> drop trigger ct_student;
Query OK, 0 rows affected (0.47 sec)
```

图 8.55 删除触发器

```
mysql> insert into T_course
    -> values('07013','UI设计',null,4,4,'4');
Query OK, 1 row affected (0.08 sec)

mysql> select @tr_i;
+------------+
| @tr_i      |
+------------+
| 操作成功!  |
+------------+
1 row in set (0.00 sec)
```

图 8.56 INSERT 触发结果

8.8 本章小结

本章主要介绍了数据库原理的基本理论和相关概念、MySQL的功能和特点；还介绍了MySQL数据库对象，MySQL数据库的创建、修改、删除，这些基本操作是进行数据库管理与开发的基础；介绍了数据表的基本概念，数据表的创建与维护以及表中数据的添加、修改与删除管理。读者应掌握单表查询，灵活运用单表查询、多表连接查询；学习分组与排序的使用方法，理解子查询的使用规则；掌握视图的创建和管理；学习存储过程、触发器的创建方法，掌握存储过程、触发器的修改及删除方法。

8.9 思考与实践

1. 选择题

(1) 关系数据库管理系统的三种基本关系运算不包括(　　)。

A. 比较　　B. 选择　　C. 连接　　D. 投影

(2) 在关系理论中，把二维表表头中的栏目称为(　　)。

A. 数据项　　B. 元组　　C. 结构名　　D. 属性名

(3) MySQL是一个(　　)的数据库管理系统。

A. 网状型　　B. 层次型　　C. 关系型　　D. 以上都不是

(4) 下列选项中属于修改数据库的语句是(　　)。

A. CREATE DATABASE　　B. ALTER DATABASE

C. DROP DATABASE　　D. 以上都不是

(5) 对一个已创建的表，(　　)操作是不允许的。

A. 更改表名

B. 增加或删除列

C. 修改已有列的属性

D. 将已有text数据类型修改为image数据类型

(6) SQL语言中，删除表中数据的语句是(　　)。

A. DELETE　　B. DROP　　C. CLEAR　　D. REMOVE

(7) SQL语言的数据操作语句包括SELECT、INSERT、UPDATE和DELETE等，其中最重要也是使用最频繁的语句是(　　)。

A. SELECT　　B. INSERT　　C. UPDATE　　D. DELETE

(8) 下面有关主键和外键之间的关系描述中，正确的是(　　)。

A. 一个表中最多只能有一个主键约束、多个外键约束

B. 一个表中最多只有一个外键约束、一个主键约束

C. 在定义主键外键约束时，应该首先定义主键约束，然后定义外键约束

D. 在定义主键外键约束时，应该首先定义外键约束，然后定义主键约束

(9) “CREATE UNIQUE INDEX writer_index ON 作者信息(作者编号)”语句创建了一个(　　)。

A. 唯一索引　　B. 全文索引　　C. 主键索引　　D. 普通索引

(10) 下面关于唯一索引描述中不正确的是(　　)。

A. 某列创建了唯一索引则这一列为主键

B. 不允许插入重复的列值

C. 某列创建为主键,则该列会自动创建唯一索引

D. 一个表中可以有多个唯一索引

(11) 下列 SQL 语句中,能够实现实体完整性控制的语句是(　　)。

A. FOREIGN KEY

B. PRIMARY KEY

C. REFERENCES

D. FOREIGN KEY 和 REFERENCES

(12) 限制输入到列的值的范围,应使用(　　)约束。

A. CHECK　　B. PRIMARY KEY　　C. FOREIGN KEY　　D. UNIQUE

(13) 要查询学生信息表中姓“张”的学生情况,可用(　　)语句。

A. select * from 学生信息表 where 姓名 like '张%'

B. select * from 学生信息表 where 姓名 like '张_'

C. select * from 学生信息表 where 姓名 like '%张%'

D. select * from 学生信息表 where 姓名='张'

(14) 与“where g between 60 and 80”语句等价的子句是(　　)。

A. where g>60 and g<80　　B. where g>=60 and g<80

C. where g>60 and g<=80　　D. where g>=60 and g<=80

(15) 查询员工工资信息时,结果按工资降序排列,正确的子句是(　　)。

A. ORDER BY 工资　　B. ORDER BY 工资 desc

C. ORDER BY 工资 asc　　D. ORDER BY 工资 dictinct

(16) 在 SQL 中,CREATE VIEW 语句用于建立视图。如果要求对视图更新时必须满足于查询中的表达式,应当在该语句中使用(　　)短语。

A. WITH UPDATE　　B. WITH INSERT

C. WITH DELETE　　D. WITH CHECK OPTION

(17) SQL 的视图是从(　　)中导出的。

A. 基本表　　B. 视图　　C. 基本表或视图　　D. 数据库

(18) 触发器可以创建在(　　)中。

A. 表　　B. 过程　　C. 数据过程　　D. 函数

(19) 下面选项中不属于存储过程的优点的是(　　)。

A. 增强代码的重用性和共享性　　B. 可以加快运行速度,减少网络流量

C. 可以作为安全性机制　　D. 编辑简单

(20) 使用(　　)语句删除触发器 trig_stu。

A. DROP * FROM trig_stu

B. DROP trig_stu

C. DROP TRIGGER WHERE NAME='trig_stu'

D. DROP TRIGGER trig_stu

2. 填空题

(1) 在实体间的联系中,学校和校长两个实体型之间存在(　　)联系,而老师和同学两个实体型之间存在(　　)联系。

(2) 在关系数据模型中,二维表的列称为(　　),二维表的行称为(　　)。

(3) MySQL 数据库对象有(　　)、(　　)、(　　)、(　　)和(　　)等。

(4) 在 MySQL 中,用(　　)语句来打开或切换至指定的数据库。

(5) (　　)是表、视图、存储过程、触发器等数据库对象的集合,是数据库管理系统的核心内容。

(6) 完整性约束包括(　　)完整性、(　　)完整性、参照完整性和用户定义完整性。

(7) (　　)用于保证数据库中数据表的每一个特定实体的记录都是唯一的。

(8) 创建、修改和删除表语句分别是(　　)table、(　　)table 和(　　) table。

(9) 当在一个表中已存在 Primary key 约束时,不能再创建(　　)索引。用"CREATE INDEX ID_Index ON Students (身份证)"建立的索引为(　　)索引。

(10) 两个表的主关键字和外关键字的数据对应一致,这是属于(　　)完整性,通常可以通过(　　)和(　　)来实现。

(11) HAVING 子句与 WHERE 子句很相似,其区别在于:WHERE 子句作用的对象是(　　),HAVING 子句作用的对象是(　　)。

(12) 视图是从(　　)中导出的表,数据库中实际存放的是视图的(　　),而不是(　　)。

(13) 触发器定义在一个表中,当在表中执行(　　)、(　　)或 delete 操作时被触发自动执行。

(14) 在无法得到定义该存储过程的脚本文件而又想知道存储过程的定义语句时,使用(　　)系统存储过程查看定义存储过程的 SQL 语句。

(15) (　　)是特殊类型的存储过程,它能在任何试图改变表中由触发器保护的数据时执行。

3. 实践题

(1) 在著书工作中,一位作者可以编写多本图书,一本书也可由多位作者合写。设作者的属性有:作者号、姓名、单位、电话。书的属性有:书号、书名、出版社、日期。试画出其 E-R 图,并将这个 E-R 图转换为关系模式。

(2) 使用 SQL 语句创建一个班级表 CLASS,属性有 CLASSNO、DEPARTNO、CLASSNAME,类型均为字符型,长度分别为 8、2、20 且均不允许为空。

(3) 分别用"BETWEEN…AND…"和比较运算符查询成绩在 70 分到 80 分之间的学生的学号和成绩。

(4) 试用两种方法来查询既没有选修课程 07002,也没有选修课程 07004 的学生的学号、课程号和成绩。

(5) 创建存储过程 cp_Add,要求该存储过程能够实现对输入的两个数相加,并将结果输出。

(6) 删除学号为 201007003 的记录,验证触发器的执行。

第9章 PHP访问与操作MySQL数据库

学习要点：通过本章学习，读者可以掌握PHP访问MySQL数据库的方式，即mysqli扩展和PDO方式连接访问MySQL数据库；掌握PHP访问数据库的基本步骤，能够对访问过程进行描述；理解mysqli扩展，会使用面向对象语法的方式操作MySQL数据库，对MySQL数据库进行添加、修改、删除和查询等操作；掌握PDO的基本使用，会使用PDO操作数据库，掌握PDO预处理机制和PDO错误处理机制；掌握PDO在项目中的使用，会开发基于PDO的项目。

9.1 PHP访问MySQL

9.1.1 PHP访问MySQL数据库的方式

PHP提供了几种不同的连接访问数据库方式，其中常用的有mysql、mysqli扩展以及PDO。PHP 5及以上版本使用mysqli扩展和PDO方式连接访问MySQL。

1. mysqli扩展

mysqli扩展是mysql的增强版，它不仅包含所有mysql的功能函数，还可使用MySQL新版本中的高级特性。例如，支持多语句执行和事务，预处理方式解决了SQL注入问题，等等。mysqli扩展只针对MySQL数据库，mysqli扩展还提供了API接口。

2. PDO

为了解决不同数据库连接访问应用程序的接口互不兼容，从而导致用PHP所开发的程序维护困难、可移植性差的问题，PHP开发人员编写了一种轻型、便利的API来统一操作各种数据库，即数据库抽象层(PDO)。

如果Wamp已经安装好了mysqli扩展或PDO，可以使用phpinfo()函数获取相关信息，验证mysqli扩展或PDO是否成功开启。

9.1.2 PHP访问MySQL的基本步骤

PHP提供了大量的MySQL数据库操作函数，可以方便地实现访问MySQL数据库的各种需要，从而轻松完成Web应用程序开发。其基本步骤如下。

(1) 连接MySQL服务器。

使用mysqli_connect()函数建立与MySQL服务器的连接。

(2) 选择数据库。

使用mysqli_select_db()函数选择MySQL数据库服务器上的数据库，并与该数据库建立连接。

(3) 执行 SQL 语句。

在所选择的数据库中使用 mysqli_query()函数执行 SQL 语句。

(4) 处理结果集。

执行完 SQL 语句后,使用 mysqli_fetch_array()、mysqli_fetch_row()和 mysqli_fetch_object()等函数对结果集进行相关操作。

(5) 释放资源与关闭连接。

释放资源:处理完结果集后,需要使用 mysqli_free_result()函数关闭结果集,以释放系统资源。

关闭连接:为了避免多用户连接造成系统性能下降甚至死机,在完成数据库的操作后,应使用 mysqli_close()函数断开与 MySQL 服务器的连接。

9.2 mysqli 扩展的使用

9.2 节

mysqli 扩展是 mysql 的增强版。mysqli 扩展采用面向对象语法形式,它还支持预处理语句。预处理语句可以防止 SQL 注入,对于 Web 项目的安全性非常重要。

9.2.1 mysqli 扩展连接并选择数据库

在面向对象的模式中,mysqli 扩展是一个封装好的类,使用前需要先实例化对象。具体示例如下:

```
<?php
    $db = new mysqli();
?>
```

实例化后就可以使用内置的函数连接数据库。连接数据库使用 mysqli 扩展中的构造方法__construct()。其语法格式如下:

```
    mysqli::__construct([string $host = ini_get("mysqli.default_host")[,string
 $username = ini_get("mysqli.default_user")[,string $password = ini_get("mysqli.default
_pw")[,string $dbname = ""[,int $port = ini_get("mysqli.default_port")[,string
 $socket = ini_get("mysqli.default_socket")
]]]]]])
```

构造方法__construct()有 6 个可选参数,省略时都使用其默认形式。其中,参数 $host 表示主机名或 IP,参数 $username 表示用户名,参数 $password 表示密码,参数 $dbname 表示要操作的数据库,参数 $port 表示端口号,参数 $socket 表示套接字。

例 9.1 使用构造方法连接并选择数据库。代码如下:

```
<?php
    //设定字符集
    header('Content-Type:text/html; charset=utf8');
    //使用构造方法连接并选择数据库
    $db = new mysqli('localhost','root','123456','D_sample','3306');
    echo '数据库服务器连接正确,数据库选择成功!';
?>
```

程序运行结果如图 9.1 所示。

9.2.2 mysqli 扩展操作数据库

1. 执行 SQL 语句

在 mysqli 扩展中使用 query()方法来执行 SQL 语句,其语法格式如下:

```
mixed mysqli::query ( string $query [, int $resultmode = MYSQLI_STORE_RESULT ] )
```

其中,参数 $query 表示要执行的 SQL 语句,$resultmode 是可选参数。

该方法仅在成功执行 SELECT、SHOW、DESCRIBE 或 EXPLAIN 语句时会返回一个 mysqli_result 对象,而其他查询语句,执行成功时返回 true,失败返回 false。

例 9.2 使用 query()方法执行查询语句。代码如下:

```
<?php
    //设定字符集
    header('Content-Type:text/html; charset=utf8');
    $db = new mysqli('localhost','root','123456','D_sample','3306');
    if ($result = $db->query("select * from student limit 3")) {
        printf("查询返回 %d 行记录.\n", $result->num_rows);
        $result->close();                    //释放结果集资源
    }
    $db->close();                            //关闭数据库连接
?>
```

程序运行结果如图 9.2 所示。

图 9.1 连接并选择数据库

图 9.2 query()方法的使用

2. 处理结果集

在 mysqli 扩展中,mysqli_result 类提供了处理结果集的常用属性和方法,如表 9.1 所示。

表 9.1 mysqli_result 类处理结果集的常用属性和方法

面向对象接口	面向过程接口	描　　述	备　　注
mysqli_result->num_rows	mysqli_num_rows()	获取结果中行的数量	属性
mysqli_result->fetch_all()	mysqli_fetch_all()	获取所有的结果并以关联数组、索引数组或两者皆有的方式返回	方法
mysqli_result->fetch_array()	mysqli_fetch_array()	获取一行结果,并以关联数组、索引数组返回	方法

续表

面向对象接口	面向过程接口	描　　述	备　　注
mysqli_result->fetch_assoc()	mysqli_fetch_assoc()	获取一行结果并以关联数组返回	方法
mysqli_result->fetch_fields()	mysqli_fetch_field()	返回一个代表结果集字段的对象数组	方法
mysqli_result->fetch_object()	mysqli_fetch_object()	以一个对象的方式返回一个结果集中的当前行	方法
mysqli_result->fetch_row()	mysqli_fetch_row()	以一个索引数组方式返回一行结果	方法
mysqli_result->free(), mysqli_result->close(), mysqli_result->free_result()	mysqli_free_result()	释放结果集	方法

例 9.3　使用 mysqli_result 类的属性和方法操作数据库。代码如下：

```
<?php
    //设定字符集
    header('Content-Type:text/html; charset=utf8');
    $db = new mysqli('localhost','root','123456','D_sample','3306');
    $sql = "select * from studentA";
    $result = $db->query($sql);
    //fetch_all()从结果集中取得所有行作为关联数组
    $row = $result->fetch_all(MYSQLI_BOTH);
    $n = 0;
    while($n<mysqli_num_rows($result)){
        echo "学号:".$row[$n]["id"]."姓名:".$row[$n]["name"]."性别:".$row[$n]
["gender"]."出生日期:".$row[$n]["birthday"]."<br>";
        $n++;
    }
    //fetch_object()以对象返回结果集的当前行
    while($row = $result->fetch_object()){
        echo "学号:".$row->id."姓名:".$row->name."性别:".$row->gender."出生日
期:".$row->birthday."<br>";
    }
    //fetch_row()以索引数组方式返回一行结果
    while($row = $result->fetch_row()){
        echo "学号:".$row[0]."姓名:".$row[1]."性别:".$row[2]."出生日期:".$row[3].
"<br>";
    }
    //fetch_field()以对象数组形式返回结果集中的列信息
    while($row = $result->fetch_field()){
        echo "列名:".$row->name."所在表:".$row->table."数据类型:".$row->type."<br>";
    }
    $result->free();
    $db->close();
?>
```

程序运行结果如图 9.3 所示。

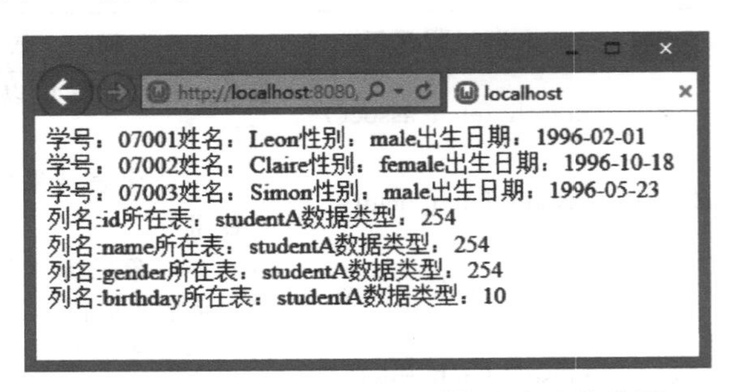

图 9.3 mysqli_result 类的属性和方法的使用

注意：在使用 mysqli 的面向对象语法时，一定要使用对象操作符即"—>"调用相关的属性或方法。

9.3 节

9.3 PDO 方式访问数据库

在 PHP 6 中默认使用 PDO 连接数据库，所有非 PDO 扩展会在 PHP 6 中被移除。该扩展提供 PHP 内置类 PDO 来对数据库进行访问，不同数据库使用相同的方法名，解决数据库连接不统一的问题。

9.3.1 PDO 的基本概念

1. 什么是 PDO

PDO 是 PHP Data Object(PHP 数据对象)的简称，它是与 PHP 5.1 版本一起发行的，目前支持的数据库包括 Firebird、FreeTDS、Interbase、MySQL、MS SQL Server、ODBC、Oracle、PostgreSQL、SQLite 和 Sybase。有了 PDO，就不必再使用 mysql_* 函数、oci_* 函数或者 mssql_* 函数，也不必再为它们封装数据库操作类，只需要使用 PDO 接口中的方法就可以对数据库进行操作。在选择不同的数据库时，只需要修改 PDO 的 DSN(数据源名称)即可。

2. PDO 的特点

PDO 具有以下特点。

(1) PDO 是一个"数据库访问抽象层"，作用是统一各种数据库的访问接口。与 MySQL 和 SQL Server 函数库相比，PDO 让跨数据库的使用更具有亲和力；与 ADODB 和 MDB2 相比，PDO 更高效。

(2) PDO 通过一种轻型、清晰、方便的函数，统一各种不同 RDBMS 库的共有特性，实现了 PHP 脚本最大程度的抽象性和兼容性。

(3) PDO 吸取当时已有的数据库扩展成功和失败的经验教训，利用 PHP 5 的特性，可以轻松地与各种数据库进行交互。

(4) PDO 扩展是模块化的，能够在运行时为数据库后端加载驱动程序，而不必重新编译或重新安装整个 PHP 程序。例如，PDO_MySQL 扩展会替代 PDO 扩展实现 MySQL 数据库 API。还有一些用于 Oracle、PostgreSQL、ODBC 和 Firebird 的驱动程序，更多的驱动程序尚在开发之中。

3. PDO的安装

PDO默认包含在PHP 5.1中。由于PDO需要PHP 5核心面向对象特性的支持，因此其无法在PHP 5.0之前的版本中使用。

默认情况下，PDO在PHP 5.2中为开启状态，但是要启用对某个数据库驱动程序的支持，仍需要进行相应的配置操作。

PDO在php.ini文件中进行配置时，只需要在php.ini中把关于PDO类库的语句前面的注释符号去掉。首先启用extension=php_pdo.dll类库，这个类库是PDO类库本身。然后是不同的数据库驱动类库选项。extension=php_pdo_mysql.dll适用于MySQL数据库的连接。如果使用MS SQL，可以启用extension=php_pdo_mssql.dll类库。如果使用Oracle数据库，可以启用extension=php_pdo_oci.dll。除了这些，还有支持PostgreSQL和SQLite等的类库。

本书在Windows环境下启用的类库为extension=php_pdo.dll类库和extension=php_pdo_mysql.dll类库。

注意：在完成数据库的加载后，要保存php.ini文件，并且重新启动Apache服务器，修改才能够生效。

9.3.2 PDO连接数据库

使用PDO连接数据库，需要实例化PDO类，同时传递数据库连接参数。PDO构造方法的语法格式如下：

```
PDO::__construct(string $dsn [,string $username [,string $password [,array
 $driver_options]]])
```

其中，$dsn用于表示数据源名称，包括主机名、端口号和数据库名称；$username表示连接数据库的用户名；$password表示连接数据库的密码；$driver_options表示连接数据库的其他选项。

该方法执行成功时返回一个PDO对象，失败时则抛出一个PDO异常(PDOException)。

例9.4 通过PDO连接MySQL数据库。代码如下：

```
<?php
    header('Content-Type:text/html; charset=utf8');
    $dbms = 'mysql';                                    //数据库服务器类型
    $host = 'localhost';                                //数据库服务器主机名
    $port = '3306';                                     //数据库服务器端口号
    $dbname = 'D_sample';                               //数据库服务器选择的数据库
    $user = 'root';                                     //用户名
    $password = '123456';                               //密码
    $dsn = "$dbms:host=$host;dbname=$dbname";
    try{                                                //创建数据库连接
        $pdo = new PDO($dsn, $user, $password);
        echo 'PDO连接MySQL数据库成功!';
    }catch(PDOException $e){
        echo $e->getMessage().'<br>';                   //输出异常信息
    }
?>
```

程序运行结果如图 9.4 所示。

注意：在通过 PDO 连接数据库时，需要了解以下两点：

(1) 数据源中的 PDO 驱动名，即要连接的数据库服务器类型，如 mysql、oracle 等。

(2) 数据源中的端口号和数据库的位置也是可以互换的。

9.3.3 PDO 中执行 SQL 语句

1. exec()方法

exec()方法主要针对没有结果集合返回的操作，通常用于 INSERT、DELETE 和 UPDATE 语句中。它用于执行一条 SQL 语句并返回执行后受影响的行数。其语法格式如下：

```
int PDO::exec(string $statement)
```

其中，参数 $statement 是要执行的 SQL 语句。

例 9.5 使用 exec()方法执行删除操作。先通过 PDO 连接 MySQL 数据库，然后定义 DELETE 删除语句，应用 exec()方法执行删除操作。代码如下：

```
<?php
    header('Content-Type:text/html; charset=utf8');
    $dbms = 'mysql';
    $host = 'localhost';
    $port = '3306';
    $dbname = 'D_sample';
    $user = 'root';
    $password = '123456';
    $dsn = "$dbms:host=$host;dbname=$dbname";
    $query="delete from studentA where id='07002'"; //SQL 语句
    try{
        $pdo = new PDO($dsn, $user, $password);
        $delCount=$pdo->exec($query);
        echo "删除操作成功,受影响记录行数为".$delCount;
    } catch (PDOException $e) {
        echo $e->getMessage()."<br>";
    }
?>
```

程序运行结果如图 9.5 所示。

图 9.4 PDO 连接 MySQL 数据库

图 9.5 exec()方法的使用

2. query()方法

query()方法用于返回执行查询后的结果集。其语法格式如下：

```
PDOStatement PDO::query(string $ statement)
```

其中，参数 $ statement 是要执行的 SQL 语句。如果成功，则返回一个 PDOStatement 类的对象，否则返回 false。

例 9.6 使用 query()方法执行 SQL 语句。先通过 PDO 连接 MySQL 数据库，然后通过 query()方法执行查询，最后应用 foreach()函数以表格形式输出查询内容。代码如下：

```
<table width = "400" border = "0" bgcolor = "#0000FF">
    <tr>
        <td bgcolor = "#FFFFFF"><div align = "center">学号</div></td>
        <td bgcolor = "#FFFFFF"><div align = "center">姓名</div></td>
        <td bgcolor = "#FFFFFF"><div align = "center">性别</div></td>
        <td bgcolor = "#FFFFFF"><div align = "center">出生日期</div></td>
    </tr>
    <?php
        header('content - type:text/html;charset = utf8');
        $ dbms = 'mysql';
        $ dbname = 'D_sample';
        $ user = 'root';
        $ password = '123456';
        $ host = 'localhost';
        $ dsn = " $ dbms:host = $ host;dbname = $ dbname;charset = utf8";
        $ query = "select * from studentA ";                    //SQL 语句
        try {
            $ pdo = new PDO( $ dsn, $ user, $ password);
            $ result = $ pdo -> query( $ query);
            foreach( $ result as $ row){                       //输出结果集中的数据
                ?>
                <tr>
                    <td bgcolor = "#FFFFFF"><div align = "center">
                        <?php echo $ row['id'];?></div></td>
                    <td bgcolor = "#FFFFFF"><div align = "center">
                        <?php echo $ row['name'];?></div></td>
                    <td bgcolor = "#FFFFFF"><div align = "center">
                        <?php echo $ row['gender'];?></div></td>
                    <td bgcolor = "#FFFFFF"><div align = "center">
                        <?php echo $ row['birthday'];?></div></td>
                </tr>
                <?php
            }
        } catch (PDOException $ e) {
            echo $ e -> getMessage()."<br>";
        }
    ?>
</table>
```

程序运行结果如图 9.6 所示。

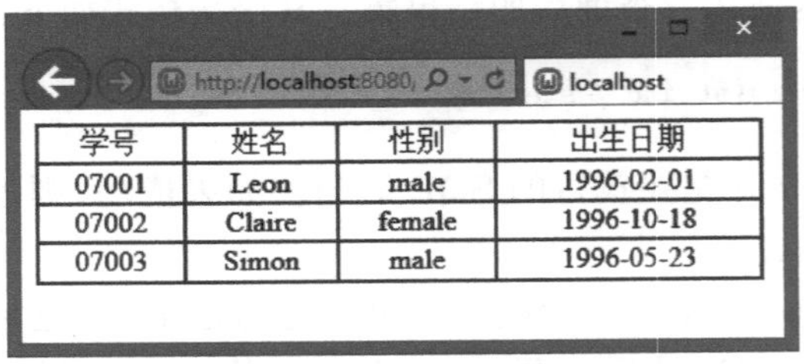

学号	姓名	性别	出生日期
07001	Leon	male	1996-02-01
07002	Claire	female	1996-10-18
07003	Simon	male	1996-05-23

图 9.6　使用 query()方法输出结果

3. 预处理语句

预处理语句包括 prepare()和 execute()两个方法。首先，通过 prepare()方法做查询的准备工作，然后，通过 execute()方法执行查询。并且还可以通过 bindParam()方法来绑定参数，提供给 execute()方法。其语法格式如下：

```
PDOStatement PDO::prepare(string $statement [, array $driver_options])
bool PDOStatement::execute([array input_parameters])
```

例 9.7　在 PDO 中通过预处理语句 prepare()和 execute()执行 SQL 查询语句，并且应用 while 语句和 fetch()方法完成数据的循环输出。代码如下：

```
<?php
    $dbms = 'mysql';
    $host = 'localhost';
    $dbname = 'D_sample';
    $user = 'root';
    $password = '123456';
    $dsn = "$dbms:host = $host;dbname = $dbname";
    try {
        $pdo = new PDO($dsn, $user, $password);      //实例化对象
        $query = "select * from studentA";           //定义 SQL 语句
        $result = $pdo->prepare($query);             //准备查询语句
        $result->execute();                          //执行查询语句,并返回结果集
        //循环输出查询结果集,设置结果集为关联索引
        while($res = $result->fetch(PDO::FETCH_ASSOC)){
            ?>
            <tr>
                <td height = "22" align = "center" valign = "middle">
                    <?php echo $res['id'];?></td>
                <td align = "center" valign = "middle">
                    <?php echo $res['name'];?></td>
                <td align = "center" valign = "middle">
                    <?php echo $res['gender'];?></td>
                <td align = "center" valign = "middle">
                    <?php echo $res['birthday'];?></td>
                    <?php echo "<br>";?>
            </tr>
            <?php
```

```
        }
    } catch (PDOException $e) {
        echo $e->getMessage()."<br>";
    }
?>
```

程序运行结果如图 9.7 所示。

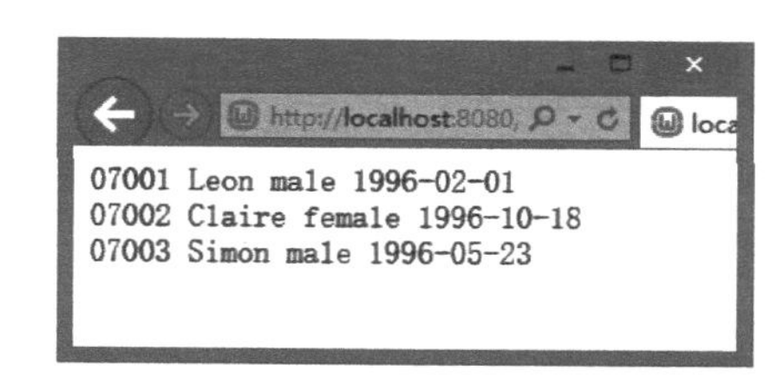

图 9.7 prepare()和 execute()方法的使用

说明：预处理语句是要运行的 SQL 的一种编译过的模板，它可以使用变量参数进行定制。预处理语句可以带来以下两大好处。

(1) 查询只需要解析(或准备)一次，但是可以用相同或不同的参数执行多次。当查询准备好后，数据库将分析、编译和优化执行该查询的计划。对于复杂的查询，这个过程要花比较长的时间，如果需要以不同参数多次重复相同的查询，那么该过程将大大降低应用程序的效率。通过使用预处理语句，可以避免重复分析、编译、优化的环节。简单地说，预处理语句使用更少的资源，从而提高运行的速度。

(2) 提供给预处理语句的参数不需要用引号括起来，驱动程序会处理这些。如果应用程序独占地使用预处理语句，那么可以确保没有 SQL 入侵发生。但是，如果仍然将查询的其他部分建立在不受信任的输入之上，那么就仍然存在风险。

注意：PDO 中执行 SQL 语句的方法有以下两种选择。

(1) 如果只是执行一次查询，那么 PDO->query 是较好的选择。虽然它无法自动转义发送给它的任何数据，但是它在遍历 SELECT 语句的结果集方面是非常方便的。然而在使用这个方法时也要格外小心，因为如果没有在结果集中获取到所有数据，那么下次调用 PDO->query 时可能会失败。

(2) 如果多次执行 SQL 语句，那么最理想的方法是 prepare 和 execute。这两个方法可以对提供给它们的参数进行自动转义，进而防止 SQL 注入攻击；同时，由于在多次执行 SQL 语句时应用的是预编译语句，还可以减少资源的占用，提高运行速度。

9.3.4 PDO 中获取结果集

1. fetch()方法

PDO 中的 fetch()方法可以获取结果集中的下一行数据，其语法格式如下：

```
mixed PDOStatement::fetch ( [int $fetch_style [, int $cursor_orientation [, int $cursor_offset]]] )
```

其中，参数 $fetch_style 表示控制结果集的返回方式，其可选方式如表 9.2 所示；参数 $cursor_orientation 表示 PDOStatement 对象的一个滚动游标，可用于获取指定的一行；参数 $cursor_offset 表示游标的偏移量。

表 9.2　$ fetch_style 控制结果集的可选值

值	说　明
PDO::FETCH_ASSOC	关联数组形式
PDO::FETCH_NUM	数字索引数组形式
PDO::FETCH_BOTH	两者数组形式都有，这是默认值
PDO::FETCH_OBJ	按照对象的形式，类似于以前的 mysql_fetch_object()
PDO::FETCH_BOUND	以布尔值的形式返回结果，同时将获取的列值赋给 bindParam()方法中指定的变量
PDO::FETCH_LAZY	以关联数组、数字索引数组和对象 3 种形式返回结果

例 9.8　通过 fetch()方法获取结果集中下一行的数据，应用 while 语句完成数据库中数据的循环输出。代码如下：

```
<?php
    header('content-type:text/html;charset=utf8');
    $dbms='mysql';
    $host='localhost';
    $dbname = 'D_sample';
    $user='root';
    $password = '123456';
    $dsn="$dbms:host=$host;dbname=$dbname";
    try {
        $pdo = new PDO($dsn, $user, $password);     //实例化对象
        $query="select * from studentA";             //定义 SQL 语句
        $result=$pdo->prepare($query);               //准备查询语句
        $result->execute();                          //执行查询语句,并返回结果集
        while($res=$result->fetch(PDO::FETCH_ASSOC)){
        //循环输出查询结果集,并且设置结果集的返回形式为关联索引
            ?>
            <tr>
                <td height="22" align="center" valign="middle">
                    <?php echo $res['id'];?></td>
                <td align="center" valign="middle">
                    <?php echo $res['name'];?></td>
                <td align="center" valign="middle">
                    <?php echo $res['gender'];?></td>
                <td align="center" valign="middle">
                    <?php echo $res['birthday'];?></td>
                <td align="center" valign="middle"><a href="#">删除</a></td>
                <?php echo "<br>";?>
            </tr>
            <?php
        }
    } catch (PDOException $e) {
        echo $e->getMessage()."<br>";
    }
?>
```

程序运行结果如图 9.8 所示。

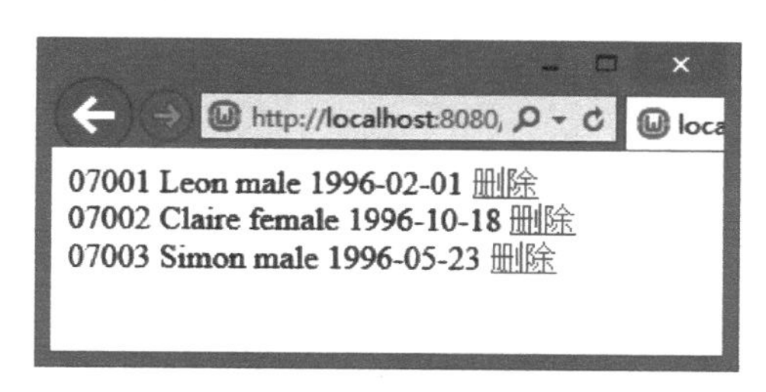

图 9.8　fetch()方法的使用

2. fetchAll()方法

fetchAll()方法获取结果集中的所有行。其语法格式如下：

```
array PDOStatement::fetchAll([int $fetch_style [, int $column_index]])
```

其中，参数 \$fetch_style 表示控制结果集中数据的显示方式，参数 \$column_index 为字段的索引。

fetchAll()方法的返回值是一个包含结果集中所有数据的二维数组。

例 9.9　通过 fecthAll()方法获取结果集中所有行，并且通过 for 语句读取二维数组中的数据，完成数据库中数据的循环输出。代码如下：

```
<?php
    header('content-type:text/html;charset=utf8');
    $dbms='mysql';
    $host='localhost';
    $dbname = 'D_sample';
    $user='root';
    $password = '123456';
    $dsn="$dbms:host=$host;dbname=$dbname";
    try {
        $pdo = new PDO($dsn, $user, $password);          //实例化对象
        $query="select * from studentA";                 //定义 SQL 语句
        $result=$pdo->prepare($query);                   //准备查询语句
        $result->execute();                              //执行查询语句，并返回结果集
        $res=$result->fetchAll(PDO::FETCH_ASSOC);        //获取结果集中的所有数据
        for($i=0;$i<count($res);$i++){                   //循环读取二维数组中的数据
            ?>
            <tr>
                <td height="22" align="center" valign="middle">
                    <?php echo $res[$i]['id'];?></td>
                <td align="center" valign="middle">
                    <?php echo $res[$i]['name'];?></td>
                <td align="center" valign="middle">
                    <?php echo $res[$i]['gender'];?></td>
                <td align="center" valign="middle">
                    <?php echo $res[$i]['birthday'];?></td>
                <td align="center" valign="middle"><a href="#">删除</a></td>
```

```
                <?php echo "<br>";?>
            </tr>
            <?php
        }
    } catch (PDOException $e) {
        echo $e->getMessage()."<br>";
    }
?>
```

程序运行结果如图 9.9 所示。

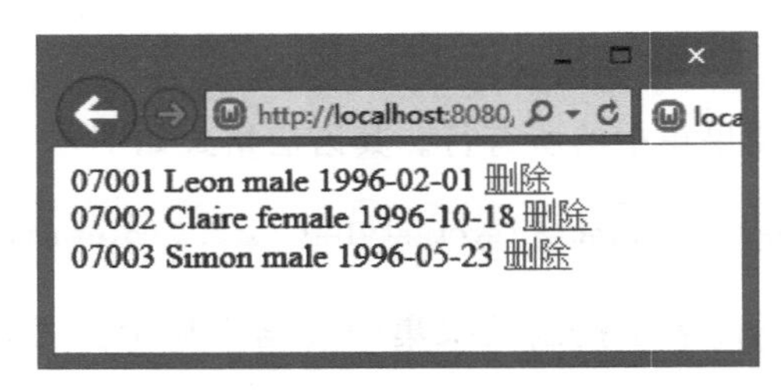

图 9.9 fetchAll()方法的使用

3. fetchColumn()方法

fetchColumn()方法获取结果集中下一行指定列的值。其语法格式如下：

```
string PDOStatement::fetchColumn(int $column_number])
```

其中，可选参数 $column_number 设置行中列的索引值，该值从 0 开始。如果省略该参数，则将从第 1 列开始取值。

例 9.10 通过 fetchColumn()方法输出结果集中下一行第一列的值，即输出学号的数据。代码如下：

```
<?php
    header('content-type:text/html;charset=utf8');
    $dbms='mysql';
    $host='localhost';
    $dbname = 'D_sample';
    $user='root';
    $password = '123456';
    $dsn="$dbms:host=$host;dbname=$dbname";
    try {
        $pdo = new PDO($dsn, $user, $password);          //实例化对象
        $query="select * from studentA";                 //定义 SQL 语句
        $result=$pdo->prepare($query);                   //准备查询语句
        $result->execute();                              //执行查询语句,并返回结果集
        ?>
        <tr>
            <td height="22" align="center" valign="middle">
                <?php echo $result->fetchColumn(0);?></td>
                <?php echo "<br>";?>
```

```
        </tr>
        <tr>
            <td height="22" align="center" valign="middle">
                <?php echo $result->fetchColumn(0);?></td>
                <?php echo "<br>";?>
        </tr>
        <tr>
            <td height="22" align="center" valign="middle">
                <?php echo $result->fetchColumn(0);?></td>
                <?php echo "<br>";?>
        </tr>
        <tr>
            <td height="22" align="center" valign="middle">
                <?php echo $result->fetchColumn(0);?></td>
                <?php echo "<br>";?>
        </tr>
        <?php
    } catch (PDOException $e) {
        echo $e->getMessage()."<br>";
    }
?>
```

程序运行结果如图 9.10 所示。

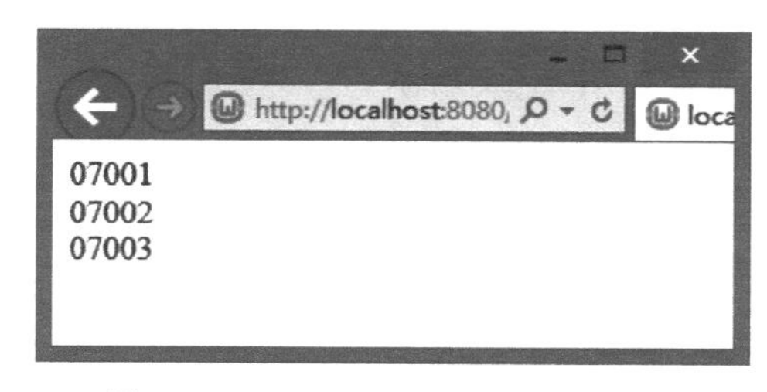

图 9.10 fetchColumn()方法的使用

9.3.5 PDO 中的错误处理

在程序开发中，再健壮的程序也难免会出现各种各样的错误，例如语法错误、逻辑错误等。在 PDO 的错误处理机制中，提供了 3 种不同的错误处理方式，以满足不同环境的程序开发。

1. 使用默认模式——PDO::ERRMODE_SILENT

在默认模式中设置 PDOStatement 对象的 errorCode 属性，但不进行其他任何操作。

例 9.11 通过 prepare()方法和 execute()方法执行 INSERT 添加语句，向数据表中添加数据，并且设置 PDOStatement 对象的 errorCode 属性，检测代码中的错误。代码如下：

```
<?php
    header('content-type:text/html;charset=utf8');
    if($_POST['Submit']=="提交" && $_POST['id']!=""){
        $dbms='mysql';
```

```
        $ host = 'localhost';
        $ dbname  =  'D_sample';
        $ user = 'root';
        $ password  =  '123456';
        $ dsn = " $ dbms:host = $ host;dbname = $ dbname";
        $ pdo  =  new PDO( $ dsn,  $ user,  $ password);              //实例化对象
        $ query = "insert into studentAA(id,name,gender) values('". $ _POST['id']."','". $ _
POST['name']."','". $ _POST['gender']."')";
        $ result = $ pdo -> prepare( $ query);
        $ result -> execute();
        $ code = $ result -> errorCode();
        if(empty( $ code)){
            echo "数据添加成功!";
        }else{
            echo '数据库错误:<br>';
            echo 'SQL 语句:'. $ query;
            echo '<pre>';
            var_dump( $ result -> errorInfo());
            echo '</pre>';
        }
    }
?>
```

程序运行，在定义 INSERT 添加语句时，使用了错误的数据表名称 studentAA(正确名称是 studentA)，导致输出结果如图 9.11 所示。

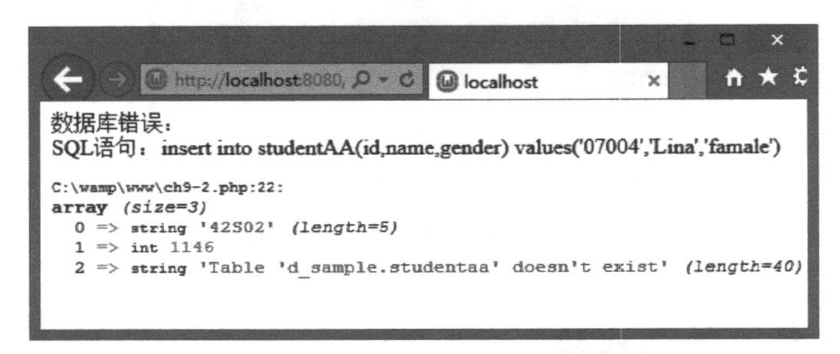

图 9.11　在默认模式中捕获 SQL 中的错误

可以通过 PDO 提供的 errorCode()和 errorInfo()这两个方法对语句和数据库对象进行检查。如果错误是由于调用语句对象 PDOStatement 产生的，那么可以使用这个对象调用这两个方法；如果错误是由于调用数据库对象产生的，那么可以使用数据库对象调用上述两个方法。

1) errorCode()方法

errorCode()方法用于获取在操作数据库句柄时所发生的错误代码，这些错误代码被称为 SQLSTATE 代码。其语法格式如下：

```
int PDOStatement::errorCode(void)
```

errorCode()方法返回一个 SQLSTATE，SQLSTATE 是由 5 个数字和字母组成的代码。

例 9.12 在 PDO 中使用 query()方法完成数据的查询操作,然后通过 errorCode()方法返回错误代码,最后通过 foreach 语句完成数据的循环输出。代码如下:

```
<?php
    header('content-type:text/html;charset=utf8');
    $dbms='mysql';
    $host='localhost';
    $dbname = 'D_sample';
    $user='root';
    $password = '123456';
    $dsn="$dbms:host=$host;dbname=$dbname";
    try {
        $pdo = new PDO($dsn, $user, $password);         //实例化对象
        $query="select * from studentAA";                //不存在的数据表名称
        $result=$pdo->query($query);                     //执行查询语句,并返回结果集
        echo "errorCode 为:".$pdo->errorCode();
        foreach($result as $items){
            ?>
            <tr>
                <td height="22" align="center" valign="middle">
                    <?php echo $items['id'];?></td>
                <td align="center" valign="middle">
                    <?php echo $items['name'];?></td>
                <td align="center" valign="middle">
                    <?php echo $items['gender'];?></td>
                <td align="center" valign="middle">
                    <?php echo $items['birthday'];?></td>
            </tr>
            <?php
        }
    } catch (PDOException $e) {
        echo $e->getMessage()."<br>";
    }
?>
```

程序运行结果如图 9.12 所示。

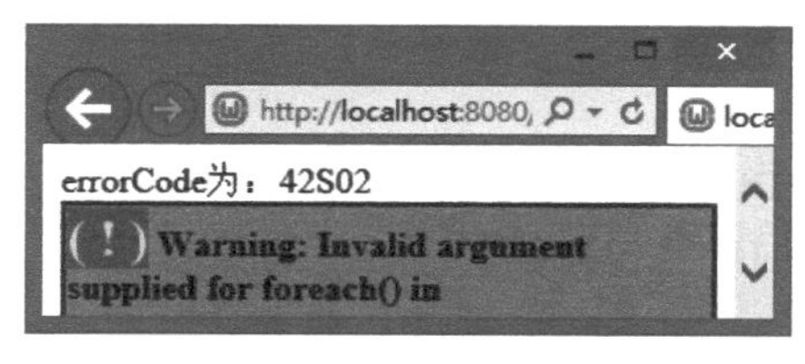

图 9.12 errorCode()方法的使用

2）errorInfo()方法

errorInfo()方法用于获取操作数据库句柄时所发生的错误信息。其语法格式如下:

```
array PDOStatement::errorInfo(void)
```

errorInfo()方法的返回值为一个数组，它包含了相关的错误信息。

例 9.13 在 PDO 中通过 query()方法执行查询语句，然后通过 errorInfo()方法获取错误信息，最后通过 foreach 语句完成数据的循环输出。代码如下：

```
<?php
    header('content-type:text/html;charset=utf8');
    $dbms = 'mysql';
    $host = 'localhost';
    $dbname = 'D_sample';
    $user = 'root';
    $password = '123456';
    $dsn = "$dbms:host=$host;dbname=$dbname";
    try {
        $pdo = new PDO($dsn, $user, $password);          //实例化对象
        $query = "select * from studentAA";              //不存在的数据表名称
        $result = $pdo->query($query);                   //执行查询语句,并返回结果集
        print_r($pdo->errorInfo());
        foreach($result as $items){
            ?>
            <tr>
                <td height="22" align="center" valign="middle">
                    <?php echo $items['id'];?></td>
                <td align="center" valign="middle">
                    <?php echo $items['name'];?></td>
                <td align="center" valign="middle">
                    <?php echo $items['gender'];?></td>
                <td align="center" valign="middle">
                    <?php echo $items['birthday'];?></td>
            </tr>
            <?php
        }
    } catch (PDOException $e) {
        echo $e->getMessage()."<br>";
    }
?>
```

程序运行结果如图 9.13 所示。

2. 使用警告模式——PDO::ERRMODE_WARNING

警告模式会产生一个 PHP 警告，并设置 errorCode 属性。如果设置的是警告模式，那么除非明确地检查错误代码，否则程序将继续按照其方式运行。

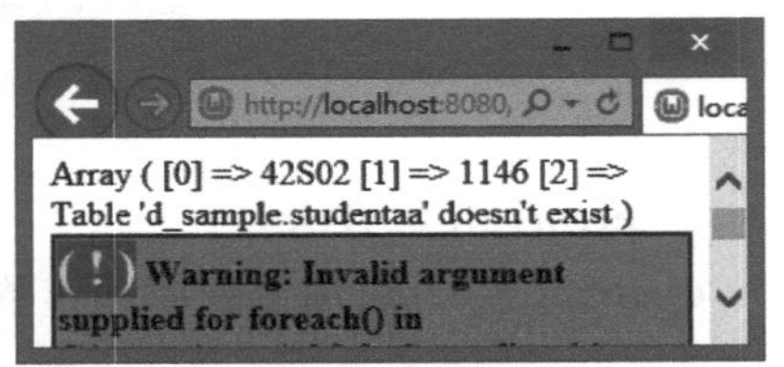

图 9.13 errorInfo()方法的使用

例 9.14 通过 prepare()和 execute()方法执行 SELECT 查询语句，并设置一个错误的数据表名称，同时通过 setAttribute()方法设置为警告模式，最后通过 while 语句和 fetch()方法完成数据的循环输出。代码如下：

```
<?php
    header('content-type:text/html;charset=utf8');
    $dbms='mysql';
    $host='localhost';
    $dbname = 'D_sample';
    $user='root';
    $password = '123456';
    $dsn="$dbms:host=$host;dbname=$dbname";
    try {
        $pdo = new PDO($dsn, $user, $password);            //实例化对象
        //设置为警告模式
        $pdo->setAttribute(PDO::ATTR_ERRMODE,PDO::ERRMODE_WARNING);
        query="select * from studentAA";                    //不存在的数据表名称
        $result=$pdo->prepare($query);                      //准备查询语句
        $result->execute();                                 //执行查询语句,并返回结果集
        //while 循环输出查询结果集,并且设置结果集的返回形式为关联数组
        while($res=$result->fetch(PDO::FETCH_ASSOC)){
            ?>
            <tr>
                <td height="22" align="center" valign="middle">
                    <?php echo $res['id'];?></td>
                <td align="center" valign="middle">
                    <?php echo $res['name'];?></td>
                <td align="center" valign="middle">
                    <?php echo $res['gender'];?></td>
                <td align="center" valign="middle">
                    <?php echo $res['birthday'];?></td>
            </tr>
            <?php
        }
    } catch (PDOException $e) {
        echo $e->getMessage()."<br>";
    }
?>
```

在设置为警告模式后,如果 SQL 语句出现错误,将给出一个提示信息,但是程序仍能够继续执行下去,程序运行结果如图 9.14 所示。

3. 使用异常模式——PDO::ERRMODE_EXCEPTION

异常模式会创建一个 PDOException,并设置 errorCode 属性。它可以将执行代码封装到一个 try{…}catch{…}语句块中。未捕获的异常将会导致脚本程序中断,并显示堆栈跟踪,了解是哪里出现的问题。

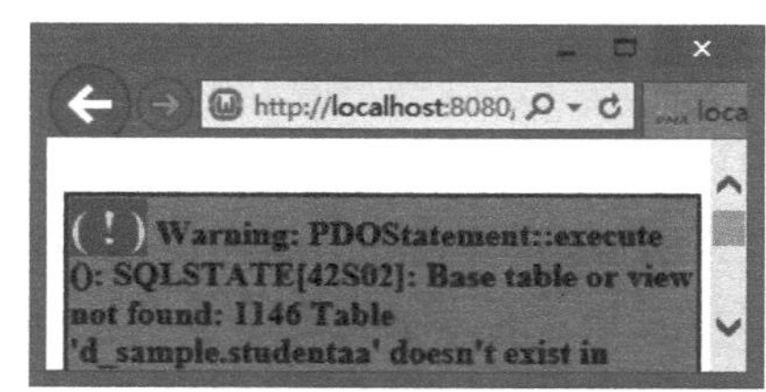

图 9.14 设置警告模式后捕获的 SQL 语句错误

例 9.15 在执行数据库中数据的删除操作时,设置为异常模式,并且编写一个错误的 SQL 语句(操作错误的数据表 studentAA),体会异常模式与警告模式和默认模式的区别。

具体步骤如下。

(1) 创建 manager_index.php 文件，连接 MySQL 数据库，通过预处理语句 prepare()和 execute()执行 SELECT 查询语句，通过 while 语句和 fetch()方法完成数据的循环输出，并且设置“删除”超级链接，单击时链接到 delete.php 文件，传递的参数是数据的 ID 值。代码如下：

```
<?php
    header('content-type:text/html;charset=utf8');
    $dbms='mysql';
    $host='localhost';
    $dbname = 'D_sample';
    $user='root';
    $password = '123456';
    $dsn="$dbms:host=$host;dbname=$dbname";
    try {
        $pdo = new PDO($dsn, $user, $password);         //实例化对象
        $query="select * from studentA";                //定义 SQL 语句
        $result=$pdo->prepare($query);                  //准备查询语句
        $result->execute();                             //执行查询语句,并返回结果集
        while($res=$result->fetch(PDO::FETCH_ASSOC)){
            ?>
            <tr>
                <td height="22" align="center" valign="middle">
                    <?php echo $res['id'];?></td>
                <td align="center" valign="middle">
                    <?php echo $res['name'];?></td>
                <td align="center" valign="middle">
                    <?php echo $res['gender'];?></td>
                <td align="center" valign="middle">
                    <?php echo $res['birthday'];?></td>
                <td align="center" valign="middle">
                    <a href="delete.php?id=
                        <?php echo $res['id'];?>">删除</a></td>
                    <?php echo "<br>";?>
            </tr>
            <?php
        }
    } catch (PDOException $e) {
        echo $e->getMessage()."<br>";
    }
?>
```

程序运行结果如图 9.15 所示。

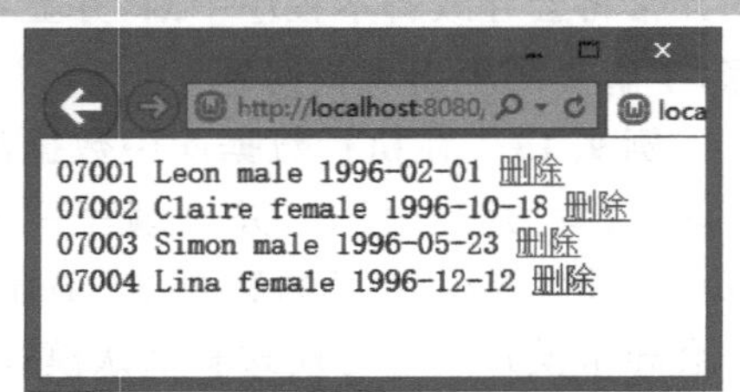

图 9.15　数据的循环输出

(2) 创建 delete.php 文件，获取超级链接传递的数据 ID 值，连接数据库，通过 setAttribute()方法设置为异常模式，定义 DELETE 删除语句，删除一个错误数据表(studentAA)中的数据。并且通过 try{…} catch{…}语句捕获错误信息。代码如下：

```
<?php
    header('content-type:text/html;charset=utf8');
    if($_GET['id']!=""){
        $dbms='mysql';
        $host='localhost';
        $dbname = 'D_sample';
        $user='root';
        $password = '123456';
        $dsn="$dbms:host=$host;dbname=$dbname";
        try {
            $pdo = new PDO($dsn, $user, $password);              //实例化对象
            $pdo->setAttribute(PDO::ATTR_ERRMODE,PDO::ERRMODE_EXCEPTION);
            $query="delete from studentAA where id=:id";         //不存在的数据表名称
            $result=$pdo->prepare($query);                       //预准备语句
            $result->bindParam(':id',$_GET['id']);               //绑定更新的数据
            $result->execute();
        } catch (PDOException $e) {
            echo 'PDO 异常模式捕获.';
            echo '数据库错误:<br>';
            echo 'SQL 语句: '.$query;
            echo '<pre>';
            echo $e->getMessage()."<br>";
            echo "Code:". $e->getCode()."<br>";
            echo "File:". $e->getFile()."<br>";
            echo "Line:". $e->getLine()."<br>";
            echo "Trace:". $e->getTraceAsString()."<br>";
            echo '</pre>';
        }
    }
?>
```

在设置为异常模式后，执行错误的 SQL 语句时返回的结果如图 9.16 所示。

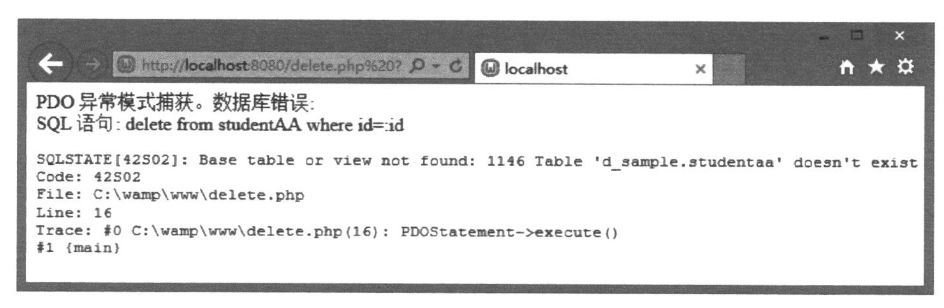

图 9.16　异常模式下捕获的 SQL 语句错误信息

课堂实践 9-1：简单的用户注册管理

课堂实践 9-1

制作一个简单的用户注册页面，输入用户注册信息，单击“注册”按钮，即可完成注册操作，运行结果如图 9.17 所示。

具体步骤如下。

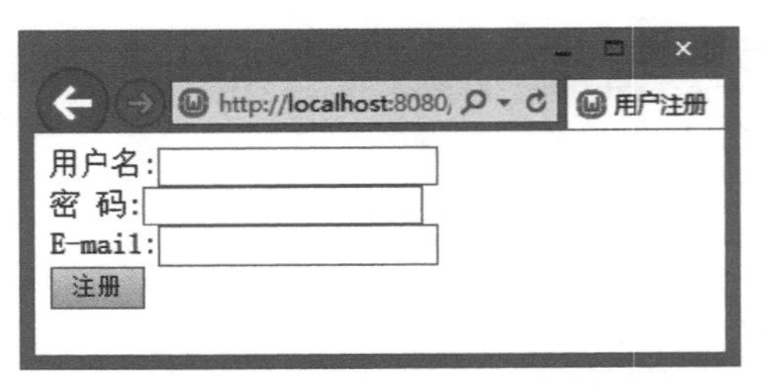

图 9.17　用户注册页面

(1) 创建表单文件 form.html,代码如下:

```
<html>
    <head>
        <title>用户注册</title>
    </head>
    <body>
        <form action = "fulfil.php" method = "post">
            用户名:<input name = "name" type = "text" ><br>
            密 码:<input name = "pwd" type = "text" ><br>
            E-mail:<input name = "email" type = "text" ><br>
            <input name = "Submit" type = "Submit" value = "注册"/>
        </form>
    </body>
</html>
```

(2) 创建 login.php 文件,并使用 javascript 脚本技术判断用户注册信息是否为空,如果为空则弹出提示。代码如下:

```
<script language = "javascript">
    function checkit(){                          //自定义函数
        if(form1.name.value == ""){              //判断用户名是否为空
            alert("请输入用户名!");
            form1.name.select();
            return false;
        }
        if(form1.pwd.value == ""){               //判断密码是否为空
            alert("请输入密码!");
            form1.pwd.select();
            return false ;
        }
        if(form1.email.value == ""){             //判断 E-mail 是否为空
            alert("请输入 E-mail!");
            form1.email.select();
            return false;
        }
        return true ;
    }
</script>
```

(3) 创建 fulfil.php 文件,完成用户注册操作,代码如下:

```
<?php
    header('Content-Type:text/html; charset=utf8');
    if(isset($_POST['name']) && $_POST['name']!= ""){              //判断用户名是否存在
        $dbms = 'mysql';
        $host = 'localhost';
        $dbname = 'D_sample';
        $user = 'root';
        $password = '123456';
        $dsn = "$dbms:host=$host;dbname=$dbname";
        $pdo = new PDO($dsn, $user, $password);
        $query = "insert into userA(name,pwd,email) values('".$_POST['name']."','".$_POST
['pwd']."','".$_POST['email']."')";
        $result = $pdo->prepare($query);
        $result->execute();
        if($result){                                                //判断是否执行成功
            echo "<script>alert('注册成功!');
            window.location.href = 'login.php'</script>";
        }else{
            echo "<script>alert('注册失败!');
            window.location.href = 'login.php'</script>";
        }
    }
?>
```

9.4 本章小结

本章主要学习了 PHP 访问 MySQL 数据库的方式,即 mysqli 扩展和 PDO 方式连接访问 MySQL 数据库。学习了 PHP 访问数据库的基本步骤;学习了 PDO 的基本使用,会使用 PDO 操作数据库;掌握 PDO 预处理机制,使用 exec()、query()、预处理语句 3 种方法来执行 SQL 语句;在 PDO 中获取结果集有 3 种方法即 fetch()、fetchAll()和 fetchColumn();掌握 PDO 的错误处理机制,有 errorCode()方法和 errorInfo()方法两个获取程序中错误信息的方法。

9.5 思考与实践

1. 选择题

(1) 关于 mysqli_select_db 的返回值,正确的是(　　)。

A. 成功开启返回 1,失败返回 0

B. 成功开启返回一个连接标识,失败返回 false

C. 成功开启返回 true,失败返回 false

D. 成功开启返回 true,失败返回一个错误号

(2) 下列代码中的数据库关闭指令将关闭(　　)连接标识。

```
<?php
    $link1 = mysqli_connect("localhost","root","123456");
```

```
    $link2 = mysqli_connect("localhost","root","123456");
    mysql_close();
?>
```


A. $link1　　B. $link2　　C. 全部关闭　　D. 报错

(3) 关于 mysqli_select_db 的作用,描述正确的是(　　)。

A. 连接数据库　　B. 连接并选取数据库

C. 连接并打开数据库　　D. 选取数据库

(4) mysql_connect()与@mysql_connect()的区别是(　　)。

A. @mysql_connect()不会忽略错误,将错误显示到客户端

B. mysql_connect()不会忽略错误,将错误显示到客户端

C. 没有区别

D. 功能不同的两个函数

(5) 读取 post 方法传递的表单元素值的方法是(　　)。

A. $_post["名称"]　　B. $_POST["名称"]

C. $post["名称"]　　D. $POST["名称"]

(6) mysqli 中返回结果集中记录总数的函数是(　　)。

A. fetch_row　　B. fetch_assoc　　C. num_rows　　D. field_count

(7) 如果在 PHP 中使用 Oracle 数据库作为数据库服务器,应该在 PDO 中加载(　　)驱动程序。

A. PDO_DBLIB　　B. PDO_MYSQL

C. PDO_OCI　　D. PDO_ORACLE

(8) PDO 中要设置返回的结果集为关联数组形式,需要使用(　　)。

A. fetch_row　　B. fetch_assoc　　C. fetch()　　D. fetch(2)

(9) 如果在 PDO 中要执行已准备好的预处理语句,应使用(　　)方法。

A. query()　　B. execute()　　C. exec()　　D. fetch()

2. 填空题

(1) PHP 提供了几种不同的连接访问数据库方式,其中常用的有(　　)(　　)以及(　　)。

(2) exec()方法主要针对没有结果集合返回的操作,通常用于(　　)(　　)和(　　)语句中。

(3) 在 PDO 的错误处理机制中,提供了(　　)(　　)和(　　)3 种不同的错误处理模式,以满足不同环境的程序开发。

(4) 为了避免 PHP 访问 MySQL 数据库时出现乱码现象,应在数据库连接文件中添加(　　)语句。

3. 实践题

(1) 编写查询 MySQL 数据库中数据的 PHP 程序代码。

(2) 已知本地 MySQL 数据库服务器的 root 账号的登录密码为 123456,D_sample 数据库中有一个 user 表,表中有 id、name、password 三个字段。编写 PHP 程序,将 user 表中的记录输出显示在网页中,要求使用 foreach 语句并且在每个字段值之间添加空格,每输出一行记录后换行。

(3) 编写更新 MySQL 数据库中数据的 PHP 程序代码。

第10章　项目开发实战

学习要点：通过本章学习，读者可以理解PHP网站的基本开发流程，掌握PHP技术在实际开发中的应用，掌握“图书管理系统”各个功能模块的设计，掌握MySQL比较复杂的多表查询的应用，提高网站的开发能力，培养分析问题、解决实际问题的能力。

10.1　系统分析

系统分析是依据管理信息系统的开发背景、实际需求做出简单的系统需求分析，理清系统的真实需求。

10.1.1　开发背景

图书资料的管理是高校图书馆都必须切实面对的工作，但一直以来人们使用传统的人工方式管理图书资料，这种管理方式存在着许多缺点，如效率低、保密性差且较为烦琐。另外，随着图书资料数量的增加，必然增加图书资料管理者的工作量和劳动强度，这将给图书资料信息的查找、更新和维护都带来很多困难。

随着科学技术水平的不断提高，传统的手工管理方法必然被以计算机为基础的信息管理方法所取代。

图书资料管理作为计算机应用的一个分支，有着手工管理所无法比拟的优点，如检索迅速、查找方便、可靠性高、存储量大、保密性好、寿命长、成本低等。这些优点能够极大地提高图书资料管理的效率。因此，开发一套能够为用户提供充足的信息和快捷的查询手段的图书管理系统，是非常必要的。

10.1.2　需求分析

图书管理系统实现图书馆日常管理的数字化，提供图书馆的日常管理功能(包括图书编目、图书流通等)和流通管理、图书信息检索等功能。

图书管理系统的基本需求如下：

(1) 提供多种检索查询方式，可以进行简单的关键字、书名、作者、出版社、图书分类等多种细目进行详细查询，查询结果应便捷、直观。

(2) 读者可以查询检索图书及图书详细信息；可以查询自己的借阅状态，借阅和续借图书。

(3) 能够处理读者的借阅和归还、续借请求，进行图书超期、丢失、污损等赔偿、处罚处理。

(4) 可以对系统数据进行维护，如增加、删除、更新图书信息。

(5) 能够进行读者管理,包括增加、删除和修改读者账户。

(6) 在查看图书(或读者)档案时,在同一界面同时显示图书(或读者)的历史借阅记录。借书与还书时,显示读者(或者图书)的当前借阅状态,为图书管理提供参考。

(7) 注销读者时删除其借阅记录。

(8) 借阅权限采用分类限制,定义各类读者的借书数量、借书期限、有效期限等。

(9) 可以发布图书借阅排行榜等信息。

(10) 提供查询功能,如当前借阅查询、历史借阅查询、图书丢失清单等。一个图书管理系统至少应包含信息录入、数据修改与删除及查询等功能。

10.2 系统设计

系统设计是依据系统的需求分析做出的。系统设计包括系统功能设计、数据库设计、开发环境选择等。

10.2.1 系统功能设计

图书管理系统包括读者信息管理、图书信息管理、图书借阅管理和系统查询与系统设置管理。读者信息管理包括读者类型管理和读者档案数据的录入、修改、删除;图书信息管理包括图书档案的录入、修改、删除操作;图书借阅管理包括图书借阅、续借和归还;系统查询包括图书档案查询、图书借阅查询、借阅到期提醒;系统设置包括管理员设置、参数设置等。

图书管理系统主要应具有以下功能:

(1) 读者信息管理,包括读者类型管理,读者档案数据的录入、修改、删除等功能。

(2) 图书征订,包括图书征订数据的录入、修改、删除等功能。

(3) 图书编目,包括图书编目信息的录入、修改等功能。

(4) 图书典藏,包括新书分配、书架库室调配等功能。

(5) 图书流通,包括图书借阅、续借,图书归还,图书书目查询等功能。

(6) 系统用户管理,包括系统用户数据的录入、修改、删除等功能。

图书管理系统的功能结构如图 10.1 所示。

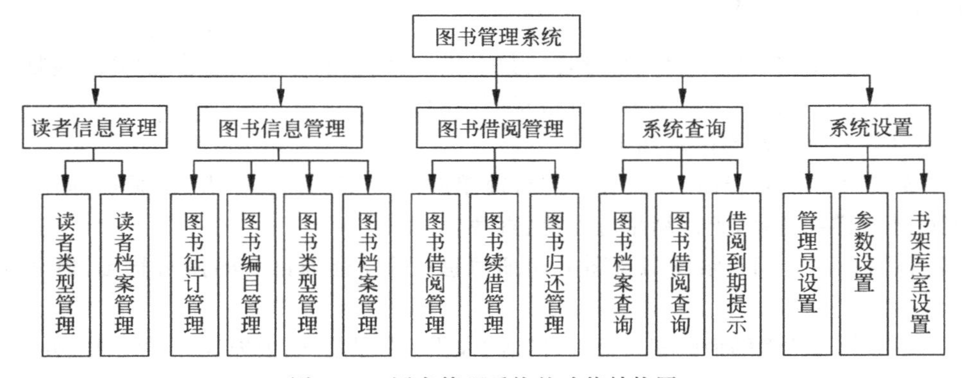

图 10.1 图书管理系统的功能结构图

10.2.2 数据库设计

在数据库系统设计时，应该首先充分了解用户各个方面的需求，包括现有的以及将来可能增加的需求。数据库设计一般包括 4 个步骤：(1)数据库需求分析；(2)数据库概念结构设计；(3)数据库逻辑结构设计；(4)数据库物理结构设计。

1. 数据库需求分析

用户的需求具体体现在各种信息的提供、保存、更新和查询，这就要求数据库结构能充分满足各种信息的输出和输入，收集基本数据、数据结构以及数据处理的流程，组成一份详尽的数据字典，为以后具体设计打下基础。

在仔细分析、调查有关图书馆管理信息需求的基础上，将得到本系统所处理的数据流程。

针对一般图书馆管理信息系统的需求，通过对图书馆管理工作过程的内容和数据流程的分析，设计如下的数据项和数据结构。

(1) 读者信息，包括的数据项有借书证号(条形码)、姓名、性别、读者类型、有效证件、联系电话、电子邮箱、注册日期、备注等。

(2) 读者类型信息，包括的数据项有类型编号、类型名称、借书数量、借书期限等。

(3) 图书信息，包括的数据项有图书编号(条形码)、图书名称、ISBN、作者、出版社、图书类型、定价、页数等。

(4) 图书类型信息，包括的数据项有类型编号、类型名称等。

(5) 借阅信息，包括的数据项有读者编号、图书编号、借阅日期、归还日期、状态、操作员等。

(6) 管理员信息，包括的数据项有管理员编号、管理员名称、管理员类型、密码、权限等。

有了上面的数据结构和数据项，就能进行下面的数据库设计了。

2. 数据库概念结构设计

得到上面的数据项和数据结构以后，就可以设计出能够满足用户需求的各种实体集以及它们之间的联系，为后面的逻辑结构设计打下基础。

根据数据库需求分析可以规划出读者信息实体集、读者类型实体集、图书信息实体集、图书类型实体集、借阅联系集、管理员信息实体集及实体集之间的相互关系。各个实体集具体的 E-R 图描述如下。

(1) 读者信息实体集 E-R 图如图 10.2 所示。

(2) 读者类型实体集 E-R 图如图 10.3 所示。

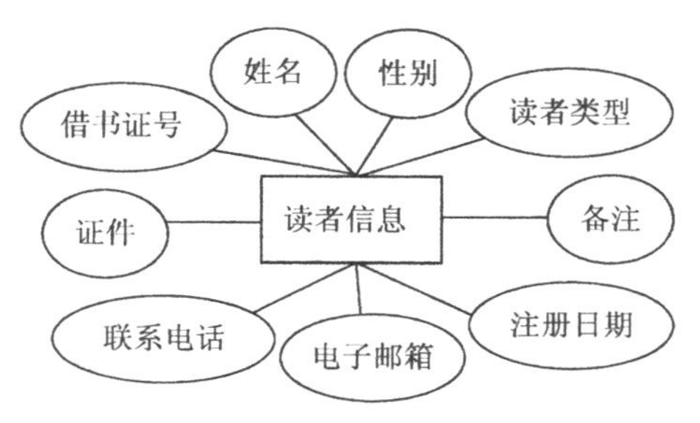

图 10.2 读者信息实体集 E-R 图

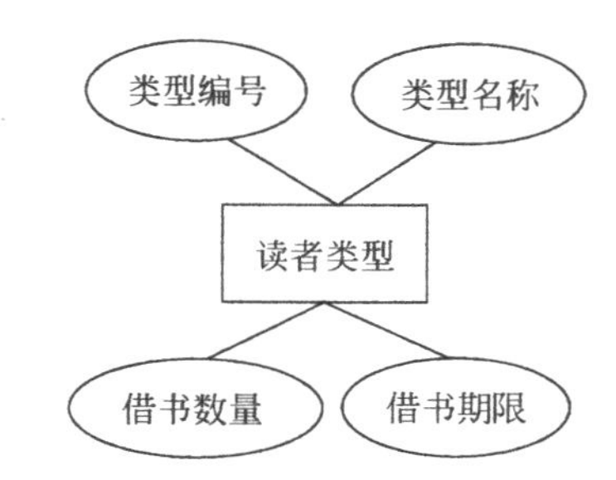

图 10.3 读者类型信息实体集 E-R 图

(3) 图书信息实体集 E-R 图如图 10.4 所示。

(4) 图书类型实体集 E-R 图如图 10.5 所示。

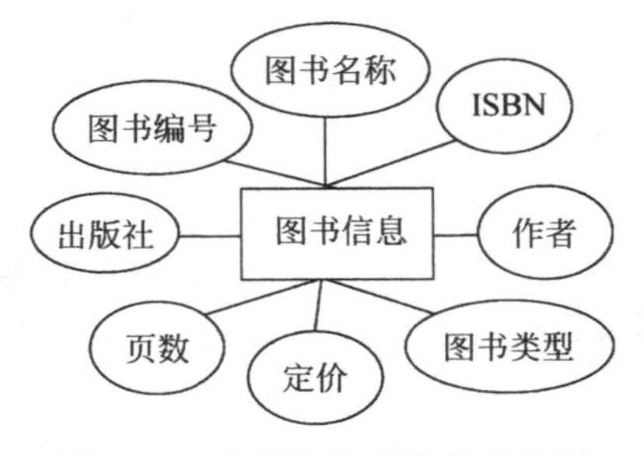

图 10.4　图书信息实体集 E-R 图

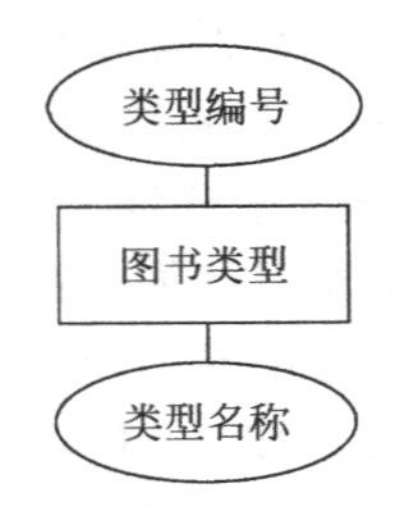

图 10.5　图书类型信息实体集 E-R 图

(5) 借阅联系集 E-R 图如图 10.6 所示。

(6) 管理员信息实体集 E-R 图如图 10.7 所示。

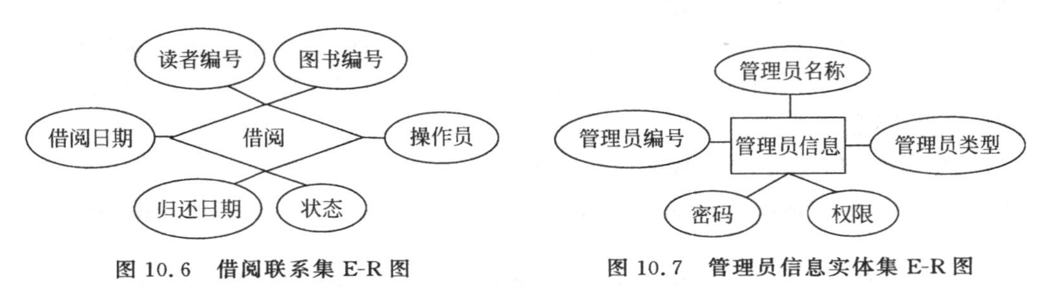

图 10.6　借阅联系集 E-R 图

图 10.7　管理员信息实体集 E-R 图

(7) 实体集之间相互关系的 E-R 图如图 10.8 所示。

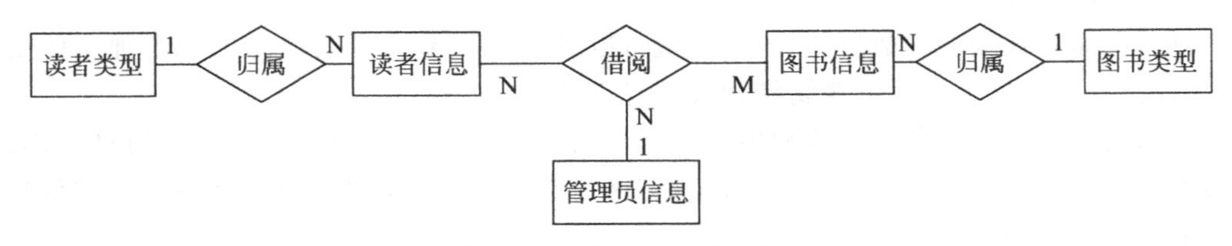

图 10.8　系统全局 E-R 图

3. 数据库逻辑结构设计

逻辑结构设计的任务就是把概念结构设计阶段设计好的基本 E-R 图，转换为与选用的具体机器上的 DBMS 产品所支持的数据模型相符合的逻辑结构。

由 E-R 图向关系模型转换的结果如下：

读者信息表(借书证号，姓名，性别，读者类型，有效证件，联系电话，电子邮箱，注册日期，备注)

读者类型信息表(类型编号，类型名称，借书数量，借书期限)

图书信息表(图书编号，图书名称，ISBN，作者，出版社，图书类型，定价，页数)

图书类型信息表(类型编号，类型名称)

借阅信息表(读者编号，图书编号，借阅日期，归还日期，状态，操作员)

管理员信息表(管理员编号,管理员名称,管理员类型,密码,权限)

4. 数据库物理结构设计

物理结构设计的目的是为一个给定的逻辑数据模型选取一个最适合应用环境的物理结构。

图书管理系统数据库中各个表结构的设计结果见表 10.1～表 10.6。每个表格表示在数据库中的一个表。

表 10.1 读者信息表(tb_reader)的表结构

字　段	类　型	空	默　认	注　释
id (主键)	int(10)	否		自动编号
name	varchar(20)	是	NULL	姓名
sex	varchar(4)	是	NULL	性别
barcode	varchar(30)	是	NULL	读者条形码
vocation	varchar(50)	是	NULL	读者职业
birthday	date	是	NULL	出生日期
paperType	varchar(10)	是	NULL	证件类型
paperNO	varchar(20)	是	NULL	证件号
tel	varchar(20)	是	NULL	联系电话
email	varchar(100)	是	NULL	电子邮箱
createDate	date	是	NULL	注册日期
operator	varchar(30)	是	NULL	操作员
remark	mediumtext	是	NULL	备注
typeid	int(11)	是	NULL	读者类型

表 10.2 读者类型表(tb_readertype)的表结构

字　段	类　型	空	默　认	注　释
id (主键)	int(10)	否		自动编号
name	varchar(50)	是	NULL	类型名称
number	int(4)	是	NULL	借书数量

表 10.3 图书信息表(tb_bookinfo)的表结构

字　段	类　型	空	默　认	注　释
barcode	varchar(30)	是	NULL	图书条形码
bookname	varchar(70)	是	NULL	图书名称
typeid	int(10)	是	NULL	图书类型
author	varchar(30)	是	NULL	作者
translator	varchar(30)	是	NULL	译者
ISBN	varchar(20)	是	NULL	ISBN
price	float(8,2)	是	NULL	定价
page	int(10)	是	NULL	页数
bookcase	int(10)	是	NULL	书架库室
storage	int(10)	是	NULL	复本数
inTime	date	是	NULL	入库时间

续表

字　段	类　型	空	默　认	注　释
operator	varchar(30)	是	NULL	操作员
del	tinyint(1)	是	0	是否删除
id(主键)	int(11)	否		自动编号

表 10.4　图书类型表(tb_booktype)的表结构

字　段	类　型	空	默　认	注　释
id(主键)	int(10)	否		自动编号
typename	varchar(30)	是	NULL	类型名称
days	int(10)	是	NULL	借阅天数

表 10.5　借阅信息表(tb_borrow)的表结构

字　段	类　型	空	默　认	注　释
id (主键)	int(10)	否		自动编号
readerid	int(10)	是	NULL	读者编号
bookid	int(10)	是	NULL	图书编号
borrowTime	date	是	NULL	借阅日期
backTime	date	是	NULL	归还日期
operator	varchar(30)	是	NULL	操作员
ifback	tinyint(1)	是	0	状态

表 10.6　管理员信息表(tb_manager)的表结构

字　段	类　型	空	默　认	注　释
id(主键)	int(10)	否		自动编号
name	varchar(30)	是	NULL	管理员名称
pwd	varchar(30)	是	NULL	密码
purview	varchar	是	NULL	权限

数据库设计除了上述数据表的设计外，还包括数据库视图设计、函数设计、触发器设计和存储过程设计等。

10.2.3　开发环境选择

使用PHP集成软件Wamp能够更容易地管理数据库，方便地开发动态Web应用程序。本章中的图书管理系统的开发与运行环境如下：

操作系统：Windows 8.1；

网站服务器：Apache (Win32) 2.4.27；

数据库服务器：MySQL Community Server (GPL) 5.7.19；

脚本语言：PHP 7.0.23；

浏览器：Internet Explorer 11.0.50或Google Chrome(32位)69.0.3497.100。

10.3 系统实现

10.3 节

在基本的系统设计完成之后，就可以进行数据库应用系统的程序开发了。因篇幅有限，在本章只介绍数据库连接设计与实现，以及“图书管理系统”中的登录模块、系统主模块、读者信息管理模块、图书信息管理模块和图书借阅管理模块的设计与实现。

10.3.1 数据库访问

数据库访问管理，用于连接服务器和数据库。conn.php 文件的代码如下：

```
<?php
     $conn = mysqli_connect("localhost","root","123456");        //服务器名、用户名、密码
    mysqli_select_db( $conn,"D_lms") ;                             //连接的数据库
    mysqli_query( $conn,"set names 'gb2312'");                     //设置中文字符集
?>
```

10.3.2 登录模块

登录模块用于验证用户的合法性，若用户不合法，则不能进入系统。登录程序 login.php 文件的代码如下：

```
<html>
    <meta http-equiv = "Content-Type" content = "text/html; charset = gb2312">
    <head>
        <title>图书管理系统</title>
        <link href = "CSS/style.css" rel = "stylesheet">
        <script language = "javascript">
        function check(form){
            if (form.name.value == ""){
                alert("请输入管理员名称!");form.name.focus();return false;
            }
            if (form.pwd.value == ""){
                alert("请输入密码!");form.pwd.focus();return false;
            }
        }
        </script>
    </head>
    <body>
        <p> </p><p> </p><p> </p><p> </p><p> </p><p>
 </p><p> </p>
        <form name = "form1" method = "post" action = "chklogin.php">
          <table width = "100 % " border = "0" cellspacing = "0" cellpadding = "0">
            <tr>
              <td width = "30 % " bgcolor = "86C1E6"> </td>
              <td width = "32 % " background = "Images/bg.gif"><table width  = "603" height
= "243" border = "0" align = "center" cellpadding = "0" cellspacing = "0" bordercolorlight = "#
FFFFFF" bordercolordark = "#D2E3E6">
```

```
                <tr>
                  <td width="50%" height="100" align="center"> </td>
                  <td width="50%"> </td>
                </tr>
                <tr>
                  <td height="30" align="center">管理员名称:<input name="name" type=
"text" class="logininput" id="name3" size="25"></td>
                <td height="30" valign="top"> </td>
                </tr>
                <tr>
                  <td height="30" align="center">管理员密码:<input name="pwd" type=
"password" class="logininput" id="pwd2" size="25"></td>
                <td height="30" valign="top"> </td>
                </tr>
                <tr>
                  <td height="30" align="center"><input name="submit" type= "submit"
class="btn_grey" value="确定" onClick="return check(form1)"> 
                  <input name="submit3" type="reset" class="btn_grey" value="重置"> 
                  <input name="submit2" type="button" class="btn_grey" value="关闭" onClick=
"window.close();"></td>
                  <td height="30" align="center" valign="top"> </td>
                </tr>
                <tr>
                  <td height="53" colspan="2" align="center"></td>
                </tr>
                </table></td>
                <td width="30%" bgcolor="86C1E6"><br></td>
                </tr>
                </table>
                <div align="center"><br>
                                       
               
    CopyRight &copy; 2009 www.imvcc.com  学院图书馆</div>
          </form>
      </body>
</html>
```

在浏览器中查看，可以看到设计的效果。登录界面如图 10.9 所示。

CopyRight © 2009 www.imvcc.com 学院图书馆

图 10.9 登录界面

10.3.3 系统主模块

系统主模块用于链接各个功能页面及图书借阅排行榜。文件 index.php 的代码如下：

```
<?php
    include("check_login.php");
    include("conn/conn.php");
?>
<html>
    <meta http-equiv="Content-Type" content="text/html; charset=utf-8">
    <head>
        <title>图书管理系统</title>
        <link href="CSS/style.css" rel="stylesheet">
    </head>
    <table width="776" border="0" align="center" cellpadding="0" cellspacing="0" class=
"tableBorder">
      <tr>
        <td><?php include("navigation.php"); ?></td>
      </tr>
      <td bgcolor="#FFFFFF">
      <table width="100%" border="0" cellspacing="0" cellpadding="0">
        <tr>
          <td valign="top" bgcolor="#FFFFFF"><table width="100%" height="510"
border="0" align="center" cellpadding="0" cellspacing="0" bgcolor="#FFFFFF" class=
"tableBorder_gray">
        <tr>
          <td align="center" valign="top" style="padding:5px;"><table width="738"
border="0" cellpadding="0" cellspacing="0">
          <tr>
            <td height="148" valign="top"><table width="738" border="0" cellspacing=
"0" cellpadding="0">
            <tr>
              <td width="753" height="44" background="Images/ main_booksort.gif">
 </td>
            </tr>
            <tr>
              <td height="72" valign="top" background= "Images/ main_booksort_1.gif">
<table width="740" border="1" cellpadding="0" cellspacing ="0" bordercolor="#FFFFFF"
bordercolordark="#D2E3E6" bordercolorlight="#FFFFFF">
              <tr align="center">
                <td width="4%" height="25">排名</td>
                <td width="10%">图书条形码</td>
                <td width="22%">图书名称</td>
                <td width="11%">图书类型</td>
                <td width="9%">书架</td>
                <td width="13%">出版社</td>
                <td width="15%">作者</td>
                <td width="8%">定价(元)</td>
                <td width="8%">借阅次数</td>
```

```
                </tr>
                <?php
                  $sql = mysqli_query($conn,"select * from (select bookid, count(bookid) as
degree from tb_borrow group by bookid) as borr join (select b. * ,c. name as bookcasename, p.
pubname, t. typename from tb_bookinfo b left join tb_bookcase c on b. bookcase = c. id join tb_
publishing p on b. ISBN = p. ISBN join tb_booktype t on b. typeid = t. id where b. del = 0) as book on
borr. bookid = book. id order by borr. degree desc limit 10");
                  $info = mysqli_fetch_array($sql);
                  $i = 1;
                  do{
                      ?>
                      <tr>
                        <td height = "25" align = "center"><?php echo $i;?> </td>
                        <td style = "padding:5px;">  <?php echo $info[barcode];?></td>
                        <td style = "padding:5px;"><?php echo $info[bookname];?></td>
                        <td style = "padding:5px;"><?php echo $info[typename];?></td>
                        <td align = "center">  <?php echo $info[bookcasename];?></td>
                        <td align = "center">  <?php echo $info[pubname];?></td>
                        <td align = "center"><?php echo $info[author];?> </td>
                        <td align = "center"><?php echo $info[price];?></td>
                        <td align = "center"><?php echo $info[degree];?> </td>
                      </tr>
                      <?php
                      $i = $i + 1;
                    }while($info = mysqli_fetch_array($sql));
                    ?>
                  </table></td>
                  </tr>
                  <tr>
                    <td height = "19" background = "Images/main_booksort_2.gif">  </td>
                  </tr>
                  </table></td>
                </tr>
              </table>
              <p>  </p></td>
              </tr>
            </table></td>
          </tr>
        </table>
        <?php include("copyright.php");?></td>
        </tr>
      </table>
</html>
```

系统主界面如图 10.10 所示。

图 10.10　系统主界面

10.3.4　读者信息管理模块

读者信息管理模块用于添加、修改或删除读者信息。文件 reader.php 的代码如下：

```
<?php session_start();?>
<head>
    <link href="CSS/style.css" rel="stylesheet">
</head>
<body>
    <table width="776" border="0" align="center" cellpadding="0" cellspacing="0" class=
"tableBorder">
        <tr>
          <td>
            <?php include("navigation.php");?>
          </td>
        </tr>
        <td>
        <table width="100%" border="0" cellspacing="0" cellpadding="0">
          <tr>
```

```
<td valign="top" bgcolor="#FFFFFF"><table width="99%" height="510" border
="0" align="center" cellpadding="0" cellspacing="0" bgcolor="#FFFFFF" class=
"tableBorder_gray">
        <tr>
          <td height="510" align="center" valign="top" style="padding: 5px; ">
<table width="98%" height="487" border="0" cellpadding="0" cellspacing="0">
        <tr>
          <td height="22" valign="top" class="word_orange">当前位置:读者管理 &gt;
读者档案管理 &gt;&gt;&gt;</td>
        </tr>
        <tr>
          <td align="center" valign="top">
          <?php include("conn/conn.php");
          $sql = mysqli_query($conn,"select r.id,r.barcode,r.name,t.name as typename,
r.paperType,r.paperNO,r.tel,r.email from tb_reader as r join (select * from tb_readertype) as
t on r.typeid=t.id");
          $info = mysqli_fetch_array($sql);
          if($info == false){
            ?><table width="100%" height="30" border="0" cellpadding="0"
cellspacing="0">
            <tr>
              <td height="36" align="center">暂无读者信息!</td>
            </tr>
            </table>
            <table width="100%" border="0" cellspacing="0" cellpadding="0">
              <tr>
                <td><a href="reader_add.php">添加读者信息</a></td>
              </tr>
            </table>
            <?php
        }else{
            ?><table width="100%" border="0" cellspacing="0" cellpadding="0">
            <tr>
              <td width="87%"> </td>
              <td width="13%"><a href="reader_add.php">添加读者信息</a></td>
            </tr>
          </table>
          <table width="96%" border="1" cellpadding="0" cellspacing="0" bordercolor=
"#FFFFFF" bordercolordark="#D2E3E6" bordercolorlight="#FFFFFF">
            <tr align="center" bgcolor="#e3F4F7">
              <td width="13%">条形码</td>
              <td width="10%">姓名</td>
              <td width="8%">读者类型</td>
              <td width="10%">证件类型</td>
              <td width="18%">证件号码</td>
              <td width="15%">电话</td>
              <td width="15%">E-mail</td>
              <td colspan="2">操作</td>
```

```
                </tr>
                <?php
                do{
                  ?> <tr>
                  <td style="padding:5px;"><?php echo $info[barcode];?> </td>
                  <td style="padding:5px;"><a href="reader_info.php?id=<?php echo $info
[id]; ?> "><?php echo $info[name];?> </a></td>
                  <td style="padding:5px;"><?php echo $info[typename];?> </td>
                  <td align="center"><?php echo $info[paperType];?> </td>
                  <td align="center"><?php echo $info[paperNO];?> </td>
                  <td> <?php echo $info[tel];?> </td>
                  <td align="left"> <?php echo $info[email];?> </td>
                  <td width="6%" align="center"><a href= "reader_modify.php?id=<?php
echo $info[id];?>">修改</a></td>
                  <td width="5%" align="center"><a href="reader_del.php?id =<?php echo
$info[id];?> ">删除</a></td></tr>
                  <?php
                }while($info=mysqli_fetch_array($sql));
              }
              ?></table></td>
              </tr>
              </table></td>
              </tr>
            </table><?php include("copyright.php");?></td>
          </tr>
        </table></td>
      </tr>
    </table>
</body>
```

读者信息管理界面如图10.11所示。

10.3.5 图书信息管理模块

图书信息管理模块用于查看图书详细信息、添加图书信息、修改图书信息、删除图书信息。文件book.php的代码如下：

```
<?php session_start();?>
<html>
    <head>
        <title>图书管理系统</title>
        <link href="CSS/style.css" rel="stylesheet">
    </head>
    <body>
      <table width="778" border="0" align="center" cellpadding="0" cellspacing="0"
class="tableBorder">
        <tr>
            <td><?php include("navigation.php");?></td>
        </tr>
        <td>
```

图书管理系统

当前登录的用户：admin

2018-10-07 16:47:22 首页 | 系统设置 | 读者管理 | 资料管理 | 借阅管理 | 系统查询 | 密码修改 | 注销

当前位置：读者管理 > 读者档案管理 >>>

添加读者信息

条形码	姓名	读者类型	证件类型	证件号码	电话	E-mail	操作	
19011	王晓丽	专业教师	身份证	150102********2010	1360471****	wgh***@s**u.com	修改	删除
19034	张志勇	教辅人员	身份证	15102219******2203	136****4255	dream****@sohu.com	修改	删除
201707001	张文静	学生	身份证	150421********2256	136********	jin***@163.com	修改	删除
201707002	刘海燕	学生	身份证	150234********156X	137***56768	sea****@sina.com	修改	删除
201607001	宋志强	其他	身份证	15071219******17**	136********	xg**@163.com	修改	删除
201607002	马媛	学生	身份证	151255****0615****	147****4215	53**34@qq.com	修改	删除
19067	张欣	行政人员	身份证	150621********2125	136********	xx***@163.com	修改	删除

CopyRight © 2009 www.imvcc.com 学院图书馆

图 10.11 读者信息管理界面

```
        < table width = "100 % " border = "0" cellspacing = "0" cellpadding = "0">
        < tr >
          < td valign = "top" bgcolor = " # FFFFFF">< table width = "99 % " height = "510" border =
"0" align = " center" cellpadding = " 0" cellspacing = " 0" bgcolor = " # FFFFFF" class =
"tableBorder_gray">
          < tr >
            < td height = "510" valign = "top" style = "padding:5px;">< table width = "98 % "
border = "0" cellpadding = "0" cellspacing = "0">
          < tr >
            < td height = "22" valign = "top" class = "word_orange">当前位置:图书管理 &gt; 资
料管理 &gt;&gt;&gt;</td>
          </tr>
          < tr >
            < td align = "center" valign = "top">
            <?php include("Conn/conn.php");
              $ query = mysqli_query( $ conn," select book. barcode, book. id as bookid, book.
bookname, bt. typename, pb. pubname, bc. name from tb_bookinfo book join tb_booktype bt on book.
typeid = bt. id join tb_publishing pb on book. ISBN = pb. ISBN join tb_bookcase bc on book. bookcase =
bc. id");
              $ result = mysqli_fetch_array( $ query);
              if( $ result == false){
              ?>
              < table width = "100 % " height = "30" border = "0" cellpadding =  "0" cellspacing = "0">
                < tr >
```

```
                <td height="36" align="center">暂无图书信息!</td>
              </tr>
            </table>
            <table width="100%" border="0" cellspacing="0" cellpadding="0">
              <tr>
                <td><a href="book_add.php">添加图书信息</a></td>
              </tr>
            </table>
            <?php
          }else{
            ?>
            <table width="100%" border="0" cellspacing="0" cellpadding="0">
              <tr>
                <td width="87%"> </td>
                <td width="13%"><a href="book_add.php">添加图书信息</a></td>
              </tr>
            </table>
            <table width="98%" border="1" cellpadding="0" cellspacing="0" bordercolor=
"#FFFFFF" bordercolordark="#D2E3E6" bordercolorlight="#FFFFFF">
              <tr align="center" bgcolor="#e3F4F7">
                <td width="13%">条形码</td>
                <td width="26%">图书名称</td>
                <td width="15%">图书类型</td>
                <td width="14%">出版社</td>
                <td width="12%">书架</td>
                <td width="6%">修改</td>
                <td width="5%">删除</td>
              </tr>
              <?php do{ ?>
                  <tr>
                    <td style="padding:5px;"> <?php echo $result[barcode];?></td>
                    <td style="padding:5px;"><a href="book_look.php?id =<?php echo
$result[bookid];?>"><?php echo $result[bookname];?></a></td>
                    <td style="padding:5px;"> <?php echo $result[typename];?></td>
                    <td style="padding:5px;"> <?php echo $result[pubname];?></td>
                    <td style="padding:5px;"> <?php echo $result[name];?></td>
                    <td align="center"><a href= "book_Modify.php?id=<?php echo $result
[bookid];?>">修改</a></td>
                    <td align="center"><a href="book_del.php?id= <?php echo $result
[bookid];?>">删除</a></td>
                  </tr>
                  <?php
                }while($result=mysqli_fetch_array($query));
              }
              ?>
              </table></td>
              </tr>
```

```
                </table></td>
              </tr>
            </table><?php include("copyright.php");?></td>
          </tr>
        </table></td>
      </tr>
    </table>
  </body>
</html>
```

图书信息管理界面如图 10.12 所示。

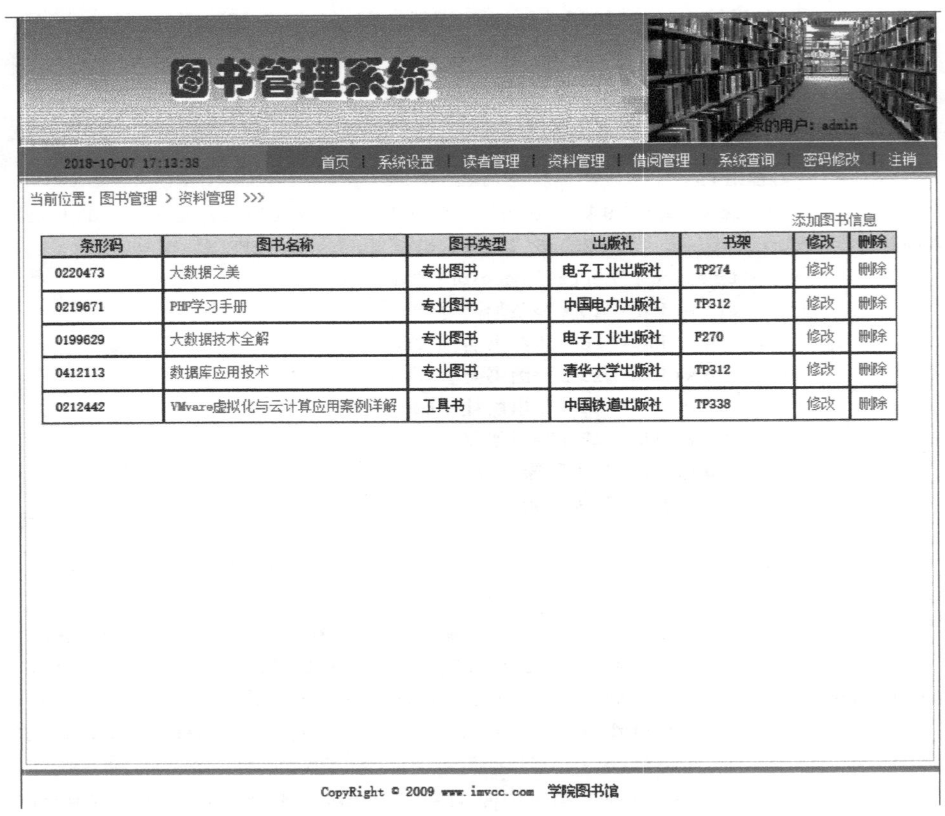

图 10.12　图书信息管理界面

10.3.6　图书借阅管理模块

图书借阅管理模块用于结合用户的借阅历史记录判断用户是否可以借阅图书。文件 bookborrow.php 的代码如下：

```
<?php session_start();?>
<html>
  <head>
    <link href="CSS/style.css" rel="stylesheet">
```

```
<script language="javascript">
function checkreader(form){
    if(form.barcode.value==""){
        alert("请输入读者条形码!");form.barcode.focus();return;
    }
    form.submit();
}
function checkbook(form){
    if(form.barcode.value==""){
        alert("请输入读者条形码!");form.barcode.focus();return;
    }
    if(form.inputkey.value==""){
        alert("请输入查询关键字!");form.inputkey.focus();return;
    }
    if(form.number.value-form.borrowNumber.value<=0){
        alert("您不能再借阅其他图书了!");return;
    }
    form.submit();
}
</script>
</head>
<body>
    <?php include("navigation.php");?>
    <table width="776" border="0" cellspacing="0" cellpadding="0" align="center">
      <tr>
        <td valign="top" bgcolor="#FFFFFF"><table width="100%" height="509"
border="0" align="center" cellpadding="0" cellspacing="0" bgcolor="#FFFFFF" class=
"tableBorder_gray">
        <tr>
          <td align="left" valign="top" style="padding:5px;"> <span class=
"word_orange"> 当前位置:借阅管理 &gt; 图书借阅 &gt;&gt;&gt;</span><table width=
"100%" border="0" cellpadding="0" cellspacing="0"><?php include("conn/conn.php");
            $sql=mysqli_query($conn,"select r.*,t.name as typename,t.number from tb_
reader r left join tb_readerType t on r.typeid=t.id where r.barcode='".$_POST[barcode]."'");
            $info=mysqli_fetch_array($sql);?>
            <form name="form1" method="post" action="">
              <tr>
                <td height="72" align="center" valign="top" background="Images/
main_booksort_1.gif" bgcolor="#F8BF73">
                  <br>
                  <table width="96%" border="0" cellpadding="0" cellspacing="0"
bordercolor="#FFFFFF" bgcolor="#9ECFEE" class="tableBorder_grey">
                    <tr>
                      <td height="33" valign="top" background="Images/bookborr.jpeg">
                      <table width="100%" border="0" cellpadding="0" cellspacing="0"
bgcolor="#FFFFFF">
                        <tr>
                          <td valign="top"><table width="100%" border="0" cellpadding=
"0" cellspacing="0">
```

```
                        <tr>
                          <td height="33" background="Images/bookborr.gif"> </td>
                        </tr>
                      </table>
                      <table width="100%" height="21" border="0" cellpadding="0"
cellspacing="0">
                        <tr>
                          <td width="24%" height="18" style="padding-left:7px;
padding-top:7px;"><img src="Images/bg_line.gif" width="132" height="20"></td>
                          <td width="76%" style="padding-top:7px;">读者编号：<input
name="barcode" type="text" id="barcode" size="24" value="<?php echo $info[barcode];?
>"> 
                          <input name="Button" type="button" class="btn_grey" value=
"确定" onClick="checkreader(form1)"></td>
                        </tr>
                      </table></td>
                      </tr>
                      <tr>
                        <td height="13" align="left" style="padding-left: 7px;"><hr
width="90%" size="1"></td>
                      </tr>
                      <tr>
                        <td align="center"><table width="96%" border="0" cellpadding=
"0" cellspacing="0">
                      <tr>
                          <td height="27">姓    名：<input name=
"readername" type="text" id="readername" value="<?php echo $info[name];?>">
                          <input name="readerid" type="hidden" id="readerid" value="<?
php echo $info[id];?>"></td>
                          <td>性    别：<input name="sex" type=
"text" id="sex" value="<?php echo $info[sex]; ?>"></td>
                          <td>读者类型：<input name="readerType" type="text" id=
"readerType" value="<?php echo $info[typename];?>"></td>
                      </tr>
                      <tr>
                        <td height="27">单位部门：<input name="paperType" type="text"
id="paperType" value="<?php echo $info[paperType];?>"></td>
                        <td>联系电话：<input name="paperNo" type="text" id="paperNo"
value="<?php echo $info[paperNO];?>"></td>
                          <td>可借数量：<input name="number" type="text" id="number"
value="<?php echo $info[number];?>" size="17">册 </td>
                      </tr>
                    </table></td>
                    </tr>
                  </table></td>
              </tr>
              <tr>
                <td height="32"> 添加的依据：<input name="f" type="radio"
class="noborder" value="barcode" checked>图书编号  
```

```
                    < input name = "f" type = "radio" class = "noborder" value = "bookname">图书
名称   
                    < input name = "inputkey" type = "text" id = "inputkey" size = "50">
                    < input name = "Submit" type = "button" class = "btn_grey" id = "Submit" onClick =
"checkbook(form1);" value = "确定">
                    < input name = "operator" type = "hidden" id = "operator" value = "<?php
echo $ _SESSION[adminname];?>">
                    < input name = "Button2" type = "button" class = "btn_grey" id = "Button2"
onClick = "window.location.href = 'bookBorrow.php' "value = "完成借阅"></td >
                  </tr >
                  < tr >
                    < td valign = "top" bgcolor = "#D2E5F1" style = "padding:5px"> < table width =
"99 % " border = " 1 " cellpadding = " 0 " cellspacing = " 0 " bordercolor = " # FFFFFF "
bordercolorlight = "#FFFFFF" bordercolordark = "#9ECFEE" bgcolor = "#FFFFFF">
                    < tr align = "center" bgcolor = "#E2F4F6">
                      < td width = "29 % " height = "25">图书名称</td >
                      < td width = "12 % ">借阅日期</td >
                      < td width = "14 % ">归还日期</td >
                      < td width = "17 % ">出版社</td >
                      < td width = "14 % ">索引号</td >
                      < td colspan = "2">定价(元)</td >
                    </tr >
                    <?php $ readerid = $ info[id];
                     $ sql1 = mysqli_query( $ conn,"select r. * ,borr.borrowTime, borr.backTime,book.
bookname,book.price,pub.pubname,bc.name as bookcase from tb_borrow as borr join tb_bookinfo
as book on book.id = borr.bookid join tb_publishing as pub on book.ISBN = pub.ISBN join tb_
bookcase as bc on book.bookcase = bc.id join tb_reader as r on borr.readerid = r.id where borr.
readerid = ' $ readerid' and borr.ifback = 0");
                     $ borrowNumber = mysqli_num_rows( $ sql1); //获取结果集中的行数
                    do{
                        ?>
                        < tr >
                          < td height = "25" style = "padding:5px;">  <?php echo $ info1
[bookname];?></td >
                          < td style = "padding:5px;">  <?php echo $ info1[borrowTime];?
></td >
                          < td style = "padding:5px;">  <?php echo $ info1[backTime];?>
</td >
                          < td align = "center">  <?php echo $ info1[pubname];?></td >
                          < td align = "center">  <?php echo $ info1[bookcase];?></td >
                          < td width = "14 % " align = "center">  <?php echo $ info1[price];?>
</td >
                        </tr >
                        <?php
                    }while( $ info1 = mysqli_fetch_array( $ sql1));
                    ?>
                    < input name = "borrowNumber" type = "hidden" id = "borrowNumber" value = "<?
php echo $ borrowNumber; ?>">
                </table ></td >
                </tr >
```

```
                </table></td>
              </tr>
              <tr>
                <td height = "19" background = "Images/main_booksort_2.gif ">  </td>
              </tr>
            </form>
            <?php
            if( $_POST[inputkey]!= ""){
                $f = $_POST[f];
                $inputkey = trim( $_POST[inputkey]);
                $barcode = $_POST[barcode];
                $readerid = $_POST[readerid];
                $borrowTime = date('Y - m - d');
                //归还图书日期为当前日期 + 30 天期限
                $backTime = date("Y - m - d",(time() + 3600 * 24 * 30));
                $query = mysqli_query( $conn,"select * from tb_bookinfo where $f = '$inputkey'");
                $result = mysqli_fetch_array( $query);
                $query1 = mysqli_query( $conn,"select r. * ,borr.borrowTime, borr.backTime, book.
bookname,book.price,pub.pubname,bc.name as bookcase from tb_borrow as borr join tb_reader as r on
borr.readerid = r.id join tb_bookinfo as book on book.id = borr.bookid join tb_publishing as pub on
book.ISBN = pub.ISBN join tb_bookcase as bc on book.bookcase = bc.id where borr.bookid = $result[id]
and borr.readerid = $readerid and ifback = 0");    //检索该读者所借阅图书是否与再借图书重复
                $result1 = mysqli_fetch_array( $query1);
                if( $result1 == true){
                //如果借阅的图书已被该读者借阅,那么提示不能重复借阅
                    echo "< script language = 'javascript'> alert('该图书已经借阅!');window.
location.href = 'bookBorrow.php?barcode = $barcode';</script >";}
                else{                                   //否则,完成图书借阅操作
                    $bookid = $result[id];
                    mysqli_query( $conn,"insert into tb_borrow(readerid, bookid, borrowTime,
backTime,operator,ifback)values('$readerid','$bookid','$borrowTime','$backTime','$_
SESSION[admin_name]',0)");
                   echo "< script language = 'javascript'> alert('图书借阅操作成功!');window.
location.href = 'bookBorrow.php?barcode = $barcode';</script >";
                }
          }
          ?>
        </table></td>
        </tr>
        </table>
        <?php include("copyright.php");?></td>
        </tr>
        </table>
      </body>
</html>
```

图书借阅管理界面如图 10.13 所示。

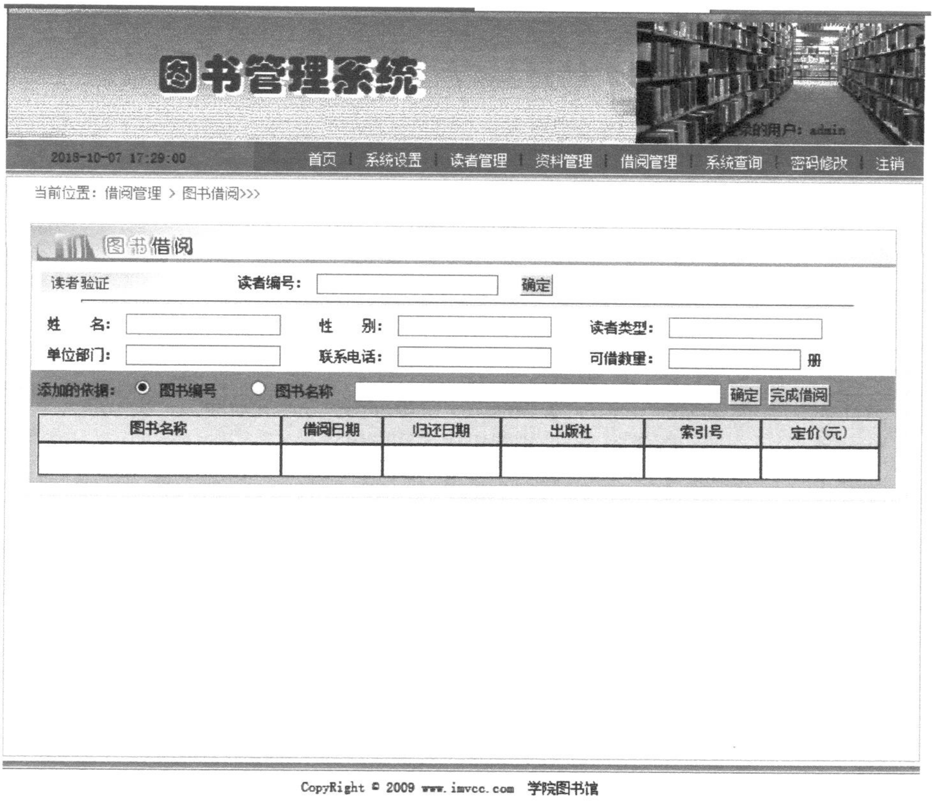

图书管理系统
当前登录的用户：admin
2018-10-07 17:29:00
首页 | 系统设置 | 读者管理 | 资料管理 | 借阅管理 | 系统查询 | 密码修改 | 注销
当前位置：借阅管理 > 图书借阅>>>
图书借阅
读者验证　读者编号：　确定
姓　名：　性　别：　读者类型：
单位部门：　联系电话：　可借数量：　册
添加的依据：◉ 图书编号　○ 图书名称　确定　完成借阅

图书名称	借阅日期	归还日期	出版社	索引号	定价(元)

CopyRight © 2009 www.imvcc.com 学院图书馆

图 10.13　图书借阅管理界面

10.4　本章小结

本章通过图书管理系统介绍了数据库应用系统的开发过程，包括系统分析、系统设计和系统实现。系统设计包括多个方面，数据库设计是其中一个方面。数据库设计包括表、视图、函数、存储过程和触发器等数据库对象设计。系统实现包括数据库连接的设计与实现，登录模块、系统主模块、读者信息管理模块、图书信息管理模块以及图书借阅管理模块的设计与实现。

10.5　思考与实践

1. 填空题

数据库设计除了上述数据库表设计外，还包括数据库(　　)设计、(　　)设计、(　　)设计和(　　)设计等。

2. 实践题

基于前面各章讨论的教务管理信息，开发一个用于教务管理的数据库应用系统。

附录A PHP 7 常用内置函数

1. 字符串函数

函数名	功能描述
explode	使用一个字符串分割另一个字符串
strcmp	二进制安全字符串比较
sprintf	格式化输出
substr	返回字符串的子串
trim	删除字符串首尾处的空白字符(或者其他字符)
ltrim	删除字符串开头的空白字符(或其他字符)
rtrim	删除字符串末尾的空白字符(或者其他字符)
strlen	获取字符串长度
strtolower	将字符串转化为小写
strtoupper	将字符串转化为大写
strrpos	计算指定字符串在目标字符串中最后一次出现的位置
str_repeat	重复一个字符串
str_replace	子字符串替换

2. 数学函数

函数名	功能描述
abs	绝对值
acos	反余弦
asin	反正弦
bindec	二进制转换为十进制
decbin	十进制转换为二进制
ceil	获得大于指定数的最小整数值
floor	获得小于指定数的最大整数值
fmod	返回除法的浮点数余数
pow	指数表达式
sqrt	平方根
round	对浮点数进行四舍五入
rand	产生一个随机整数
cos	余弦
sin	正弦

3. 日期时间函数

函 数 名	功 能 描 述
date	将整数时间标签转变为所需的字符串格式
getdate	以数组的方式返回当前日期与时间
mktime	获得一个日期的 UNIX 时间戳
checkdate	检测日期是否合法
strtotime	将英文的日期、时间字符串转换成 UNIX 时间标签
microtime	将 UNIX 时间标签格式化成适用于当前环境的日期字符串
gmdate	将 UNIX 时间标签格式化成日期字符串
time	返回当前的 UNIX 时间戳

4. 数组函数

函 数 名	功 能 描 述
array_search	在数组中搜索给定的值
array_unique	删除数组中重复的值
array_column	返回数组中指定的一列
array_keys	返回数组中的键名
array_merge	合并一个或多个数组
array_chunk	将一个数组分割成多个
array_reverse	返回一个单元顺序相反的数组
array_rand	从数组中随机取出一个或多个单元
array_values	返回数组中所有的值
array_push	栈操作：将一个或多个单元压入数组的末尾(入栈)
array_pop	栈操作：将数组最后一个单元弹出(出栈)
array_shift	队列操作：将数组开头的单元移出数组
array_unshift	队列操作：在数组开头插入一个或多个单元
array_intersect	集合操作：计算数组的交集
array_diff	集合操作：计算数组的差集
current	返回数组中的当前单元
count	用于计算数组中元素的个数
max	找出最大值
min	找出最小值
sort	对数组排序
rsort	对数组降序排序
ksort	对数组按照键名排序
krsort	对数组按照键名降序排序
asort	对数组进行排序并保持索引关系
arsort	对数组进行降序排序并保持索引关系
shuffle	打乱数组顺序
implode	将一个一维数组的值转化为字符串
range	建立一个包含指定范围单元的数组
key	从关联数组中取得键名

续表

函 数 名	功 能 描 述
reset	重置数组,将数组内部指针移动到第一个元素
list	把数组中的值赋给一些变量
in_array	检查数组中是否存在某个值

5. 文件操作函数

函 数 名	功 能 描 述
mkdir	创建目录
opendir	打开目录
closedir	关闭目录
rmdir	删除目录,目录必须是空目录
readdir	读取文件夹,获取文件夹下的文件名而不是文件路径
scandir	列出指定路径中的文件和目录
getcwd	获得当前工作目录
chdir	改变当前的目录
fopen	打开文件
fclose	关闭文件
fgets	读取一行
file	把整个文件读入一个数组中
get_file_contents	将整个文件读到一个字符串中
fread	读取整个文件,可以安全读取二进制文件
file_get_contents	将整个文件读入一个字符串
readfile	读入整个文件,并写入输出缓冲区,返回读取的字节数
fwrite	写入文件(可安全用于二进制文件)
file_put_contents	将一个字符串写入文件
filesize	获取文件大小
filetype	获取文件类型
is_dir	判断给定文件名是否是一个目录
is_file	判断给定文件名是否为一个正常的文件
file_exists	检查文件或目录是否存在
unlink	删除文件
copy	复制文件
rename	重命名一个文件或目录

6. URL 处理函数

函 数 名	功 能 描 述
urlencode	编码 URL 字符串
urldecode	解码已编码的 URL 字符串

7. 数据库操作函数

函 数 名	功 能 描 述
mysqli_connect	连接到 MySQL 数据库
mysqli_close	关闭 MySQL 连接
mysqli_query	执行 SQL 语句
mysqli_select_db	更改默认的数据库
mysqli_num_rows	获取查询结果包含的数据记录的数目
mysqli_fetch_row	从查询结果中取出数据
mysqli_fetch_assoc	从数组结果集中取得一行作为关联数组
mysqli_fetch_object	从结果集中取得一行记录作为对象
mysqli_fetch_array	从结果集中取得一行作为关联数组或数字数组，或二者兼有
mysqli_free_result	释放所占资源

8. 图像处理函数

函 数 名	功 能 描 述
gd_info	获取当前安装的 GD 库的信息
getimagesize	获取图像大小及相关信息
image_type_to_extension	获取图像类型的文件后缀
image_type_to_mime_type	返回图像类型的 MIME 类型
image2wbmp	输出 WBMP 类型的图片
imageaffine	返回经过仿射变换后的图像
imageaffinematrixconcat	连接两个矩阵
imageaffinematrixget	获取矩阵
imagealphablending	设定图像的混色模式
imageantialias	是否使用抗锯齿(antialias)功能
imagearc	画椭圆弧
imagechar	水平地画一个字符
imagecharup	垂直地画一个字符
imagecolorallocate	为一幅图像分配颜色
imagecopy	复制图像的一部分
imagecreate	新建一个基于调色板的图像
imagecreatetruecolor	新建一个真彩色图像
imagedashedline	画一条虚线
imagedestroy	销毁一个图像
imageellipse	画一个椭圆
imagefill	区域填充
imagefilledellipse	画一个椭圆并填充
imagefilledpolygon	画一个多边形并填充
imagefilledrectangle	画一个矩形并填充
imagefontheight	获取字体高度
imagefontwidth	获取字体宽度
imageftbbox	获取一个使用 FreeType 2 字体的文本框

续表

函 数 名	功 能 描 述
imagefttext	使用 FreeType 2 字体将文本写入图像
imageline	画一条直线
imagepolygon	画一个多边形
imagepsslantfont	将字体设置为倾斜
imagerectangle	画一个矩形
imagerotate	用给定角度旋转图像
imagesetstyle	设定画线的风格
imagesetthickness	设定画线的宽度
imagesx	获取图像宽度
imagesy	获取图像高度
imagetruecolortopalette	将真彩色图像转换为调色板图像

附录 B PHP 7 预定义变量

变 量 名	功能描述
$ GLOBALS	引用全局作用域中可用的全部变量
$ _GET	通过 URL 参数传递给当前脚本的变量的数组
$ _POST	通过 HTTP POST 方法传递给当前脚本的变量的数组
$ _FILES	通过 HTTP POST 方式上传到当前脚本的项目的数组
$ _SESSION	当前脚本可用 session 变量的数组。引用 session 值需要在当前页面添加 session_start()；
$ _COOKIE	通过 HTTP Cookies 方式传递给当前脚本的变量的数组
$ _ENV	通过环境方式传递给当前脚本的变量的数组
$ _SERVER	一个包含了头信息(header)、路径(path)以及脚本位置(script locations)等信息的数组。这个数组中的项目由 Web 服务器创建
$ _REQUEST	默认情况下包含了 $ _GET、$ _POST、$ _COOKIE 的数组

附录 C PHP 7 预定义常量

常量名	功能描述
PHP_VERSION	返回当前 PHP 的版本
PHP_OS	返回当前所使用的操作系统类型
PHP_SAPI	返回 Web 服务器与 PHP 之间的接口
PHP_INT_MAX	返回最大的整型数
DEFAULT_INCLUDE_PATH	返回 PHP 默认的包含路径
PEAR_INSTALL_DIR	返回 Pear 的安装路径
PEAR_EXTENSION_DIR	返回 Pear 的扩展路径
PHP_BINDIR	返回 PHP 的执行路径
PHP_LIBDIR	返回 PHP 扩展模块的路径
E_ERROR	指向最近的错误处
E_WARNING	指向最近的警告处
E_NOTICE	指向最近的注意处
M_E	返回自然对数 e 的值
M_PI	返回圆周率 π 的值
TRUE	返回逻辑真值
FALSE	返回逻辑假值
__LINE__	返回当前文件行数
__FILE__	返回当前文件路径名
__FUNCTION__	返回当前被调用的函数名
__CLASS__	返回类名
__METHOD__	返回类的方法名

参考文献

[1] 郑阿奇. PHP 实用教程[M]. 2 版. 北京：电子工业出版社，2014.

[2] 刘增杰，张工厂. PHP 7 从入门到精通(视频教学版)[M]. 北京：清华大学出版社，2017.

[3] 传智播客高教产品研发部. PHP 程序设计高级教程[M]. 北京：中国铁道出版社，2015.

[4] 胡伏湘. Java 程序设计基础[M]. 大连：大连理工大学出版社，2014.

[5] 白文荣，王晓燕. Java 核心技术[M]. 北京：清华大学出版社，2017.

[6] 何鑫，杨翠萍. Java 面向对象程序设计[M]. 北京：化学工业出版社，2017.

[7] 徐光侠. Python 程序设计案例教程[M]. 北京：人民邮电出版社，2017.

[8] 王小银，王曙燕，孙家泽. Python 语言程序设计[M]. 北京：清华大学出版社，2017.

[9] 施耐德. Python 程序设计[M]. 车万翔，译. 北京：机械工业出版社，2016.

[10] 任华，洪学银. PHP+Mysql+Dreamweaver 网站开发与实践[M]. 北京：人民邮电出版社，2014.

[11] 唐四薪. PHP Web 程序设计与 Ajax 技术[M]. 北京：清华大学出版社，2014.

[12] 李世川. PHP+MariaDB Web 开发从入门到精通[M]. 北京：电子工业出版社，2016.

[13] 周德伟. MySQL 数据库技术[M]. 北京：高等教育出版社，2014.

[14] 武洪萍，马桂婷. MySQL 数据库原理及应用[M]. 北京：人民邮电出版社，2014.

[15] 卜耀华，石玉芳. MySQL 数据库应用与实践教程[M]. 北京：清华大学出版社，2017.

图书资源支持

感谢您一直以来对清华版图书的支持和爱护。为了配合本书的使用，本书提供配套的资源，有需求的读者请扫描下方的“书圈”微信公众号二维码，在图书专区下载，也可以拨打电话或发送电子邮件咨询。

如果您在使用本书的过程中遇到了什么问题，或者有相关图书出版计划，也请您发邮件告诉我们，以便我们更好地为您服务。

我们的联系方式：

地　　址：北京市海淀区双清路学研大厦 A 座 701

邮　　编：100084

电　　话：010－62770175－4608

资源下载：http://www.tup.com.cn

客服邮箱：tupjsj@vip.163.com

QQ：2301891038（请写明您的单位和姓名）

资源下载、样书申请

书圈

扫一扫，获取最新目录

用微信扫一扫右边的二维码，即可关注清华大学出版社公众号“书圈”。